本书受北京林业大学学术专著出版计划2018年基金支持

审美心理学
（插图本）

訾 非 著

Aesthetic Psychology

中央编译出版社
Central Compilation & Translation Press

图书在版编目（CIP）数据

审美心理学：插图本／訾非著. —北京：中央编译出版社，2021.3
ISBN 978-7-5117-3027-5

Ⅰ. ①审… Ⅱ. ①訾… Ⅲ. ①审美心理－应用心理学 Ⅳ. ①B83-02

中国版本图书馆 CIP 数据核字（2021）第 028548 号

审美心理学：插图本

责任编辑	王丽芳
责任印制	刘　慧
出版发行	中央编译出版社
地　　址	北京西城区车公庄大街乙 5 号鸿儒大厦 B 座（100044）
电　　话	（010）52612345（总编室）　　　（010）52612349（编辑室）
	（010）52612316（发行）　　　　（010）52612369（网站）
传　　真	（010）66515838
经　　销	全国新华书店
印　　刷	北京印刷集团有限责任公司印刷一厂
开　　本	710 毫米×1000 毫米　1/16
字　　数	280 千字
印　　张	17.75
版　　次	2021 年 3 月第 1 版
印　　次	2021 年 3 月第 1 次印刷
定　　价	68.00 元

新浪微博：@中央编译出版社　　　微　信：中央编译出版社（ID: cctphome）
淘宝店铺：中央编译出版社直销店（http://shop108367160.taobao.com）　（010）52612322

本社常年法律顾问：北京市吴栾赵阎律师事务所律师　闫军　梁勤
凡有印装质量问题，本社负责调换，电话：（010）52612322

前　言

笔者自 2006 年执教本科审美心理学课程以来，已过去漫长的十多年；自 2014 年执教研究生的审美心理学课程及今，也已五年有余。这些年，完成一部审美心理学教程的念头一直萦绕于心。

但审美心理学的知识支离零散，诸多理论函矢相攻，在讲授这门课程的过程中，笔者面临诸多挑战，需要下很多整合与思索的功夫。笔者不满足于编撰一部收罗前人研究结论然后杂然前陈的类书，而是希望在完成这本著作时，既能传承前人成果，亦能有所发展和演绎，体现出一定的创造性。这使得本书的执笔进程变得旷日持久，笔者的写作心态亦是瞻前且顾后。笔者希望能把审美心理学理论的碎片稍稍聚合成一个尚且完整的体系，同时也对于审美现象进行认真的研究和思考。这个过程，漫长且没有止境。笔者最终意识到，也许并不需要在一本书里定下过于完整的框架，给出太多自以为是的结论。如果一个写作者的思考能够成为思考审美现象这个智力活动中的一个单元、一段环节，就已大可欣慰了。所以笔者决定完成这样一本著作：它在当下的心理学的知识背景下，介绍前人理论并对其再思考，提出一些开放的想法。作者希望自己的文字具有足够的包容性和启发性，而不是提供一个完美的、看上去无懈可击的理论大厦。

在本书中，艺术是一个概括性术语（umbrella term），不是其狭义所指的造型艺术。它包括文学、绘画、音乐、舞蹈、影视等所有这些我们通常称之为"文艺"或者"表达性艺术"的形式。另外，对于"审美"这个概念，笔者也用其广义，不仅包括艺术审美现象，而是用它指称一切感受体验，所以这本

《审美心理学》更确切地说是一本关于感受的心理学著作。但就其内容的重点而言，还是以对艺术感受的探讨为主。

笔者在本书里提出，一切艺术都有三个框架：欲望的框架、道德的框架、形式的框架。然而笔者并不是在断言艺术的感染力全部来自这三个方面。毕竟，艺术所包含的其他元素——例如艺术与现实的关系、艺术与时代的关系——即使被如今相当多的艺术家和观众轻视，否认这些元素的艺术价值依然没有道理。一部电视剧如果因为过于贴近当下的生活而在其火爆之后迅速消逝于公众视野，我们恐怕也不能因此而否认它不具有价值。与之有关地，本书中"艺术"这个大伞之下也同时包括了过去被称为"高雅"和"通俗"的艺术品。

对于艺术的价值，笔者提倡一种演化—生态主义（evolutionary-ecologistic）[①] 的视角。艺术是一种在时间上演化不息，在空间上栖居于生活之网中的一种存在。要想理解一种艺术风格和一件艺术品在此世的际遇，就不得不从时间和空间这两个维度、并且把这两个维度整合起来去看待它，而且应该结合系统科学与复杂性科学的方法与理念去理解。

当今的时代虽然经常被贴上"后现代"的标签，我们经常会发现左右着人们对于艺术的看法的，恰恰是前现代的思路。商业公司把几个世纪的作家拿出来排出名次，人们以拍卖的价格来看待绘画的价值，这些做法仿佛武侠小说里的情节：英雄憧憧往来，见面要分出个高低档次。这种态度使得艺术界变得更像选秀场，艺术评价也失其深度和建设性。

在传统的观念中，艺术品被权威赋予一些叙事，观众则匍匐于它们面前而被纳入这些叙事之中，这是艺术欣赏的最常见面貌。在演化—生态主义的视角下，愚以为，作为观众，艺术对他的最主要的价值乃在于艺术品与他的私人关系。他从艺术品所获得的感动与启发才是最重要的。

[①] 笔者把"生态主义"一词的英文概念写成"ecologistic"而不是ecological，主要因为后者在心理学领域已经比较经常地用于指称一个研究领域，即放在一定的环境背景中探究人的心理，而本书的"生态主义"一词所涵盖的生态概念比 ecological 更广泛一些，它还包含着对系统本身的探索，具体到审美心理，则意味着不但要把审美心理放到环境背景中去研究，还要把审美心理本身看成一种有复杂结构的生态系统，故而笔者用 ecologistic 这个术语。[参见：訾非：《走向生态主义的心理学》，载《北京林业大学学报（社会科学版）》，2014年第2期，第1—8页。]

笔者以为，艺术活动可以成为一切活动中最为民主的一个领域，对待艺术可以像对待食物一样各取所需即可。一个时期流行一类风格，也许不可避免，但对于小众趣味或者大众趣味不遗余力地攻击也没有必要。简单与复杂、深入内心与观照现实、澎湃激扬与恬静敏锐，这些不同的体验都应该是审美体验大厦的一个组成部分。

本书用了大量的笔墨介绍和反思费希纳所归纳的一系列审美原则。费希纳提出这些原则是在19世纪中后期，如今已经过去一百多年，但它们仍然是我们从形式角度理解审美的逻辑起点。他之于审美心理学，就如同弗洛伊德之于临床心理学一样不可绕过。然则相比于弗洛伊德在精神分析方面受到的肯定，费希纳在审美心理学领域的奠基地位以及他对于实验心理学的开创作用，都没有得到足够的认可。笔者认为，20世纪的审美心理学及文艺心理学研究者提出的一系列审美理论，往往都可以追溯到费希纳的思考，或者看成对他提出的审美原则的挑战。笔者认为这种忽视反映了研究艺术心理的学者（他们本身经常也是艺术家）与临床心理工作者具有非常不同的气质，前者较为天马行空，对于传承前人的思路并在其基础上提出新的想法这种按部就班的态度并不特别热心，而后者往往具有一种对正宗本源的守护热情。这也可以解释为何艺术对于当下社会影响已经无远弗届之时，审美心理学/文艺心理学至今仍然是一个松散的研究领域，难以在心理学界成为一门显学，而临床心理学的影响力从其诞生之日起就保持着高调的存在。不过这也未必是一件坏事。审美心理学这个领域的思想的原创性向来层出不穷，这正好是因为一种去中心化的氛围所带来的吧。

本书采用了一种松散的叙事风格来展开讨论，也没有认真地去区分纯艺术和流行艺术、生活审美和艺术审美，或者把文学、诗歌、音乐、造型艺术等分开来看待。笔者这么做主要出于两种原因。首先，本书聚焦在审美心理现象的规律性，把艺术风格学的视角放在了一个比较次要的位置。其次，笔者出于一种后现代主义的态度，不认为这些区分在后现代境况下还具有特别明显的重要性。

但是笔者主张的后现代主义是一种演化—生态视角的后现代主义，而不是一种相对主义的后现代主义。笔者不认为，去中心化、零散化、并置等态度是一种可以持久不变的后现代态度，它们其实只是在与现代主义抗争的时候才最有合理性，因而它们甚至可以放到广义的现代主义这个概念里去。既然不论人类个体、人类社会，还是人类赖以生存的环境都是不同尺度下的系统和生态现象，生存本身必然在不同的时间跨度和空间尺度上要求某种程度的中心、整合、秩序。如果因为反对吞噬性的中心、专断的整合和僵化的秩序，便一概而论地去中心、零散化、并置，那就使艺术站在了人甚至生命的对立面上去了。如果是这样的话，捍卫现代主义反倒具有了更大的合理性——恰如文艺复兴之回到雅典的合理性。笔者当然希望后现代主义运动不至于沦落到这种地步。

回到本书的写作风格上来。愚以为，谈艺术，谈审美，应当轻松，应该有趣，最好有一种围炉夜话的散逸氛围。基于此种理念，笔者摈弃严肃刻板的教科书范式，转而采用夹叙夹议的文学叙事手法。虽然少量文字来自自己曾经发表过的学术论文，（本书中的第二篇第一章是来自论文"走向进化与生态审美心理学"），笔者也做了语言上的改写，使其与整部著作的风格协调一致。

美学的前辈们如朱光潜、李泽厚、肖鹰，皆善于把学术观点通过叙事语言润物细无声地呈现出来。笔者觉得自己的学问虽不能追之，但可在语言的平易性方面当向前辈致敬，然而行百里者半九十，笔者感到自己的目标只是达成了一部分而已。

目录

第一篇 绪 论

第一章　艺术的谱系 ……………………………………………………… 3
　　第一节　为艺术而艺术？ ………………………………………………… 3
　　第二节　艺术与功用：论艺术的谱系 …………………………………… 7

第二章　艺术感与现实感 ………………………………………………… 12
　　第一节　审美与审丑 …………………………………………………… 12
　　第二节　艺术与现实 …………………………………………………… 17

第二篇 艺术审美感受的三个来源

第一章　艺术和欲望 ……………………………………………………… 23
　　第一节　寻找人间情感 ………………………………………………… 23
　　第二节　艺术与本能 …………………………………………………… 26
　　第三节　永恒的内在冲突 ……………………………………………… 31
　　第四节　生本能与死本能 ……………………………………………… 34

- 第五节　客体关系 ·· 40
- 第六节　自卑超越：从灰姑娘情结到灰姑娘现象 ························ 55
- 第七节　荣格：集体无意识与原型 ···································· 70
- 第八节　艺术和叙事 ·· 79

第二章　艺术与道德 ·· 84
- 第一节　从康德到拉斯金：艺术的道德性 ······························ 84
- 第二节　艺术的道德责任：艺术折射了道德发展 ························ 90
- 第三节　艺术的道德责任：艺术作为道德发展的动力 ···················· 94
- 第四节　艺术与美德 ·· 98
- 第五节　艺术的反乌托邦传统 ·· 101

第三章　艺术和形式 ·· 111
- 第一节　形式美感的来源：艺术作为有意味的形式 ······················ 111
- 第二节　费希纳：感受的定律 ·· 117
- 第三节　表现性、张力与平衡感 ······································ 134
- 第四节　抽象和简化 ·· 152
- 第五节　心理距离说、唤醒理论与间离效应 ···························· 160
- 第六节　夸张与节制 ·· 165
- 第七节　卢西安·弗洛伊德与审丑 ···································· 169
- 第八节　童年的神话：再谈审美的双重表象原则 ························ 174

第三篇　审美的演化—生态主义视角

第一章　从传统的审美心理学到进化与生态的审美心理学 ················ 181
- 第一节　从传统的审美心理学到进化视角的审美心理学 ·················· 181
- 第二节　生态视角对审美心理研究的启示 ······························ 186
- 第三节　走向演化与生态视角的审美心理学 ···························· 188

第二章　审美的自然进化视角 ·················· 192
第一节　作为进化产物的审美功能 ·················· 192
第二节　秩序感 ·················· 200
第三节　变化感 ·················· 204

第三章　审美的文化演化视角：时代精神 ·················· 208
第一节　从神坛到人欲 ·················· 208
第二节　从人文主义到巴洛克 ·················· 210
第三节　从启蒙主义到浪漫主义、从批判现实主义到现代主义 ·················· 213
第四节　20世纪上半叶——现代主义与现实主义 ·················· 217
第五节　从后期现代主义到后现代主义 ·················· 218
第六节　艺术风格演变的内在与外在逻辑 ·················· 222

第四章　审美的社会生态 ·················· 231
第一节　文化菱形与艺术界 ·················· 231
第二节　艺术与时代/社会的张力关系 ·················· 235
第三节　艺术与其自身的张力关系 ·················· 236
第四节　艺术品和观众、艺术家与观众的张力关系 ·················· 238
第五节　艺术家与自身作品的张力关系、观众与观众的张力关系 ·················· 240
第六节　水的风格与石的风格：东西艺术比较 ·················· 243

第四篇　结语　艺术作为生活的疗愈者和创造者

第一章　表达性艺术治疗 ·················· 251
第二章　艺术作为世界的创造者 ·················· 259

参考文献 ·················· 263
词汇表 ·················· 273
致　谢 ·················· 275

第一篇

绪 论

第一章　艺术的谱系

第一节　为艺术而艺术？

英国文艺评论家和作家王尔德曾提出一个著名的主张：Art for art's sake。中文一般翻译成"为艺术而艺术"。不过对这个短语的较为准确的翻译应该是"艺术的目的就是艺术"。艺术没有别的目的，它应该是纯粹的，这是王尔德的看法。但这个主张并非王尔德的原创，法国的浪漫主义诗人戈蒂耶（Théophile Gautier）[①]在19世纪三四十年代就提出过这个观点。如今将近两个世纪过去了，这个说法在后现代境况下已经不太困扰艺术家和艺术评论者，但请允许笔者从这个现代主义艺术的重要——甚至可以说是核心——观点开始展开本书的探讨。如果主张艺术的目的就是艺术本身，就像一个数学爱好者解开一道几何题的目的只是在于解题本身，也就是在主张艺术是无功用的，或者说没有沉浸于艺术体验之外的功用。这种主张似乎把艺术的地位提到了崇高的位置，但在这个位置上，艺术反而变成了梵蒂冈小城，只剩了某种在象征层面上的影响力。

我们平时说到艺术，难免要涉及它的功用。比如艺术品可以做装饰，可以

[①] 泰奥菲尔·戈蒂耶（Théophile Gautier，1811—1872），法国唯美主义作家，著有小说《莫班小姐》（1935）、诗集《珐琅与玉雕》等。

创造有助于交流的气氛。盖一座建筑，从过去的雕梁画栋到如今的景观设计，都有艺术的参与——此时艺术在极大的程度上不是为了它自身而存在的。艺术经常是有功用的，装饰就是一种功用，悦目就是一种功用，调节气氛也是一种功用。

艺术的功用自古及今无所不在。比如欧洲的中世纪画家在教堂的墙上画圣母抱着圣子，或者画一群庄重的先知，目的是强化信仰和崇拜之心，是用来提升感染之力——有了壁画，教堂更加富有超凡入圣的气氛。

再比如，在中国的抗战时期，《黄河大合唱》之类的作品对于提高民族认同、激发抗战决心有着不可估量的作用。当时的艺术家显然认为自己应该为应对民族危机提供一种支持。

王尔德主张"为艺术而艺术"，同时他又是一个很著名的享乐主义者。他认为生活就是一种艺术。他会拿上一朵玫瑰花，走到广场上去。艺术对于他的意义就是，他可以活在艺术里面，享受艺术。那么，既然这种"纯粹"的艺术是艺术家享受于其中的东西，是其战胜生活的无意义感的东西，它就不是毫无功用的。

有些艺术家，不为了金钱，也不为了名利，只是为了表达自己。当他感到痛苦的时候，艺术创作就是他的通逃薮，当他感到快乐的时候，艺术表达便是他优先选择的出口。那么这样一个行为其实也不能说是"for art's sake"。用表达来疗愈痛苦、抒发快乐，本就是人类的本质性的需求之一。纵然这种艺术不再服务于关系、服务于时代，但它仍然服务于个体对于生存的追求。

不过有的学者会进而解释道：只是为了表达自己而艺术，这样的艺术家才是真正的艺术家。然则这不会带来另一种悖论吗？若是如此，一个孩子栽了跟头大声啼哭，便可以被称为最好的艺术家，真正的"for art's sake"。这个孩子是动情的、是感动的，他没有其他的目的。我们的确也能够感受到他的感动，但要承认他是一位艺术家，未免有点牵强。一旦他在表达技法上学着改进，便成了表演，其目的也就不再是为自身而表达，而是把感染观众放到一个重要位置上了。

所以关于什么是艺术，有没有纯粹的艺术，恐怕没有一个可以让所有人都觉得服气的答案。那么在本书伊始，笔者试着提出一个能够体现本书的学术态度的看法：艺术一定不是纯粹的。"art for art's sake"只是一种艺术社会学的视角。在王尔德那个时代，以及比王尔德更早的时代，艺术经常是为了社会作为一个整体的存在而存在，而忽视了它对于作为个体的人的价值。那么当王尔德提出艺术不要为那么多其他目的服务的时候，就显得难能可贵。类似的，在中国电影的历史上，曾经有一段时间，电影被认为是为了政治宣传而服务，后来出现了一批电影不是为了此类目的，就显得难能可贵，相对而言似乎更纯粹了。如果我们再进一步思索："纯粹"是事物真实存在的一种状态吗？一杯纯净水当然比池塘里的水要纯净，但它又是由多种分子和原子组成。当把一杯清水和一杯浑水放在一起，清水的纯净之美就会凸显出来，但清水的纯粹只是相对而言而已。从来没有绝对的纯粹。纯粹是在心理层面上的一种感觉——纯粹感。纯粹感是美的，但它只是美感的一种来源罢了。一杯清水之美，并不能替代一杯咖啡浑浊的美。

同样的，说艺术是没有功用的，也只是相对而言。艺术有太多的用处了，做装饰，做宣传，作为表达的方式，作为探索外部世界的方式，作为一种生活方式，但有时候抛却这些功用，才能让艺术担负起另一些功用。

李泽厚曾提出："从古至今可以说没有纯粹的所谓艺术品，艺术总是与一定时代社会的实用、功利紧密纠缠在一起。"[①] 诚哉斯言。

认为艺术必然具有"社会功用"，这种观点如果不是从"社会动员"这个窄化的方面去理解，基本上是站得住脚的。王尔德以及许多提倡为艺术而艺术的人，他们实则把艺术当作从人世的功利性的追求中暂时脱离出来的一种方式。这依然可以说是一种广义的"社会功用"。不过此时欣赏者最直接的体验是意义感，并不在意其背后的社会功用。这种最直接的意义感使欣赏成为可能。而且这种意义感又十分特别。

在一切的表达方式中，"犹抱琵琶半遮面"总是艺术家最钟爱的。这在科学中则难以想象。在科学语言里准确和清晰才是受人尊重的表达方式。而某些哲学家试图用晦涩的语言来博得被困扰的读者的敬意，与艺术家的方式倒是可有一比。但是过于晦涩的艺术除了获得少数观众的追捧，其功用是极大地打了

[①] 李泽厚：《美学三书》，商务印书馆2006年版，第320页。

折扣的。其狭义的社会功用的消失自不待言，观众在艺术欣赏中体验个性化的意义感，也变得步履维艰。看到琵琶遮住的美女的半个面孔，观者想知道琵琶后面的整个美女的真容实貌，如果不能得见真身，那就用想象去填补。这个过程是饶有趣味的。如果一个艺术品本身完全无法引起观众的联想，不能激发起观众探究的热情——不论那是因为过分晦涩迂远还是过于详尽无遮——审美就终止了。

由此我们可以略略触及"审丑"这个话题。丑而不恶之物，乃是此世容易被忽略的存在。街边的垃圾箱、住宅楼上臃肿的防盗窗、小摊上卖杂货的丑女，凡此种种，观者目光难得在此停留。即便在画家的笔下被再现出来，依然难以让观众驻足良久。但这并不意味着呈现丑的艺术是失败的艺术。总有少数的观众敢于直面他们出于本能而不喜欢的事物，并从中领略到深意。这种深意经常是那些美妙的事物所不具备的。这个世界上，往往是丑在承担重任，而美在坐享其成。

这世界上最容易被忽略的，莫过于平凡，甚至丑都比之更幸运一些。从平凡之物中发现美，乃是艺术家孜孜以求的境界。但如果艺术家不试图发掘平凡事物之美，而是把平凡呈现在观众面前，即便那些敢于直面以丑为主题的艺术品的观众，恐怕也大多会摇头而去。当波普艺术家把大家司空见惯的罐头标签、大众明星、国旗之类呈现在画布上的时候，有多少观众不是摇头走开？然而这种态度不能说没有道理。为大家发现美，是艺术家的责任；让大家不得不关注丑，可能更是艺术家的责任。前者需要技术和感受力，后者更是要在技术和感受力之上具备勇气和情怀。那么原原本本地呈现平凡之物，可以算是对一个时代的反叛，但这几乎不需要艺术家就可以完成。我们每个人都不得不面对平凡，体验无聊，且需要从中建构自己的生活，获得一份意义感。就这一点来说，人人都是艺术家。

笔者有一个大胆的假设：艺术的来源之一就是无聊。当因为种种原因，生活的意义感无从获得，艺术就油然而生。作为教师，我经常能够看到学生们在课上听得无聊，便开始奋笔疾书或者命笔作画。在我们的课堂上涌现出了一批又一批作家、画家。等到他们毕业，生活的无限可能性向他们展开，他们又纷纷"投笔从戎"了。

漫漫长夜，独自面壁，然后就需要艺术——或者说艺术自然就像分泌物一样被分泌出来了。我们在无聊的时候是会更愿意、更可能去亲近艺术。

第二节 艺术与功用：论艺术的谱系

谈艺术与功用的关系，书法艺术也许是最好的例子。文字的功能本是传递信息之用，写在媒介物上的文字的首要条件自然是便于识认其语义。但是在手书文字的时代，手迹不仅仅能够传递语义，也能够显露书写者的教养和风度。写一手好字在那时候不是件无足轻重的事情。彼时书法艺术的现实功用是巨大的。甚至到了当下的社会、在手书文字已经甚为少见的境况下，书法仍然是不少人追求的技能，而且经常依然是从其功用上加以考虑的。

但是书法也可以说很早就脱离了它的媒介功用而进入纯艺术的行列。线条的气韵、笔触的轻重、结构的完整与独特，这些因素成了欣赏者最关心的东西。但是假如只是这些因素引起了美感，我们就很难理解为何我们不喜欢把韩文或日文的书法作品挂在家里。书法作品里的文字的意义，与笔触的美感融合在一起，产生更加丰富的审美体验。这是本书第三章探讨费希纳的审美原则时会进一步讨论的"审美加强原则"所能解释的。然则确实有书法家着意创造一种作品，文字的含义不可辨识，而它们的结构特征和笔触与传统的书法作品无异。摒除了观众对文字的含义的理解，作品的审美元素自然是更纯粹了。尽管有时候艺术的魅力来自减法，更少的信息或许可以带来更多的美感——比如听一段咏叹调，不懂意大利语的听众可能反倒更加陶醉——然而就书法艺术而言，这种做法似乎并不特别奏效。不同的艺术形式在相同的境遇下产生的效果不尽相同，这是由人类情感体验和思维过程的复杂性所决定的。歌词虽然难懂，但我们对歌唱者通过声音传达的情绪却几乎了如指掌，同时又对这情绪背后的意义浮想联翩。而书法的笔触达不到这个效果。

正如第一节所总结，艺术品总是有某种功用的，只是这个功用因艺术的种类和个性而异。仅从艺术品引发体验、使观众摆脱"无聊"而"入神"

的功能来讲（如果生活是无聊的，艺术品至少拯救了一个人的无聊感），也有诸多可能性。作品如何把观众带入一段脱离生活之外的体验？有的作品摆在观众面前，观众由它联想到它曾经的功用，或者这种功用曾经存在的环境。比如一把古旧的椅子，当一个曾经在那样的时代生活过的人，或者通过某种方式了解了那个时代的人，看到它，某种复杂的情感就被激活了。对于一个熟知古埃及历史的人，看到三座金字塔，觉察到的就不只是按照一定的规则排列起来的三个立体的几何形状——尽管不了解它的历史的人看到它也未必不感到美。就算艺术品只是单纯地激发了观众此时此地的感受，带来了愉悦、惊异或者震惊，依然是艺术题中应有之义。如果一个艺术家把一只大肠杆菌做成一头大象的体积，于观众而言也未尝不是一种崭新的体验。有些艺术品，则引发了观者探究的冲动，而且这种探究可以毫无功用的目的。我们想知道《飘》里的女主角与男主角婚姻的结局是什么，或者曹雪芹到底有没有把宝玉送到寺庙里出家。这纯粹是我们内心的完型需求，是一种尽人皆有的好奇心。

在当代的语境里谈纯艺术（fine art），人们倾向于反对艺术品的社会功用，寄希望于它们的纯粹。那么它们作为社会文化的附属者的身份的历史很容易就被忽略了。金字塔、帕特农神庙、米开朗基罗的雕塑、达·芬奇的绘画，按照我们现在的标准，它们产生之时绝非纯艺术。

帕特农神庙，它是用来祭神的。大理石柱子的比例多长和多宽、柱子之间的距离，都经过精确的计算。这种对称之美，绝不仅仅是纯艺术的追求，而是它作为神庙而引起当时的民众的敬仰和崇拜而做的考量。

那么在当下的时代，走出纯艺术的领域，我们处处可以看到艺术为社会、文化和生活而服务的现象。这种情况，可以说比传统的时代有过之而无不及。我们这个审美化的时代①几乎把一切都打上了艺术的烙印，从奔跑的高铁到堆在角落里的瓷砖，从一座教堂到一把奶油花生米，无不遭到审美原则的改造。或许恰恰是因为艺术的无处不在，才使得纯艺术以非常激烈的方式反抗着这种潮流，绝望地找回它特殊而高贵的身份。

---

① [德] 沃尔夫冈·韦尔施：《重构美学》，陆扬、张岩冰译，上海世纪出版集团2006年版。

我们容易观察到,如今把自己定义为纯艺术家的,从艺术的社会功能(例如,社会动员、宗教意识的激发)反其道而走,转而热衷于个体的表达和宣泄,并且不顾作品能否具有传达性——作者的个体化的表达是否能被他人接收。甚至"不被理解"的境况可以是作者有意为之——故意在作品和观众的交流之间设置障碍。这种做法当然是艺术家的自由。因此我们站在他们的作品前面,感触到的是艺术家与这个社会的紧张的关系,作品本身的性质反而变得无足轻重了。进一步说,这种紧张的关系,严格地讲不再是个性的表达,反而可以说是社会作为一种无所不在的存在深深地影响了艺术家。

笔者在此处对艺术品设立一个临时的定义,作为涵盖本书内容的概念。这仿佛一个要去欧洲之行的人,总要对这片土地有个定义才好——他的定义肯定是不准确的(例如欧洲应该还是不应该包含土耳其在内?)。这个定义只是为了给本书的内容设定一个框架。

笔者把艺术品看成是一个谱系,在该谱系的一端,是艺术品从属于社会功能的状态,另一端,是不可交流的纯个人体验。一首国歌和一面国旗是前者,一个远行者夹在书页里的家乡的树叶是后者。艺术是在这两者之间的部分。笔者不把那两种极端情况视作艺术,而把它们视作准艺术。不过准艺术成为艺术的可能性是开放的,而当它们成为艺术品的时候,必然是它们不再承担两端的功能之后。如此一来,艺术品具有两个不可或缺的特征:(1)它在被当成艺术品之前或许承担过其他的功能,甚至成为艺术品之后也可能仍在承担其他的功能,但当它被当成艺术品来看待的时候,就要经受艺术逻辑的考察。(2)它必须具有传播性,而不是只供某个人自赏的东西。一个有功用之物能够正常地完成其功用——例如易道与良马——也给人带来审美之快感,但这好用之物并非艺术品,这种因所用之物的功能正常而体验到的美感(或者功能失调而体验到的丑感)是广义的审美体验,而非艺术审美体验。

如此一来,我们便可以在广义的审美感受和艺术欣赏带来的审美感受之间做个大致区分:我们的审美感受是无处不在的,并非总是来自艺术品。艺术家之所以是艺术家,仅仅具备审美感受或者艺术品位,是不充分的。他的作品必须能够向他以外的其他人说话。这个其他人当然不必是当下的同时代的人。

那么按照这个定义，艺术归根结底要具有社会性。但这种社会性不是它的非艺术的功用带来的，而是它独立于其他社会产物，作为艺术品而带来的。它给观众带来了探索和发现这个世界的机会，所采用的方式与科学的方式极大地不同，但在很多时候又和科学有所交叉与互补。

把社会动员和纯个人的体验与表达从"艺术品"这个概念里拿走，乃是因为此二者中，艺术都不属于人类共同体的探索和交流的主要承载者。在前一种情况下，艺术的功用是辅助的，在后一种情况下，艺术的作用是纯个体的。在这两种情况下，艺术在推动人类作为共同体发展的动力作用中是居于可有可无或者次要的地位。

某个人以纯粹个人化的趣味制造一种对象物，他所体验到的聚精会神和意义感与一个艺术家在艺术创作中所体验到的满足可以等量齐观，但这种对象物又不具备传播的可能，因而不能够成为艺术品，这种情况远非我们以为的那么少见。例如一个自闭的孩子在一方白纸上无止境地画圆，或者一个有洁癖的成人无休止地收拾他的房间，都可以给他们自己带来意义感。

一个艺术家在创作艺术品的时候，也未必时时考虑到它们的可传播性。作家相比于画家是倾向于把更多的精力用来考虑读者的接受能力。因为语言相比于图像是更为不通用的符号。具象画家在考虑观众的理解力方面显然比抽象画家要从容一些。当一个艺术家把"为艺术而艺术"的态度用到极致，而把考虑观众的接受视作非艺术的态度的时候，他就有把自己创造的对象变成非艺术品的风险。如果一个人沉浸在自己的创作中，并且有意识地避免作品的传播性，也可以称这种态度为"艺术活动"，因为这个作者有艺术体验。这就出现了一种看似悖论的现象：有艺术体验而没有艺术品的艺术活动。也许如下这个类比可以让我们对于这个现象没那么困惑：人类经常会做一些体验到工作感却没有工作成果的事情，西西弗斯便是这个境况的象征。为艺术活动而艺术活动的活动，尽管不是本书所关注的中心，笔者并不否认它对于人的意义。但如果以这样的活动为艺术活动的最高境界，那么艺术逻辑本身就走入了毫无必要的死胡同。

第一篇　绪　论

图 1　北京 798 工厂的报废电子仪表的一部分

　　上面这个摆在 798 艺术区某商店里的物件——一台废弃的电子管仪器的一部分——对于笔者这种电子技术的半门外汉,就是一件意味深长的艺术品。笔者知道它曾经具有重要的功用,如今它遭到了废弃,但它仍然保有一部分复杂的秩序,被有心之人放置到了艺术品商店的柜台上。审美感受,恰恰是在这台仪器不再能够完成它被赋予的功能的时候表达得更充分了。它从纷扰的世界中一下子就把人吸引到它面前。有时我们从那些逝去的文明遗留下来的建筑和民风里看到了古老文明的碎片时,也能够感受到这种复杂的审美体验。

第二章　艺术感与现实感

第一节　审美与审丑

在德语里，美学就叫"感受学"（Ästhetik）①，也就是"关于感受的学科"的意思。那么，既然是研究感受的学科，它就不应该只研究美感，它也研究丑感，以及其他的感受。或者说，广义的审美包含了一切的感受现象。

艺术首先是一种社会现象，它不能够离开观众和艺术家之间的互动，而感受可不仅是社会现象，它可以完全属于个人，所以"感受学"或者说美学，是比艺术更大的概念。

本书对"审美"一词也取其广义，而把艺术活动中的审美称为"艺术审美"。在美学文本中，一些学者实际上是把人们对于绘画、音乐等艺术作品的创作和欣赏过程称为"审美"的。那么在这种定义之下，从果树上摘取一只水果而食用的过程就不被看成审美的，而用水彩画一只苹果才是审美的。这种把审美等同于艺术的做法引起的概念混乱有时比它解决的问题更多。审美过程应该被看成人类生活的一切领域中必然伴随的内在体验，而且经常是其动力所在。艺术审美只是一类特殊的审美过程而已。

---

①　德国哲学家鲍姆嘉通（Alexander Gottlieb Baumgarten，1714—1762）是美学的创始人，他认为研究人的理性认知的规律可以借助逻辑学，而研究人的感性认识的规律则应该建立一门感受学（Ästhetik）。我们把 Ästhetik 翻译成"美学"，是大大缩小了这个概念的外延。

美学探究审美和审丑以及一切的感受，但若是以 20 世纪之前的艺术品作为研究对象的话，我们看到的主要是美的东西。达·芬奇、米开朗基罗、莫奈……他们的作品涌现到我们头脑中的首先就是一些美的感受。在印象派之前，你难得看到一个臃肿的人体或者是一个血淋淋的器官；花朵可以枯萎，水果可以有虫斑，但大体上是美的，缺憾是用来烘托美，或者让观众感慨美的脆弱。而且作品通常在道德之美的框架之内，不道德之事总要受到冥冥中的道德法则的匡正。

但是 20 世纪之后，艺术的很多主题和形式对观众的美感和价值观构成挑战，不美、不善的事物受到创作者的关注。艺术家不再那么相信天网之恢恢，反而显出一种末世情怀般的无奈。

因此，我们现在谈到艺术的时候，它们不再是一个有很多共性的东西。美的东西可称为艺术，丑的东西也可以是艺术，而且丑也不只是为了陪衬美而存在的（我们知道，在文艺复兴时期，例如莎士比亚的作品里，常有一些坏人或者蠢人，这些角色实则为了烘托主角的善良、崇高而存在，或者被放置于被批判的位置引以为戒）。现在的一些艺术品，主角本身是不善不美的。艺术家不是拿他们来烘托什么，也不是为了批判他们，而是为了把一种真情实况展现在你面前，让你看到这样一个存在。所以，不论文艺复兴时期及其以后的艺术有多么辉煌，艺术向这个世界的每一种感受开放，可以说是 20 世纪才有的态度。

然而作为血肉之躯的人类，能承受多少丑陋呢？浸泡在美感体验中的传统艺术家，往往寿比南山，而现代艺术家经常没有这么幸运。梵高这个人，用现在的精神医学的标准来看，很可能是有严重精神疾病的。但是他在艺术上又是一个勇敢的人，他笔下的世界大多不美，却充满激情。他并没有因为他的内心世界无比痛苦，就停止了创作，也没有因为观众并不认可他描绘出来的那个"不美"的世界，就放弃了表达。

当一切的感受都成为艺术的对象，丑的、美的、古怪的、疯狂的、刻板的、象征的、平凡的、无聊的，所有这些感受都不再被人类东遮西掩或者视而不见，艺术会繁荣不衰吗？还是会走投无路？"艺术死了"的提法一直在学界与坊间徘徊。

某种大一统的"艺术"也许死了，更确切地说，"被解体了"。不过解体和死尚不能同日而语。如果是人的话，解体的结果当然是死。那么艺术被解体，艺术的规范变得局部化、个性化，未必不是一种可以安心的状态。例如，现在的人们可以安心地去欣赏流行音乐，而不必管自己不懂交响乐，反之亦然。而在不久之前的年代，不懂交响乐要被一些人看成音乐品味的不高雅，而喜欢交响乐又有可能被看成落后于时代的标志。

与此相关的一个问题是——我们前面也隐约地涉及过——审美趣味有没有高低之分？艺术从来都不是少数人的专利，很多伟大的作品来自民间。我们如今顶礼膜拜的大师，例如莎士比亚、索福克罗斯、普希金，他们的最伟大的作品都不是原创而是改编自传说故事。画龙点睛固然居功甚伟，而那些在口口相传中奉献了自己的创造力的无名作者也功不可没。伟大的作品也许高屋建瓴，具有阳春白雪般的气质风范，但它们往往有过自己的下里巴人时期。它们可能粗陋、单调、直露，让贤身贵体者不屑一顾。

民间的艺术，经过艺术家的加工，变得好像更有趣味了、更高贵了，从这个角度来看，艺术仿佛是有高低贵贱之分的。如今的小康之家，热衷于让孩子们弹钢琴，弹贝多芬与巴赫。我们在街头巷尾肮脏的垃圾箱旁边驻足，都可能听到一段肖邦的练习曲。人们似乎总是趋向于高雅精致。但是就像人们在吃了一段时间的精米细面之后就不免心生厌倦，反而怀念糙米粗粮——而且就营养而言，后者似乎是不可替代的——高雅精致经常走到脱离生活的形式主义高度而突然备受诟病。

经过作家加工了的故事，与某个人讲述的自己的生命史相比，哪一个更艺术？也许我们会觉得作家的小说是艺术的，它设置了很多伏笔，情节跌宕曲折，读起来令人爱不释手。但是在加工的过程中，一个来自生活的故事也损失了很多东西。一位老人讲起他这一辈子的人生故事，你听上去绝不会像好莱坞大片那样精彩，可是他人生经验里所包含的信息却至为复杂。它拥有非常多的元素，就像糙米一般。在某个阳光明媚的下午听某个老人诉说往事，和阅读一本获得诺贝尔文学奖的小说，哪一个更高雅？如果作为一个读者或者听者，不具备理解生活复杂性的头脑，也许读一读名著可以获得一次陶冶，而从一个阅尽沧桑的老人的话语里捕捉生活中那耐人寻味的复杂与无奈，断非一件庸俗轻易之事。

不区分艺术的高低贵贱，固然是一种开阔的态度，但我们又能看到这样的艺术：它赤裸裸地展现着人的万般欲望。也许每个读者都曾被微信或者QQ网友推送过诸如此类的小说：故事讲到第十行的时候，霸道总裁把清纯妹妹弄上床笫，一段孽缘就此展开。如果把这类作品与《哈姆雷特》《俄狄浦斯王》等价齐观，这类作品的钟爱者自己恐怕都觉得不妥。尽管用高雅和通俗去区分艺术已显得老气横秋，艺术家所创造的艺术品，在给人带来的影响方面，仍然有深远与肤浅之别——但这种差别似乎与高雅和通俗之辩并非在同一个频道上。

另外还有一种试图区分审美趣味的路径，它是基于审美经历的积累而言的。比如一个观众若看不懂吴冠中的绘画，那么他可以先看齐白石的作品。如果对于齐白石的绘画也缺乏感觉，则可以看吴昌硕。再往前，是八大山人的作品，乃至于唐宋时期的书法艺术。沿着艺术史一路走过来，有些从前看不懂的东西就能心领神会了。有些难以欣赏的东西也变得喜闻乐见。那么我们是否可以说，复杂的、需要一定经验积累方能欣赏的艺术，较之于早期的、需要较少积累便可以欣赏的艺术更为高雅呢？若是以这种方式区分艺术的高低，把艺术发展变成一种不断建构的过程，那么所谓的高的艺术和低的艺术仅仅是量的差异和结构的差异，那么把这种差异贴上高雅与不高雅的标签，就会显得莫名其妙。认为欣赏齐白石的观众在艺术趣味上比欣赏八大山人的更高雅，就仿佛认为懂得量子力学的学生比懂得牛顿力学的更高雅，这是把复杂与精深等同于高雅，把简单与直白等同于较为低级的趣味，恐怕难以自圆其说。

对于这个问题，我们其实可以走另外一个分析路径：为什么人们要去区分我的审美趣味比你高还是低呢？这样的一个想法本身包含着人类的一个什么样的共同的心理规律？也许通过这种方式，人们找到了某种认同，体验了某种优越感。我深谙此道，而你莫名其妙，那你就非我族类。吾洞若观火，而汝茫然不解，你就差一些。人们会在别人面前炫耀某种技能，让别人佩服他的能力。那么在别人面前炫耀艺术鉴赏能力，得到的满足感似乎比炫耀技能尤有进之。一个人站在一幅画前，仿佛在阅读来自上苍的神秘符咒，那种状态，不亚于萨满巫师从一块龟甲上读示神灵的预言。

对审美趣味高低的关注，很多艺术家都很难摆脱。比如在中国的20世纪初,到海外去学油画蔚然成风。那时的国人在这方面较为自卑,觉得中国没有什么艺术,看到西方从文艺复兴到现代主义时期那么多的璀璨的作品,觉得必须融入这样一个伟大的传统才能超凡脱俗。而反过来,你发现梵高反而很受东方绘画的影响。他用扭曲的物象去表达内心的感受,其实中国的写意绘画早就开始这么做了——八大山人就是杰出的代表。用线条、用笔触去表达内心的情绪,在中国书法里早已有之。在文学方面,意象派诗歌,实则也受了东方诗歌的启发。

美国诗人威廉姆斯(William Carlos Williams,1883—1963)写过一首著名的《红色的手推车》(1923)。这首诗里对于意象的运用显示了中国古典诗歌的影响,你不能不联想到陆游"雨霁鸡栖早,风高雁阵斜"的名句,不能不联想起王维"山路元无雨,空翠湿人衣"的意境。欧美的意象派诗歌在其滥觞之时是很前卫的风格,却又是从遥远(不论时间上还是空间上)的东方获得了一部分灵感。

《红色手推车》

威廉姆斯

如此地
依靠
一辆红色的
手推车
被雨水
浇淋
伴着它的
是白色鸡群

图 2 《雨后》(邢全超摄,2018)

在雨中有一辆红色的手推车,淋上雨水之后就像被涂上了一层清漆。在红色手推车旁边,有一群白色小鸡。这个意境还是蛮好的。但是跟王维的诗歌比起来,只能算差强人意。当然文艺复兴之后的艺术有很多东西是东方传统的艺术里没有充分发展的，比如它的人文主义。中国传统文化里人文主义的思想算不上强大，西方中世纪在这方面的停滞也不遑多让，但是到了文艺复兴时期，艺术作品，例如达·芬奇、莎士比亚的作品里涌动着强烈的人文关怀精神。如果抛开这种道德层面的考虑，从形式美学的角度来比较，笔者认为，西方直到现代主义绘画出现之时，才谈得上超越东方艺术。现代主义艺术的发生本身就可以说是从东方艺术获得了营养。

第二节　艺术与现实

艺术该如何对待现实？在达·芬奇的时代，这个问题不难回答。在中世纪漫长的神权至上的时期，艺术变成一个用来反映宗教信念的东西。它可以不美，可以跟现实完全不一样。我们在中世纪绘画里看到圣母怀抱里的圣子，明明应该是一个婴儿，看上去却是个成年人。圣子是受人顶礼膜拜的，怎么可以是一副孩儿模样？但是到了达·芬奇的时代，艺术要以现实为师、以自然为师。这是一种很珍贵的人文态度。当然这不是一个很新的态度——它在古希腊就早已有之。艺术要描摹现实，亚里士多德等古希腊哲人就是这么认为的。文艺复兴时期的那些绘画和雕塑作品，人物造型惟妙惟肖，表情生动逼真，它们的作者因为这种技能而被公认为伟大的艺术天才。那么现在的艺术家如果创作那种风格的作品，往往被视作一个不思进取的匠人。

绘画艺术曾经被认为要与现实越接近越好、越真实越好，那才显出一位艺术家的才具与功底。但即使在推崇真实感的文艺复兴时期，也不是所有的真实都会被接受。比如达·芬奇在描绘圣母和圣婴的时候，就不可以在画面里出现一个丑女人和一个丑孩子，哪怕很逼真也不可接受。在文艺复兴时期以及后来的巴洛克、洛可可、新古典主义、浪漫主义等时期，大部分作品里的人体是好看的、美丽的，而不是丑怪的。即使不优美，至少也要有悲壮之美。

然而现代主义以后的艺术开始突破这个原则，比如画家卢西安·弗洛伊德笔下多是难看的人体。他与米开朗基罗走着完全不同的路线。看米开朗基罗的作品，会不由得赞叹：原来人体可以如此之美，而看卢西安的作品，你会惊叹人体之丑，意识到我们之前居然一直回避着这种存在。

那么，相比之下，卢西安·弗洛伊德比米开朗基罗更加现实主义。人体在叵测的人世之中艰难存活，如此众多的丑的体态其实恰恰是叵测的命运的最直观的彰显，我们过去不愿意把注意力放在它们上面，而愿意去看如花之貌的女人和玉树临风的男人，我们的注意是势利的。当观众直面卢西安笔下那些备受摧残的人体，才是具有真正的现实主义精神。世界的另外一半或者一多半，终于进入我们的视野。

一个比较有趣的事实是，卢西安·弗洛伊德把美的反面填补进了绘画艺术对人体的观照，但西格蒙特·弗洛伊德开创的精神分析，却有待于填补那美的一面，不论优美还是壮美。精神分析所看到的人性是丑陋的：夸张的欲望、僵硬的准则、无力的自我。人性的面貌真是令西格蒙特·弗洛伊德失望。然而当我们阅读孟子，读到"贫贱不能移，富贵不能淫，威武不能屈"，当我们阅读精神分析的后继大师之一的弗洛姆对爱的阐释，当我们阅读人本主义心理学的观点，例如罗洛梅对勇气与自由的举扬，我们可能觉得人性里还是有一些美好的成分值得注意。

艺术对于现实的观照之所以有价值，在很大程度上是因为它引领或迫使观众去发现和面对现实，不论那是现实之美还是现实之丑。如果艺术只是忠实地把现实描绘记录下来，而这些现实——更确切地说，现实的这个侧面——于观众而言早已耳熟能详，那它就只是在模仿现实，它作为一项技术，已经被科技手段逐渐取代。然而有一些画家，似乎想跟影像科技一争高下。例如图3画面里的苹果，它们比照片里的还要逼真。在照片里不同焦距的东西清晰程度各个有异，而冷军的这幅作品里每一只苹果都异常清晰。这是20世纪六七十

图3 《苹果》（冷军）

年代以后出现的照相写实主义绘画风格（photorealism）。画家的写实功底令人叹为观止。

照相写实主义风格的绘画作品，在如今非常高超的影像科技的时代为何依然能够占有一席之地？在笔者看来，此种风格的艺术家在作品里依然显示了他们自己独特的视角。他们想呈现给我们的，是某些事物在各种状态下给他们的特别的印象和特别的感受。这种企图和早期的印象派的做法有某种相似性和传承性。只是印象派执着于光影和画面之美，对于事物本身的其他特性以及事物作为自己的独特性重视得不够。写实主义画家其实不是在对于

图4 《父亲》（罗中立，1980）

外物进行原样复制，他们总要省略掉一些东西，同时又强调一些东西。《苹果》里的苹果以百种以上的姿势和角度面对着观众——我们把这幅作品看成一只苹果的许多种姿势和处境，恐怕并无不妥。所以它不是一张用油画还原的照片，它背后有画家的经验和思考。一只苹果就能向我们展现出无限多样的形态，我们还能自负于对这个世界的了解吗？还会觉得"太阳底下无新事"？

罗中立的《父亲》是一幅借鉴了照相写实主义手法的作品，但这幅作品有很明显的象征意义。纯粹的照相写实主义风格的艺术家并不主张作品的象征性，不主张作品中要有隐喻。他们要挑战的是观众的视觉。我们何曾认真观察过自己的毛孔？我们是否愿意仔细看看一个老人脸上的皱纹——并不是为了表达和烘托某种内在的情感？下图5中的囊饼和肉串，我们平时有没有认真地观察过它的形状和质地？它们除了能让我们垂涎欲滴，其实也非常之美。图6中的蒜头们，是不是比塞尚画布上的一群苹果更能给你带来一种俗世的温暖？

其实照相写实主义的艺术家的作品被认可的原因并不是它们的惟妙惟肖，而是把我们熟视无睹的事物放到艺术的框架里去观照时给我们带来的心理和认知上的冲击。

图5 《饼》（武晋安，2015）

图6 《蒜》（武晋安，2015）

第二篇

艺术审美感受的三个来源

正如绪论所言,艺术品给观众带来的一切感受都是艺术感染力的源泉,不论它们是美感、丑感或任何一种其他感受。所以严格地说,美学其实是感受学。

笔者认为,艺术审美感受有三个主要的来源,或者说,艺术作品向观众传递了三大类感受:欲望、道德感和形式感。在不同的作品里,这三种感受的比例和结合方式各有不同,这种不同是艺术品的风格差异的一种来源。在这三个来源之外,似乎还需要加上一个"现实感"维度。在传统的艺术观念中,尤其在古希腊的哲人看来,艺术的一项重大责任就是描摹现实。而且观众的确在艺术品与现实世界的关联中获得了美感和启发。不过现实感与欲望、道德感、形式感似乎又不完全在同一个层面上。艺术作为一个整体与现实之间就存在着永恒的张力关系。就艺术和美学而言,"现实"这个概念不便于仅仅作为审美感受的来源之一去看待。笔者希望将来能从现实与形式、现实与道德、现实与欲望的关系这三个角度去探讨艺术与现实的关系。

另外,在形式感这个维度,它又包含了直觉和逻辑两类感受。形状、颜色、声音、质地等,以及这些元素之间的构成关系,提供了直觉感受。逻辑感受则来自逻辑的推演和自洽状况。虽然艺术品或多或少要兼顾直觉与逻辑,但除了推理性的文学影视作品,逻辑通常不是艺术审美最为关心的成分——它们倒是数学和科学最看重的东西。所以本篇把对逻辑审美的探讨搁置一旁,在探讨形式感时主要关心的是艺术感受的直觉领域。

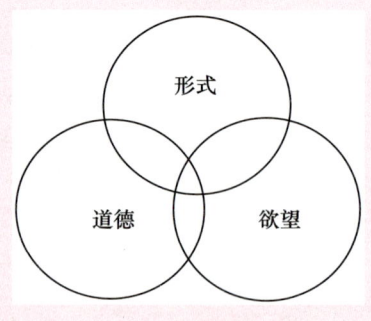

图1 艺术审美感受的三个来源

第一章　艺术和欲望

第一节　寻找人间情感

弗洛伊德对文明有一个基本看法，他认为，文明对人的要求与人的本能需求经常是相互冲突的。不被文明所接受的本能冲动，会被压抑到潜意识里去。我们的意识只是心灵活动的冰山的一角，潜意识仿佛水面之下的冰山一样巨大，它构成我们心灵世界的主要部分。由此他认为，艺术家是通过文明所允许的方式，展现被压抑的冲动，表达被压抑下去的欲望，这个过程被他称作"升华"[1]。而且他早年认为，这些被压抑的冲动主要是性冲动以及攻击性。到他晚年的时候，他把"性冲动"修改成"生本能"，又相应地创造了"死本能"这个术语，认为人类除了有爱欲，还有一种让自己"回到无机状态"的本能[2]。他会把自杀、从社会里脱离（例如成为隐遁山林的修士修女）等看成死本能胜过了生本能的结果。他认为，人对于他人的攻击性，乃是把指向自身的死本能从内部转向外部的结果。

---

[1] 参见 S. Freud, "On narcissism: an Introduction", in *The Standard Edition of the Complete Psychological Works of Sigmund Freud*, Hogart Press, 1953. 及 Freud, S. "Creative writers and day-dreaming", in *The Standard Edition of the Complete Psychological Works of Sigmund Freud*, Volume IX, Hogart Press, 1953.

[2] 参见：[奥地利] 西格蒙德·弗洛伊德：《弗洛伊德后期著作选》，林尘等译，陈泽川校，上海译文出版社 2005 年版。

文艺界仍然比较普遍地从弗洛伊德早期提出的文明与性本能的冲突的角度去解读艺术创作和艺术品。这么做显然具有一定的合理性，毕竟人类最为强烈的欲望是性欲，它对于人类的存在至关重要——而且正因为它是如此重要，文明一定会以最大的努力去介入这种本能的满足方式和过程。

在维多利亚时代的西欧，上流社会女性的性需求受到压抑，这种状况可能如弗洛伊德所认为，构成了歇斯底里等神经症的发病因素之一。但那个时代绝不是最压抑的时代，那是资本主义的黄金时期，个体意识正在迅速崛起，女性的自我意识也在萌芽和发展。我们有必要提出这样的猜想：在一个既张扬人欲又压抑人欲的矛盾时代，歇斯底里或许是一种反抗的方式，而一个完全压抑本能的时代是不会有神经症的大流行的。我们还有理由猜测，在那个时代被压抑而又未能完全压抑（半压抑①）下去的，除了性，还有其他的心理欲求，例如个人的自由、生存的尊严、创造性、较为纯洁的爱等。

弗洛伊德认为，好的艺术品，可以把被文明压抑下去的那部分潜意识内容表达出来。古希腊戏剧大师索福克勒斯的《俄狄浦斯王》在他看来就是这样一部作品。② 弗洛伊德认为俄狄浦斯情结是被文明压抑下去的普遍的人类欲望，俄狄浦斯弑父娶母，在观众的眼中固然有违天伦，但却与观众们的潜意识暗通款曲。③ 不过虽然确实有大量的艺术作品在揭示人类隐秘的欲望，弑父娶母是不是如弗洛伊德所言那样是成年人类普遍的潜意识内容，如今是有很多争议的。④

而且，当我们回顾文艺史，也能发现，许多优秀的作品并不是在做这种揭微显隐的事情，或者纵使有此一层，其艺术感染力也未必主要地与此有关。罗

---

① 关于半压抑的概念，见訾非：《感受的分析：完美主义与强迫性人格的心理咨询与治疗》，中央编译出版社2019年版，第205页。
② Sophocles. *Oedipus the King*, New York: Washington Square Press, Inc., 1958.
③ 弗洛伊德认为，人在俄狄浦斯期（3—6岁）的时候，力比多投向母亲或者父亲，通常对男孩来说是投向母亲，对女孩来说是投向父亲。到了青春期，如果他依然如此，他就不能正常地与同辈的女性或者男性建立亲密关系。弗洛伊德认为，神经症，尤其是青春期时发生的一些心理疾病，跟一个人没有正常地渡过俄狄浦斯期有关。比如社交焦虑、广场恐怖，这些都可能与恋母情结或者恋父情结没能解决有关。
④ 参见訾非：《感受的分析：完美主义与强迫性人格的心理咨询与治疗》，中央编译出版社2019年版，第399—414页。

密欧与朱丽叶的故事其实并没有多少隐藏的情感秘密，真正打动观众的，是看到个人的真挚感情被强悍的世界和叵测的命运无情地操控与玩弄。我们也在这层意义上理解《生命无法承受之轻》《百年孤独》《陆犯焉识》这样的作品。甚至索福克勒斯的《俄狄浦斯王》，也至少因为这一层意思而添增了它的魅力。

弗洛伊德晚年还提出了人格的自我—本我—超我三元素结构模型（见图2）①。在他的冰山理论的视角下，人被压抑下去的还包括自我的一部分以及超我的一部分。如果我们认为，其实人的道德需求——例如自由、平等、正义等——也可能遭遇着和爱欲类似的被压抑的窘境，弗洛伊德大概不会反对。不过弗洛伊德很少谈自由、生命的尊严、坚韧的信念等话题以及它们在艺术中的呈现。他所关注的，是那些未能满足的基本欲望。但是自由、平等、正义、坚韧、智慧……人之为人的一切方面都可能被压抑下去或者在意识的层面与现实发生着冲突，很多艺术家是把它们与生存之间的冲突和妥协摆在世人面前。

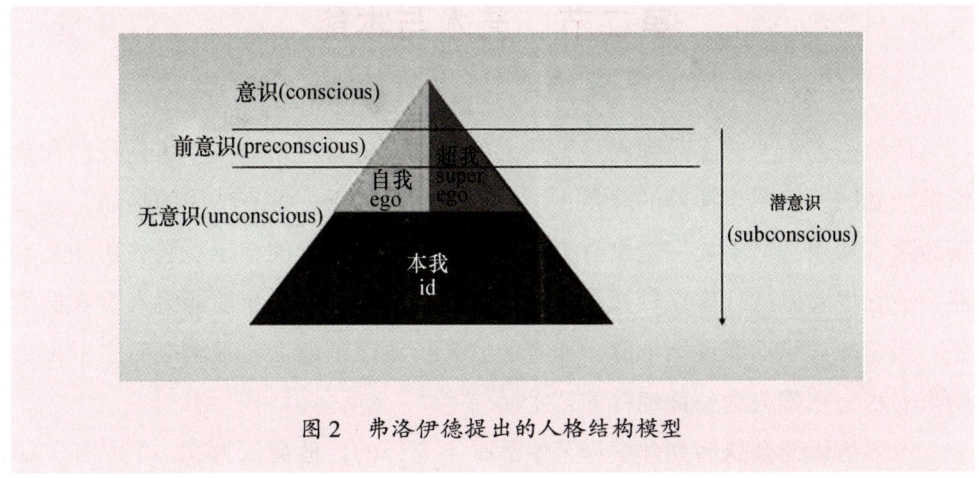

图2　弗洛伊德提出的人格结构模型

如果一部作品不是在挖掘被压抑下去的诉求，而是在意识层面反映欲求与境遇的激烈冲突，并不妨碍它的出色。《瓦尔登湖》和《桃花源记》反映了人对自由的诗性追求。而《1984》《飞越疯人院》《肖申克的救赎》《麦田守望

---

① S. Freud, "The ego and the Id", in *The Standard Edition of the Complete Psychological Works of Sigmund Freud*, *Volume XIX*, Hogart Press, 1953, pp. 1 – 66.

者》《楚门的世界》《饥饿游戏》是对不自由的激烈反抗。我们可能疑问，生而为人，有多少时间，能够不被外在和内在的力量驱使，活成一种身心合一的状态？当一个人贫穷的时候，他需要维持生存，需要为满足生存的需要而听命于劳动力市场的安排。当一个人富有且不必为生计而听命于任何他人的时候，他的七情六欲并不放过他。弗洛伊德认为，在精神分析治疗中，通过把无意识内容进入意识，受到意识的烛照，能够实现精神疗愈。而在文学的功能方面，他提出的升华理论——以社会允许的方式（这就意味着要对欲望进行某些改头换面的加工）表达被压抑的欲望——似乎不是当今一些艺术家所认同的。他们的做法反倒更接近于弗洛伊德在精神分析治疗中所秉持的理念：冷静客观地观察这些欲望，并展现出来。他孙子卢西安·弗洛伊德的作品便是这种艺术态度的体现。但是我们似乎又可以说，是因为社会的开放，使得直白的展现被允许了。

第二节　艺术与本能

什么是艺术？艺术品到底是做什么的？它们是有功用的吗？这是我们在绪论里谈到的。按照李泽厚的观点，一件艺术品起源于一种有功用的物品。一切物品除了功用，又不能完全没有美。比如一只用来喝水的杯子，它的功能是容器，但它也要做得外表比较光滑，形状比较耐看，外观和质地能给人带来愉悦感。当它的实用功能逐渐下降，而它的欣赏价值逐渐增加，直至最后它不再被用来喝水，它就成为一件纯粹的艺术品。

但弗洛伊德会认为如此解释艺术品是不充分的。他会认为，一个水杯，如果不用来喝水，而是用来欣赏，那么你之所以会欣赏它，不是因为它没有了原来的功用，而是在它不承担过去的功用的时候，你将一些潜在的欲望投射在上面。它虽然不具备了它从前具有的功用，却承担了另一种功用。弗洛伊德认为艺术多多少少是我们满足力比多的一种方式。这种说法既不会得到康德、拉金斯这些强调艺术与道德关系的学者的首肯，也会受到那些主张形式美乃审美的最高境界的形式主义美学家如克里夫·贝尔等人的激烈反对。然而客观地说，要想理解一些艺术作品,包括许多被公认为杰出的作品,不去探究它们与本能欲望的关系,恐怕是不明智的。

美国画家乔治亚·奥基弗(Georgia O'Keeffe)的作品也许是对弗洛伊德理论的最好的呼应。她长时间生活在亚利桑那沙漠里,大半辈子都待在那儿。她丈夫是个摄影师,拍摄沙漠风景照片寄到《国家地理》杂志就是他的工作。奥基弗和他在沙漠里久居,她的作品里的物象只有寥寥数种:花瓣、平房、骨头。她的大量作品以花瓣为主题,她把这些花瓣都改造成跟生殖器的形状非常相像,让观众毫无悬念地会联想到生殖器,男性的或者女性的。如果她的作品没有性的元素在里面,她恐怕不会这么出名。不过奥基弗对这种关联一向矢口否认——这又使得观众和她之间多了一层张力关系。

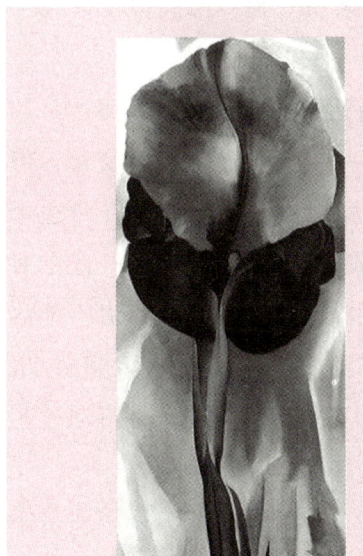

图3 《鸢尾花》(乔治亚·奥基弗,1929)

图4 《音乐、粉红与蓝,2号》(乔治亚·奥基弗,1918)

弗洛伊德的艺术观点不胜枚举,他关于艺术的论文有好几篇,可能最著名的就是《达·芬奇及其一段童年回忆》。在这篇文章里,他提出一些基于精神分析的审美观点,例如宣泄说,还有一个就是早期经验说。在弗洛伊德看来,我们的日常生活里到处是我们早年压抑下去的无意识内容的曲折显现,包括在我们的梦里。他认为艺术家的早期经验对于理解艺术作品至关重要,同时认为我们成年之后的神经症,例如到青春期突然出现的强迫症,也跟早期经验有关。他相信艺术家的童年是理解艺术家的作品的一把钥匙。

弗洛伊德认为达·芬奇之所以创作出带着神秘微笑的蒙娜丽莎这个形象,是源于他的童年创伤。达·芬奇是个私生子,出生后由母亲单独抚养,到了五岁的时候又被他父亲领去抚养。另一种说法是,达·芬奇的母亲生了他之后就嫁给别人。达·芬奇实际上是被一个修女养到五岁,之后他父亲就把他接回家。他跟父亲和父亲的妻子一起生活。达·芬奇的继母后来又去世了,他父亲又结了一次婚。所以达·芬奇自幼其实缺乏稳定的依恋对象。那么他的很多作品中的女性都露着母亲看着自己孩子时的那种发自内心的微笑,也就不足为怪了。他笔下的圣母、圣母的母亲圣安妮,都画得像母亲一样慈祥。

《蒙娜丽莎》这幅画,本是富商的妻子委托给达·芬奇的工作,而达·芬奇花了四年完成作品之后,并没有把作品交给她——或者,也许履约交稿,但又额外画了一幅留给自己。达·芬奇把完稿的《蒙娜丽莎》继续带在身边十多年,直到他在法国去世,而且可能在作品完成之后的十几年他一直在对《蒙达丽莎》修修改改。它伴随了达·芬奇生命中最后的 14 年。弗洛伊德认为艺术是以社会允许的方式宣泄被压抑的本能欲望,达·芬奇对《蒙娜丽莎》的钟爱,是恋母情结的体现,他没有一个稳定的母亲去依恋,达·芬奇通过艺术作品去安抚这个创伤。

艺术家的童年是理解艺术家的作品的一把钥匙。我们其实也可以用弗洛伊德的这个视角去理解他的孙子卢西安·弗洛伊德(Lucian Freud)的作品。卢西安笔下的人物大多丑陋而且神经质。据说他童年的时候,西格蒙德·弗洛伊德喜欢给这个孙子阅读"负能量"作品,例如《绞刑架下的歌》,给他展现出一幅灰色的世界。但这很可能是一桩野史。而且卢西安对他爷爷的精神分析并不感兴趣,反倒认为作为生物学家的爷爷给他带来的启发更大一些。①

---

① 参见卢西安·弗洛伊德去世前的最后一步纪录片:R. Wright, *Lucian Freud*: painted life. BBC, Two, 2012.

其实卢西安的灰色视角根本无须西格蒙特·弗洛伊德的教育方式来解释，卢西安生长的时代前所未有地动荡。他于1922年出生，在纳粹德国占领奥地利的时候正好是17岁，在这之前，西欧的经济危机大浪滔滔，排犹运动此起彼伏。卢西安的四个姑奶奶（西格蒙特·弗洛伊德的姐妹）都死于集中营。在这种背景下成长的人，他眼中的人类充满各种不安的情绪和颓唐的表情，那是完全可以理解的。不过，弗洛伊德家族也的确天赋异禀，因为很少有一个天才，他的孩子依然很杰出，而且孙子辈也还能出现杰出的人物。弗洛伊德的女儿安娜·弗洛伊德是精神分析学领域的大家，他的孙子卢西安·弗洛伊德是杰出的艺术家。一家三代都保持了一流的创造力，这在历史上是罕有其匹的。

从19世纪末到如今的21世纪初，一个多世纪的诸多人文景观都与弗洛伊德家族有关。中国艺术家在85新潮的时期，许多画家把卢西安·弗洛伊德当成偶像来看待。如果说卢西安深刻影响了中国的绘画、弗洛伊德（其实也包括安娜·弗洛伊德）深刻影响了中国的心理学，一点都不夸张。

弗洛伊德提出，艺术作品反映了艺术家或观众潜意识里的情结。那么，艺术如何把这些藏在意识深处的、以感受的形式存在的难以言表的东西表达出来？弗洛伊德认为，艺术家是通过象征的方式实现这个目的。例如，如果一个人感到孤独，他除了使用"孤独"两个字来表达，象征也许是更好的方式。图5是中国画家叶南的作品，这幅画的名字就叫《孤独》。画面里，一人，一狗，形影相吊，于是孤独之感，无须任何言辞，便扑面而来。这幅作品采用的象征手法是比较出色的。画面中那个又瘦又黑的狗，作为孤独者内心状态的外化，处理得震撼人心。如果给孤独感画一个形状的话，那就应该是画面中那条黑狗消瘦的模样。而那个茕茕而立的老人，无人做伴，与一条羸弱的狗相视无言，看上去比独自一人更加孤独。

画面中这个老人戴着一顶黑色的帽子，披一身黑色的斗篷。这个形象很容易让人联想到死神。我们的孤独感和我们对于死亡的理解是两种很接近的体验。精神分析学的后继大师之一、自体心理学的创始人科胡特说，其实我们人类有比肉体的死亡更可怕的一种死亡——人性的死亡。假如一个人活到89岁，像卢西安·弗洛伊德这样，儿孙满堂，许多亲人环绕在他周围，他可能会安详

图5 《孤独》（叶南，1996）

地辞世。这种死亡其实不那么可怕。但是，假如你到了一个地方，人人都对你不理不睬，都觉得你是另类，虽然你不会死，但你会感到孤独。科胡特说，如果你活在一群人中间，他们能给你积极的回应，能够跟你友好地交往，你就会觉得自己活着，有充分的活力。当周围的人都像冰冻了一样，对你没有回应，或者对你退避三舍，也不关心你，你关心别人，别人也无动于衷，你就觉得自己像被扔到了火星一样，周围都是石头，人们仿佛是石头的雕像，于是你就会有一种真正绝望的死亡感。你觉得你不再是一个人了，你不活在人中间了。这是一种抽象的死亡，或者说心理上的死亡——用科胡特的话来说，人性之死或者心理上的死亡。

在叶南的这幅作品里，老人的四周极其荒凉，地面是开裂的，他所站立的基础是不牢靠的。整个世界对他来说是一个枯燥、没有人性、没有回应、没有陪伴的地方。但你又可以看到，即便如此，还是有一条陪伴他的狗，于是像李白诗中所描述的，"对影成三人"，一方面这使得孤独显得更加孤独，另外一方面使这孤独变得好像勉强可以忍受。

第三节　永恒的内在冲突

弗洛伊德学术生涯后期的一个非常重要的贡献，是提出人格的三成分模型。他认为人格是由自我（ego）、本我（id）和超我（superego）构成的。人格的这三个部分，并不像房子的三个房间那样共存无碍，也不像一把椅子的三条腿那样共同支撑重负，而是像被放逐到孤岛上的三个人，每个人都有自己的一套原则要坚守，相互间存在着无穷多的利益冲突，但少了任何一个，日子恐怕会过得更艰难。

弗洛伊德说，"自我"遵循的是现实原则；"本我"遵循的是趋乐避苦的快乐原则；"超我"遵循着道德原则。三个"我"都希望按照自己的原则行事，于是冲突也就无可避免。比如，一个人遭遇别人的欺侮，超我可能会告诉自己应该忍让，"当别人打了你的左脸，你该把右脸也伸过去"。而他的本我满是愤怒的情绪，恨不得灭此朝食。那么遵循现实原则的自我，在面对需要它做出决策和决定的此情此景，听到来自超我和本我的截然不同的命令，就会感到两难。如果自我选择了忍耐作为应对方式，那本我的一腔愤怒就遭受着压制。如果他愤而反抗，超我里息事宁人的准则又遭到了挑战。

弗洛伊德指出，自我是一个很辛苦的心理机制，它有时候帮助超我驾驭本我这匹桀骜不驯的马，约束它前进的方向，但何其难哉。假如它由着本我自行其是，超我又断乎不会答应。不过，弗洛伊德显然认为就桀骜不驯而言，本我是远胜于超我的。其实超我又何尝亚于一匹桀骜不驯的马？超我在多数情况下来自文化和习俗，而把文化和习俗放在一个较长的历史参照系下去看的话，我们能看到另一种桀骜不驯。文化和习俗在形成过程中，可以远远脱离现实的需要，变得只为自己的自洽而存在，在它们被挑战的时候，它们可以采用最残酷的方式对个体加以压制。

当本我和超我达成妥协或者和解的时候，自我也并未万事大吉。本我所期待且超我所允许甚至鼓励的事情，可以变得不切实际和不着边际。上述那个遭遇欺负之人，假如他天性善良，脾气温和顺从，又遵循以德报怨的忍耐原则，是不是就能守得家和事兴,一片太平?若是如此,坊间又何来"人善被人欺,马善被人骑"的刻薄结论?我们太容易观察到,不论出于人生经验还是历史的教训,忍让未必能保证个体和种族的生存。在本我和超我之间费力调和的自我,不得不面对一个更大更严峻的挑战:客观现实。它不单要规劝本我和超我向现实妥协,还要殚精竭虑地弄清现实到底是什么状况——这件事尤为不易。

所以弗洛伊德说,自我在本我、超我和客观现实之间周旋,仿佛是一个有三位主人的仆人(所谓"一仆三主"①)。三位主人都不由分说地提出绝对的要求,让自我忙得团团转。在《哈姆雷特》里,那个丹麦王子就在这三个主人的命令下一度不知何去何从。他父亲被他叔叔杀死了,这杀父之仇,按照超我的原则,当然应该火速去报。但他的本我必然视为畏途。杀人这件事绝不会让一个人格正常的人争先恐后,何况这待杀之人还是他的叔叔、他母亲的后夫。而且此事显然大有风险,现实的可能性不能不慎加顾虑。

不过,弗洛伊德提出一个更加"险恶"的猜测:弑父娶母乃是男人的潜意识里的情结,王子们如哈姆雷特亦概莫能外。这位王子的弑父娶母情结,在过往的人生经历中,被超我谴责、压制、压抑,像条落败之犬一般潜伏下来,此番杀戮纵然名正言顺,难免那条狗也随之蠢蠢欲动,让超我格外紧张。那个代替他完成弑父任务的叔叔,在他内心里呼唤出的一层莫名的好感。他的优柔寡断便在这复杂的内心过程里变得难以克服。

毕竟《哈姆雷特》只是一部戏剧,哈姆雷特为何犹豫不决,只有作者那里有更为直接的答案,不过找到这个答案已经不可能了。作者的意图,我们只有无法证实的猜测。莎士比亚是文艺复兴后期的英国人。那个时代,基督教教义对人的影响依然举足轻重。莎翁很可能是借着哈姆雷特之口在表达他对于那个时代的理解。哈姆雷特说:"究竟哪一样更高贵:去忍受那狂暴的命运无情的摧残还是挺身去反抗那无边的烦恼,把它扫一个干净?"基督教告诉人们凡事忍耐,你在此世的忍受,换来的是天国的入门资格。可是哈姆雷特怀疑道:"可在这死的睡眠里又会做些什么梦呢?真得想一想,就这点顾虑使人受着终

---

① 弗洛伊德的这个比喻借自意大利剧作家哥尔多尼(Carlo Goldoni,1707—1793)的喜剧《一仆二主》(1745)。

身的折磨。"如果我们默默忍耐,而忍耐的结果大不了一死。而且假如死就是一切的终结点,没有什么来世或者天国,那么忍耐似乎是没有什么道理的;如果有来世或者天国,那么"一死了之"也断不可行,因为你不知道你死后是不是会得到好报。

莎士比亚借着哈姆雷特之口说:"谁甘心忍受那鞭打和嘲弄,受人压迫,受尽侮蔑和轻视,忍受那失恋的痛苦,法庭的拖延,衙门的横征暴敛,默默无闻的劳碌却只换来多少凌辱。但他自己只要用把尖刀就能解脱了。谁也不甘心,呻吟、流汗拖着这残生,可是对死后又感觉到恐惧,又从来没有任何人从死亡的国土里回来,因此动摇了,宁愿忍受着目前的苦难而不愿投奔向另一种苦难。"

虽然弗洛伊德用俄狄浦斯情结来解释哈姆雷特的内心冲突并不完全令人信服,但是他启发了我们用冲突的视角去理解这部作品。通过哈姆雷特的大段独白,或许莎士比亚在描述他所生存的时代的欧洲人的一种内心冲突:起而反抗吗——它不符合基督教传统教义;恭顺忍耐呢——它是否能够最终导向永久的平和,似乎也颇为可疑。当然,起而反抗能不能带来公义与和平,也同样颇为可疑。或许可以这样说:外在的社会现实、超我的教义要求、本我的愤怒与畏惧、自我的权衡与怀疑,在他内心泛起难以平息的冲突的波澜。所以尼采评论说,哈姆雷特是"最现代的人"(the most modern man)①。中世纪之人活在超我里,认为道德是最重要的人生依托,本我是应该受到压制的,一个人没有按照超我的要求的去做,那他就是错的。尽管很多人做不到问心无愧,但是他们至少认为超我是更加正确的原则。而现代人呢?会认为本我值得张扬,同时超我的要求、现实的要求也并没有退席。而在当代这个被称为后现代社会的时期,"后现代人"的内在冲突又是另一番面貌了。

其实对于哈姆雷特而言,他的本我还没有被高举到一个重要的地位。故而他的超我与本我的冲突还不是他的犹豫不决态度的主要原因。最激烈的是他的超我和自我的冲突:一个人该全心全意相信教义,相信来世的拯救,还是要好

---

① F. Nietzsche, *Nachgelassene Fragmente 1884–1885*. Berlin: Walter de Gruyter, 1980. 或参见缪羽龙:《"最现代的人":尼采眼中的哈姆莱特》,载《齐齐哈尔大学学报(哲学社会科学版)》,2016 年第 12 期第 106—108 页, 第 114 页。

好地反抗一下？所以，严格地讲哈姆雷特还不能算是一个现代人，而是一个文艺复兴时代的人。

弗洛伊德所关注的那种被超我和本我的冲突所折磨的人才是现代人。相比之下，"后现代"的当代人的超我要求——或者确切地说，维系传统社会的以共同的利益为主的超我要求——是越来越薄弱了，人们更多的时候是靠着法律条文来做出道德判断。很多人的超我和本我是合谋的，当"你应该快乐""你应该幸福""你应该比别人重要"成为超我的内容的时候，它们不但不会与本我构成冲突，反而会对本我的需求推波助澜。① 与这种被强化了的本我欲望相冲突的是客观现实。而这种冲突不只是"我想要却得不到"这么简单，而经常是"我应该得到，居然没有让我得到"。这是科胡特所概括的"垂直分裂"的时代所表现出来的特征。② 也可以说，科胡特面对的是后现代状况中的人，他的垂直分裂理论是为这个时代的人性勾勒出的轮廓。

第四节　生本能与死本能

弗洛伊德晚年认为，人类有两种本能：生本能与死本能。生本能又由两部分构成，一个是自我保存的欲望，一个是生存欲望。当一个人走到悬崖边上，不再前行，这就是自我保存的欲望在起作用。他走进一片果园，看到树上硕果累累，就想去攀摘，这就是生存欲望的体现。概言之，生本能就是出于畏惧之

---

① 超我在形式上是"应该—不应该"的判断，但超我的内容则并不固定——因人而异，也随时代而改变。在传统的社会，超我的内容通常以维系群体的生存、举扬共同的价值为核心。现代社会则同时强调群体共存和个人的愿望。于是超我的内容除了包括传统社会的维系群体生存的价值观，还包含举扬个体本能的这一面（例如"你应该获得幸福""你应该优秀"）。(参见訾非：《感受的分析：完美主义与强迫性人格的心理咨询与治疗》，中央编译出版社2017年版，第78—80页)

② 科胡特指出，西方当下社会（主要指他从事临床工作的时期，即"二战"之后到70年代末）中的个体不再是弗洛伊德时代那种超我与本我激烈对抗的状态，而是"垂直分裂"的状态。人格发展不顺利的个体可能一方面被社会和家庭引导着追求夸大的自体，表现得孤芳自赏，但同时另一些需求早早地就被压抑下去、埋藏起来，以至于形成了既自大又深切自卑的精神面貌（参见：H. Kohut, *Analysis of the self: systematic approach to treatment of narcissistic personality disorders*. Madison, Connecticut: International Universities Press, 2000.）。

心而自我保护，出于生存的欲望去获取，其实也就是所谓"贪生怕死"的本能。人是一种贪生怕死的生物，他内在有强大的力量驱使着他去贪生怕死，贪生和怕死可以说是一体两面。即使弗洛伊德不创造出这样一个名词，大家也对人的这种心理事实毫不陌生。

然而弗洛伊德又十分惊人地提出，人还有一种死本能。他认为人类天生就有促使自己归于虚无的欲望。自杀在他看来就是死本能的体现，是一个人在死本能推动下做的事情。我们都知道，人为了避免痛苦，可能诉诸自杀的行为，这是自杀的常见原因。但是弗洛伊德所说的死本能并不只是为了回避痛苦而产生的自毁冲动，而是一种原发的死亡冲动。

弗洛伊德甚至把人对外部世界的攻击性都解释为人天然地指向自己的死本能的外化，把诸如纳粹德国对他国的侵略视作一个民族所压抑的死本能的外化。这个解释，是把人在关系中受挫时产生的攻击性，以及把人在获取生存资源而诉诸的掠夺性，都假定为自我毁灭的一种表达方式。这不太符合如今进化心理学对人性的理解，也太不符合逻辑。我们不如把掠夺性等攻击性主要地看成生本能的一种特殊表达方式，它是一种进化产生的适应行为——当然对于文明世界而言它是原始的故而必须受到严格约束的。

在弗洛伊德看来，在个体的生命史里，生本能和死本能是交织在一起的。他认为，人在幼小的时候生本能大于死本能，及至成年，死本能渐渐地强大起来，乃至老年，死本能就可能超越了生本能而占了上风。确实，六岁以前自杀的孩子非常罕见。儿童少年经常承受着莫大的压力和痛苦，却少有自杀的企图。自杀的高峰期要到青春期及之后才出现。

但是弗洛伊德关于死本能的提法与我们对生活的观察也不一致。老年人的确是比年轻人有更高的自杀率，但是这个比例依然很微小。大部分老年人对于这个世界充满了眷恋之情，哪怕病入膏肓也不离不弃。而我们却经常听说青春期的少年和大学阶段的年轻人自杀的例子。

如果说人有摆脱痛苦的动机，有时候竟以放弃自己的生命来实现，这无疑是真实的。自杀是这种动机的最极端形式，而自我放逐，"寄蜉蝣于天地，渺沧海之一粟"，是更为常见的形式。如果我们把人类在遭遇挫折时采取的攻击性，为了获得资源时诉诸的掠夺性，看成生本能的特殊表达方式的话，那么人类自我放逐、归隐田园、剪发杜门这一类行为与生本能迥然有别。但我们将其定义为自毁的冲动，似乎也有些勉强。即使这是一种不同于生本能的本能，即使可以暂且用"死"这个词去形容，但"死"与"自毁"似乎并不能完全看成同一种动机。这正如我们显然不应该把一家企业的破产等同于它的自我毁灭。

例如，弗洛伊德认为，佛教的理念是基于死本能的——僧人从俗世里走出去，到深山古寺生活，是抽象意义上的死。王维诗中所描写的禅意的栖居——"行到水穷处，坐看云起时"① ——从弗洛伊德的理论角度上看是自毁本能所推动的行为。一个人主动放弃了他与世俗世界的连接，不再成为巨大的社会中的一分子，从抽象意义上来说，可以说是一种死亡。

王维是一个很典型的禅宗诗人，他一生有一半的时间是独自在家参禅。他四十岁以后对人世已经不寄托什么希望。当然他正好碰到了乱世——安史之乱。他虽然是个高官，做过宰相，但他仍然不能有所作为。他回到家里，喝茶写诗作画。那个阶段的唐朝还算是最繁盛的时候，就相当于人间的四月。彼时有一批像王维这样非常出色的人，虽然生活于他们而言并不艰难，但是内在的体验是苦的。他们觉得生活在人世间还不如生活在跟植物和花鸟打交道的世界。看似幸福繁荣的人世何以为苦？萨特的那句话或许是答案。他说，"他人就是地狱"。身边的人成了地狱，这话听上去很刺耳。如果我们在蛮荒的大自然里生活，我们身边之人恐怕一天都不可或缺。我们必须相互扶持，奋斗图存。但王维在一个富裕鼎盛的朝代做官，一群人钩心斗角，为斗争而斗争，这种生活难免荒诞离奇。在那样的时代，就算一个人搞艺术，也会有一群人批评说，你这个风格不好，你的水平不如别人。哪怕你喝杯酒，可能都会有人评价你端酒杯的姿势够不够儒雅。这种生活境遇在渴望自由和独立性的人眼中就会像地狱一样。

在我们这个时代，假如一个高中生，做一道很艰难的数学题，日思夜想，

---

① 王维《终南别业》：中岁颇好道，晚家南山陲。兴来每独往，胜事空自知。行到水穷处，坐看云起时。偶然值林叟，谈笑无还期。

解出来之后特别兴奋,很有成就感。他的母亲或许会说,"你做出来有什么用,你离考上××大学还远得很"。这个孩子怎么会不觉得扫兴失望?在如今这样的社会,做一些让自己感到有价值的事情并不容易,人们活在一个符号化的世界里,不管做到什么程度都好像纠结在世界之网里的苍蝇一般。北岛有一首题为《生活》的诗,其实只有一句:网。看似美好的时代或许都有网一般的特征。

如果有人由此决定不在这个世界里随波逐流,但也不自杀,而是出离此世,也就不难理解了。王维就是一个半出世的人。当然陶渊明就更加坚定。他意识到自己"误入尘网中,一去三十年",于是坚决辞官不干了。宗教经常和人的这种诉求有着密切关系。佛教之所以能在中国兴盛起来,在它的发源地印度却几乎消失殆尽,也许可以从这个角度去理解——盛世有时候于人而言是一个巨大的禁锢。

弗洛伊德对宗教是持反对态度的,认为它们不科学、不真实,它们是一种群体性的强迫症,用来防止个体层面的强迫症,是一种死本能的体现。但弗洛伊德也许没有宽容地看到宗教的另外一面,也就是不能用自毁本能完全解释的一面。一个生活在尘世里的人是很痛苦的,贴着各种标签的诱惑来自四面八方。正如法国的精神分析学家拉康说:"我们的欲望是被符号化的。"[①] 一个人从出生之日,就被这个世界套上了符号:你是谁的孩子,在哪个社会阶层里,上哪一种幼儿园、哪一种学校,找到了何种工作,月薪多少,买了多大的房子。一辈子被这些层出不穷的符号所包围,被别人制定出来的价值观所吸纳。在这样一个世界里,我们有时候很痛苦有时候又挺快乐,如果你很顺利,你似乎就会快乐。但是快乐总不会长久,即使没有痛苦来搅局,它也会慢慢淡去。

生活之网里的个人,主动放弃尘世中的爱恨情仇,这当然可以看作一种

[①] 其实弗洛伊德也是一个比较倚重符号化思维的学者。例如,他说世人为何反对精神分析,反对他所提出的性欲与神经症有关的说法,因为他是像哥白尼、伽利略那样的先驱,没有一个先驱在他在世的时候不受到那么多攻击。也许他在心理学上确实有类似的地位,但从这个话里可以看出他对尘世符号的重视——他希望成为伟大的人。弗洛伊德在给他的妻子的信中写道:"为了你,我要征服全世界。"这是非常典型的弗洛伊德式的动机——追求成功,成为此世的一个大写的符号。这种渴求给他带来发展事业的动力,但同时也阻碍了精神分析学的发展。弗洛伊德对于阿德勒、荣格等人的不同观点异常排斥,这使得精神分析运动在产生之初就开始分崩离析,形成互相之间难以对话的种种派系。

象征意义上的自杀、抽象意义上的死。然则此种放弃，未必就不是另一种进取所必须的条件和开端。这个人离开纷扰俗世，也许朝着精神的深处奋然前行，获得一种更为强劲的生命力。此时"死本能"与其说是生本能的对立面，倒不如说它与生本能相互成就。而反观那些被林林总总的欲望东推西搡之人，在欲望的冲突和消耗中艰难度日，其生命力或许从未抵达任何深邃的境界。假如一个人毅然决然地放弃他在人群中的位置，就像用一把无形的刀子斩断捆在身上的绳索，他所能体验到的，除了那个被他周围的关系所定义的他的"死"，是不是还可以是一个更有生命力的、更自由的人的重生？为何追求自由的动机不可以被看成独立于生本能之外的另一种本能？打破束缚，打破禁锢，也许是比生本能更具人性的东西，它当然不比贪生怕死更为常见，但也绝不至于像毫无理由的自毁那么稀罕。弗洛伊德对于自由的看法是相对消极的。他曾指出，"原始生物实体从一开始就不想改变，如果条件不变，它就总是只重复同样的生命历程"[1]。这当然说出了生命的一种本质属性：它要维持自身的面貌不变。[2] 但是生命体也有另一种特点：越是复杂的生物，它们就越是能根据环境的变化对自身做出相应的改变。这种能力甚至表现在事情尚未发生之前他们就能够根据预期来提前做出应对，还进一步表现在它们受自身的想象力的引领而创造出新的环境，而且越是复杂的生物，在其生命周期里发生的变化也就越是多端。这些变化使得生命体能更为主动地适应和改造环境以获得生存。对于人类而言，在其生命的诸多节点上，个人都宁愿选择改变、选择活出与上一辈不同的样子，在很多时候表现得为反叛而反叛，不肯循规蹈矩，不肯重复自己和他人。也许对弗洛伊德的观点的原教旨的追随者可以据理力争，说叛逆也好、追求自由也好，既然是写在基因里的具有确定性的人性特征，我们仍然可以说生命的本质属性是"维持自身的不变"。确实，如果把弗洛伊德的意见从这个角度去理解，倒是又一次实现了自圆其说。但是这种通过改变来维持自身不变的能力，如果称之为死

---

[1] S. Freud, "The ego and the Id", in *The Standard Edition of the Complete Psychological Works of Sigmund Freud*, *Volume XIX*, Hogart Press, 1953, pp. 1–66.

[2] 弗洛伊德把这种"维持原来的状态不变"的冲动和"回到无机状态"的冲动看成同一种动机，似乎也根据不足。

本能，就显得自相矛盾了。

在人类的艺术史上，敏感的艺术家不总像弗洛伊德那样把自由和自毁混为一谈。但是自毁的冲动真的有可能让一个寻求自由的人变得分外决绝。毕竟，追求自由，便意味着把自身置于一种更容易毁灭的境地。但假如此人恰恰又做好了自毁的准备了呢？我就是在这层意义上理解梵高的艺术状态的，尤其是他在圣雷米的精神病院里的那种状态。

梵高自杀了，他确实被他的指向自身的、自我毁灭的冲动推到了生命的终点。你看他在《死去的飞蛾》这幅画里表现的这只蛾子：伏在枯叶中间，翅膀上硕大的黑色的"眼睛"。蛾子这种形象经常用来表达跟死亡有关的主题。在我们眼中，蛾子是沉重的、短暂的甚至会自杀的——飞蛾扑火——虽然事实上飞蛾投火绝不是自杀行为。我们人类为何对于飞蛾投火的意象念念不忘呢？当对自由的追求和对死亡的义无反顾携手而行，当一个人发自内心地决定"不自由，毋宁死"的时候，那种决然的力量仿佛来自正物质与反物质融合在一起发出来的巨大能量。

图 6 《死去的飞蛾》（梵高，1889） 图 7 《鸢尾花》（梵高，1889）

梵高的很多作品都散发着这种把死和自由合为一体的感觉。例如图 7 的《鸢尾花》。这些花朵几乎都是蓝色的，唯有一支白色。这白色的孤独的一支鸢尾花，倔强，卓尔不群，努力挣扎着生存。而蓝紫色的则扭曲阴郁，很容易让人联想到死亡。整幅画面充满着生与死的张力。

关于蓝紫色，容易让人联想到中国人葬礼上使用的花圈，它们的叶子都是用蓝紫色的彩纸做成——似乎蓝紫色比黑色更接近死亡的颜色。也会使人联想到诗人艾略特的《荒原》："四月是最残忍的月份，荒地上，长着丁香。"丁香是紫色的，残忍的紫色。"荒地上，长着丁香，然后把回忆和欲望掺和在一起"。再往下，你可以读到："助人遗忘的雪"，"枯干的球根"，"我表兄家，他带着我出去滑雪橇。我很害怕，他说玛丽，玛丽，牢牢揪住，我们就往下冲"。这是一种什么感觉？自由？死亡？艾略特认为，西方文明已经没落了，已经接近于死亡。他认为其实死亡就是在最繁盛的时候发生的，他生活的那个年代是20世纪初，可以说西方处于最热闹最强盛的时候。青春其实是死亡和自由的联姻、毁灭与挥霍的结合体。

第五节　客体关系

有人告诉我这么一件事：他五岁的时候，某日在家门口独自玩耍，门前经过一个货郎——也就是收鸡毛、收头发，然后换给卖主一些糖果、日用品之类物品的小贩。货郎看到他，就说："咦？这孩子怎么长得跟我家邻居丢的孩子一个样？"他听到此言，顿时怀疑自己不是母亲所亲生。

大概很多人小时候都有这样的经历：父母亲朋拿孩子开玩笑，最喜欢说的一句话就是"你不是你妈亲生的""你是抱来的""你是垃圾堆里捡来的"诸如此类。这种话被成年人说得不假思索。如果孩子和母亲的关系足够牢固，自然会认为这种玩笑荒诞不经。但这个孩子并没有这么幸运。他焦虑了好几天，然后似乎把这件事忘掉了。但是到了初三的时候，他为了考上重点高中而拼命学习，最后因几分之差没有如愿。他希望父母花钱让他去重点高中插班，可是父母拿不出钱来。而在三年前，他哥哥考高中的时候，父母出钱给哥哥买了上重点高中的资格。于是这个人就又开始怀疑他是不是父母亲生的了。他这次怀疑被开启之后，并未在几天之后就消退下去，而是成年累月念念不忘。他思考自己不是父亲亲生的可能性有多大，如果不是又怎么样，自己的亲生父母可能是什么人，以至于没法集中注意力于学业。在他去高中住校一段时间以后，这个想法变得更加强烈，最终不得不休学回家接受治疗，一年以后才回到学校继续读书。

前面我们提到，弗洛伊德认为人类天生有弑父娶母的情结。这个说法有点惊世骇俗，不过孩子在 3—6 岁之间，的确一度对异性父母抱有极端的好感。假如他有兄弟姐妹，他们之间很可能就存在竞争，每个孩子希望成为最受宠爱的那一个。那么这个差几分没能考上重点高中的孩子认为没有被他母亲以对待他哥哥的方式对待，想必内心愤愤不平。但彼时他已经初中毕业，不是 3—6 岁的俄狄浦斯期。弗洛伊德会解释说：他在俄狄浦斯期与兄长竞争落败而留下的创伤，到青春期的时候在新的事件的刺激之下被激活了。但弗洛伊德之后的客体关系学派和自体心理学则会认为这个解释不够全面。这些流派的学者会认为，一个五岁的孩子听到陌生人的一句话就怀疑他不是母亲亲生，而且这种感受许多年后还能够被再次激活，这恐怕是因为他的母亲并没有扮演好一个母亲的角色所致。在他碰到货郎之前，他就对这份母子之情不甚满意了。自体心理学家科胡特会说，这孩子之所以能被货郎一句话讲到心里去，恐怕他在更早的时期，也就是在 0—3 岁之间这个孩子与母亲建立基本的安全与信任感的至关重要时期，就没有得到足够的情感滋养。他的母亲或者没有给他一些足够积极的回应，或者提供了过分的完美的回应以至于让孩子经受不住些微的不完美的对待，或者自身充满焦虑乃至于把这份强烈的焦虑传递给了孩子。孩子需要一个发自内心地感到幸福，能以真诚的微笑和坚定的信心面对他的母亲。科胡特说，幼时母亲的积极的、微笑的面孔对于一个人来说是弥足珍贵的。当我们逐渐长大的时候，我们对其他人的需求，对这个社会的需求，经常也就是一个象征意义上的微笑的面孔。换言之，人一生都需要一种东西，就是来自他人的积极的回应。达·芬奇一生作品里的多数女性都有微笑的嘴角，也就不难理解了。

我们过分钟爱的东西，往往是我们所缺失的东西。达·芬奇的早期经验是不幸的，刚出生可能就被寄养了，这份经历可能给他带来了很强烈的不安全感和深切的母爱缺失。所以他一生通过绘画，创造一些温暖的女性的形象，大约就是来修补他缺失的母爱。当然达·芬奇还有一些特别的行为，比如他一生都没有结婚，而且他很可能有同性恋倾向。在弗洛伊德看来，人成年后的亲密关系，是他早年和父母的关系发展而来的。达·芬奇没有一个足够稳定的母子关系——虽然达·芬奇的继母对他很好，他奶奶对他也不错。但这些不足以弥补他的缺失。弗洛伊德认为亲子关系最重要的发展阶段是0—6岁之间。这个时期如果过去了，修补这种关系就很不容易。缺失的体验可能就要持续终生。达·芬奇实际上在去世之前还在画蒙娜丽莎，他一生中最后14年就是在这幅画的陪伴中度过的。他是一位天才，但从另一个角度说，他与经历了正常的早期发展阶段而有着稳定的、常态的亲密关系的人相比，更像一个智力超群却孤独的外星人。在人类的历史上，这样的人并不在少数。他们的心理体验如此特殊，生活方式如此特别，乃至于把他们看成另外一个物种都不为过。

自体心理学和客体关系学派的精神分析学家反复强调母亲应该"足够好"、"不够好"和"完美"都不利于孩子的发展。挑剔苛责的母亲给孩子带来的自我怀疑和对世界的不信任自不待言，假如一个母亲把孩子视如珍宝，就像俗话说的"捧在手里怕掉了，含在嘴里怕化了"，这个孩子就会变得自信和富有安全感吗？当一个孩子被如此对待，他也会内化这个母亲眼里的世界和自己：世界是危险的，不可靠的，自己是脆弱的，需要殚精竭虑地加以保护的。假如更进一步，这个母亲把孩子奉为上宾，仿佛奴仆对待主人一般，孩子恐怕也会不知所措。笔者接触过这样一个人，他的父母待他如宾客一般殷勤，与邻里同学的父母截然不同，从不责备他。他也是从五六岁的时候开始怀疑不是自己母亲所生。等到他二十岁的时候，发现他竟是父母领导的儿子，在他还是婴儿的时候亲生父母因公去世，他的养父母收养了他。

一个孩子能够接受的母亲的形象是什么样呢？关爱、支持、认可，这些是最基本的。但是他若肆无忌惮，她愤怒、批评、惩罚，也是她的角色所赋予的权力。假如她只扮演一半的角色，或者扮演的不是这个角色，孩子内心难免就会冒出这样的想法：我是谁？她是谁？

说到"足够好"，生活中也许一切的关系都有这样的性质：太好的关系是不真实的。一个从不支持你的人当然算不上你的朋友，但如果他从来都不指出你的缺点呢？夫妻之间琴瑟不和，把家庭弄得风雨飘摇固然是不幸的事情，但如果一方从来都对另一方的缺点三缄其口呢？

当然，比之于"完美"的关系，糟糕的关系一般更为常见。缺少关爱和认可而怀疑自己是不是母亲亲生的孩子，远远多于因母亲太"完美"而自我怀疑的孩子。这是笔者的临床心理工作经验的一个印象。但是这个结论也许在将来就会受到挑战：后一种类型的环境成长起来的孩子的数量渐有蓬勃之势。

前一种类型的孩子，认为自己不被关爱、无足轻重，仿佛丑小鸭一般。这种心态，我们从大量传统的文学艺术作品里感受到。在《白雪公主》《灰姑娘》之类的童话里，那些被后妈折磨的弱女子的形象居然被那么多不是后妈养大的读者深深同情，不免让人假设每个人内心都有个坏妈妈，每个人对亲妈的觉知里，都有几分后妈的感觉。

客体关系和自体心理学的理论家会认为，其实我们内心里面都住着一个坏母亲。对于有的人来说，这个坏母亲只是一闪而过的念头，对于另一些人来说则是挺牢固的形象。其实格林兄弟的《白雪公主》故事最初的手稿里，公主的那个总在嫉妒她想谋害她的母亲恰恰就是生母。我们可以推测，作家格林兄弟的超我迫使他们对这个故事的情感框架进行了修改。这种修改反而使它的深刻性被打了折扣。

精神分析学家梅兰妮·克莱因[①]说，我们生而为人，在最初的时候就是用二分法来看待这个世界的。对于婴儿而言，滋养它的乳房是好乳房，没能滋养它的乳房是坏乳房。有奶便是娘，没有奶，亲娘也是恶人。不过其他学者对这个看法有些补充，母亲不仅提供乳汁和食物，还提供温暖的怀抱，后者一点儿都不比前者次要。那个因货郎的一句话就开始怀疑自己不是母亲亲生的孩子，家境优越，婴儿期的喂养也算正常。真正与众不同的是：在他的记忆里，她从来不触摸他——即使在幼年时——也从不称赞他，更不用说给予其他精神上的支持。他眼中的她郁郁寡欢，喜欢一个人默默地担忧未来。用客体心理学家温尼科特的话说，这个抑郁的母亲没能给孩子提供一个"承载性的环境"（holding environment）。

承载性的环境的价值首先在于，既然我们的二分的思维是我们认识世界的起点，那么我们需要在一个安全的人性环境里渐渐地就把分裂的世界整合

---

① See：M. Klein, *Envy and Gratitude: And Other Works*, 1946–1963. Random House, 1997.

起来。慢慢地也就不会在五体投地与怒不可遏、满怀热望与悲愤绝望、自以为是与自轻自贱之间波动得那么不可理喻。这种整合当然要经历一个过程。在这个过程里，人是会感到失望、抑郁的，因为我们需要首先接受一个事实：让你五体投地的人，并不会不具有那些让你怒不可遏的特质；让你满怀希望的，才是最容易让你绝望的；你越希望自己高贵卓越，你越能够发现自己的平凡无力。这个过渡过程是令人抑郁忧伤的，这就是克莱因所说的"抑郁心位"。

当我们发现一个人既可以有好的一面，也可以有坏的一面，它在同一个人身上存在，甚至我们会发现这个世界"太阳照好人也会照坏人"，好人也不一定会比坏人活得更好，甚至可能更不好，甚至或者好人和坏人之间并没有那么清晰的界限，我们就会失望、会抑郁。当我们用二分思维看待世界时，这个状态叫"分裂—偏执心位"（paranoid-schizoid position）。当我们发现这个世界不是二分的，好中有坏，坏中有好，我们面对这个事实，我们就进入了"抑郁心位"。

处于"分裂—偏执心位"的人用二分法来看世界，好就特别好，坏就特别坏。好和坏相互斗争，光明和黑暗势不两立，"正教"要战胜"邪教"。除了这种分裂，这个阶段的人表现的另一个特点是偏执。他容易怀疑别人要谋害他或者对他不好。

当然，个性鲜明，爱憎分明，这样的人往往颇有号召力。用二分法看待世界，抓住了其中的一端，那么就具有了很强的"精神感召力"。

当一个人从要把分裂的东西整合起来，他一定会感到失望，他发现生活原来是这么的平凡，好和坏杂糅在一起，正义与邪恶并不是像他想象的那样泾渭分明。但这个阶段是可以度过去的。不过，心位是个"位置"（position）。中文比较恰当的词应该是"状态"，就是说我们在生活中可能整合了二分的感受，比较成熟地面对一些事情，但是遇到压力的时候，我们就有可能退回到分裂—偏执状态。心位是一种内心状态，它是需要条件的，这和其他系统——比如经济和政治系统——的情况倒是相似的。比如，我们说仓廪实而知礼节。一个国家的人民，本来经济很好，人看起来挺成熟、知书达理，但是一旦经济崩溃了，那么人也会变得很偏激，也可能变得很幼稚，可能会产生一些很极端的想法。当我们个人遇到强大的压力的时候，也可能会唤起分裂—偏执心位，退到那种非此即彼、非好即坏的偏激状态。

克莱因提出的这个理论，如果从抽象的角度去理解，对于我们理解生活更有启发。虽然我们大多数成年人不再对于父母采用二分法去理解，但是我们对于宗教、对于文化、对于国家民族呢？我们在互联网上可以发现大量的网民秉持着二分思维。比如说这个国家的人都是如何如何好，那个国家的人都如何如何坏。再比如某个人做了一件不太好的事情，人们就会根据他的这个行为，把他往非常极端和负面的方向去评价。大家更愿意立场坚定、爱憎分明，客观公平的评价反倒是少见的。

克莱因认为人格的发展，如果顺利的话，在人生的早期，在学龄前就可以完成从二分的状态到整合的状态的发展。如果这只是指我们与重要他人的内化的关系的发展，尤其是和母亲的关系的内化过程，这个观点不无道理，但是如果我们看看人格的其他领域，会发现我们在一个又一个主题上经历着从分裂到整合的过程。信仰、婚姻、事业……我们对于在生命历程中碰到的新事物，起初很容易以好坏二分为起点，最后以整合为终点，这些过程不断地重复出现，表现出"自相似性"。当然，早期人格的发展完善，对于后来其他领域的整合过程有很大的帮助，它为后来的整合提供了一个坚实的基础、一种整合的能力。

由此我们还能看到作为群体的人的集体意识的从分裂到整合的过程与个体心理发展过程的相似性。在历史上，希特勒认为犹太人是低等民族，雅利安人是优等民族，雅利安人是天使，犹太人是魔鬼，为了消灭魔鬼，那就要把日耳曼人的力量伸展到全世界。这种论调在不到一百年前蛊惑了德国人。人类的文明，不像是被成熟的个体建构起来的东西，它更像是很多孩子在过家家一样，经常陷在各种极端的状况里。天使和魔鬼，文明和野蛮，正教徒和异教徒，人类对于这类二分法非常着迷。西方的中世纪一千多年的时间，人们不去做严谨的科学研究，也不去开发生产力，最热衷的是消灭异教徒。投身于伟大的事业，义无反顾，斩妖除魔，匡扶正义，是非常迷人的事情。希特勒统治下的德国人，"二战"时期的日本人，他们都认为自己的事业是伟大的。事实上这些"伟大事业"造成了太多的灾难。不过随着历史的发展，我们能够看到人类在这些方面已经有了不错的整合。

灰姑娘的故事里，好的母亲是神仙教母，把南瓜变成一辆马车，把老鼠变成骏马，送给她水晶鞋，把她打扮成贵族小姐。而坏的母亲，她的继母，让她做着最卑微的工作，把最好的都给两个姐姐。好的母亲和坏的母亲的差别就是如此巨大。但是，如果现实中一个女孩有神仙教母那么好的母亲，动不动就拿着魔棒，把最好的东西都送给她，这会有什么样的后果？灰姑娘之所以配得上王子，乃是因为她不似她两个姐姐那样贪婪肤浅。后妈让她干活，是让她受了苦，但其实也是把她培养起来了。所以谁对灰姑娘的成长贡献更大？虽然灰姑娘内心里希望有个神仙教母，但是也许她有一天会意识到："如果我只有一个神仙教母，她可能对我的影响也未必都是好的，那个严厉苛刻的妈妈对我有许多积极的影响——虽然那个妈妈偏心两个姐姐，但那两个姐姐并不成器。"如果灰姑娘做此思想，她的内心也就发生了整合。但因此她可能会感到人生和命运的叵测，会发现在她看来那么美好的东西居然也不那么美好、那么讨厌的东西居然可能很有价值。

灰姑娘的人生，前面的铺垫由后妈完成，然后神仙教母略施魔法，就完成了生命的飞跃。如果所有的功劳都归到神仙教母的身上，这恐怕是有偏差的（我们不妨称之为"灰姑娘偏差"）。作为临床心理工作者，笔者在心理咨询工作中经常能碰到这样的例子。例如，一个来自偏远地区的大学生，觉得自己哪里都不如别人，不会弹钢琴，不会画画，唱歌也跑调，对于影视明星所知甚少。他可能觉得自己"输在了起跑线上"。他可能对于自己过去"贫瘠"的成长经验埋天怨地，他没有意识到自己的勤奋和坚韧是他周围那些在优越的环境里长大的同学很难具备的。一个灰姑娘容易看到自己的不幸，而不是看到不幸给自己带来的收获，一个白雪公主容易幻想着自己的高贵，而没有意识到这种高贵的理由并不充分，这些都是人性里的偏差。

当然，一个人的成长，或许不要太不利，也不要太有利。比如灰姑娘的妈妈，不把她当成公主去养育也就罢了，但也不必对她太过恶劣。如果再稍微好一点，再多一点温和与鼓励，灰姑娘也许就不太会渴望一个神仙教母了。

科胡特认为，人格的成熟发展，需要"恰到好处的挫折"。他认为没有挫折，或者太过难以承受的挫折，对于人格的发展都是不利的。

灰姑娘辛苦劳作，得不到认可；两个姐姐享受生活，获得过多的关爱；这两种状态都不是人格健康成长的环境，当然后者可能更不利一些。灰姑娘的母亲没能给她提供一个足够好的关怀与鼓励的环境，所以她不得不幻想出来一个完美的母亲。这个幻想出来的完美的母亲在心理上有一定的积极意义，可以帮她缓解内心的痛苦。但是采用幻想这种"防御机制"也带来了内心的分裂状态。

其实当临床心理学、精神分析学在19世纪末横空出世的时候，人类对它们何尝不抱有一种类似于对"神仙教母"的期待和幻想？在学精神分析的时候，人们可能认为自己找到了一根通往幸福生活的魔棒，拿着魔棒的弗洛伊德、荣格、克莱因是一些任由我们挑选的神仙。我们的原生家庭，我们的学校，我们的单位与公司，相比之下都越来越像是可恶的后妈。我们难免会把精神分析以及临床心理学的其他流派放到非常神圣的地位上。在咨询室里我们在和神仙教母切磋幸福生活的秘籍，走出咨询室外满目皆是刻薄的后妈、冷漠的后爸。要把我们在咨询室内外的体验整合起来，委实要花一番功夫。

那么艺术与人生呢？艺术品也可以成为神仙教母的那根魔法棒，美学家和艺术家可以成为我们的神仙教母。我们阅读尼采、萨特、乔伊斯，在安迪·沃霍尔和草间弥生的作品里流连忘返，仿佛找到了人生的意义。这根魔法棒在过去是属于神父、牧师或者拉比的。笔者愿意相信艺术对于不幸的人类而言善莫大焉。人类在这宇宙里的位置，是个不折不扣的灰姑娘，劳作辛苦，生命短暂，幸福稍纵即逝，我们偶然从鸿蒙中抬起头来仰望星空，陶醉于幻想，难道不是一种人道的恩赐？不过艺术与人生的整合，也必然是值得探索的事情。

回到本节开头提到的那个例子。虽然他是亲生的孩子，可他的妈妈给他一种继母的感觉。如果一个人在生命的早期从妈妈那里得到的关爱微乎其微，成年之后他对周遭的世界、周遭的人可能会比较有敌意。他容易体验到孤独感，这种早期的客体关系问题会带到后来的生活里面，他经常觉得自己不属于他生活的那个世界。不过虽然现实中的关系问题经常发端于早期经验，并不是说后来的经验就完全没有意义。一个心理很健康的人，被投进纳粹集中营里，他肯定还是会产生绝望的感受。但是这种人如果从集中营里面出来，他回到一个人性的环境里，他的人性可能很快就复活了，例如心理学家弗兰克尔①，他作为犹太人被投入集中营，九死一生，出来之后写出的那本《意义与人生》，仍然饱含着对于人世与人性的信心。如果换一个人，他也许已被摧毁殆尽。当然，一个在早期经历了母爱的缺失的人，如果有幸得到一个长期的温暖的环境，那份孤独和敌意也可能渐渐化解。

依恋、自体客体与替代性、过渡性客体

孩子是需要母亲的，虽然在精神分析学出现之前，人类就本能地知道这一点，但是孩子在缺乏母爱的环境下成长会出现多么严重的心理发育问题，在精神分析学出现之前其实一直没有被清晰地意识到。人类只要有条件，似乎总要逃避母亲这个角色。古代的贵族为婴儿找保姆，现代的工作女性也常常把婴幼儿托付给孩子的祖父母，或者保姆和幼教人士。相比于社会上的职业，母亲这份工作被看作辛苦、复杂、令人烦恼的。在佛家对人生的痛苦的归纳总结，也就是"八苦"之外，如今其实应该为女性单独增加一苦，也就是为人母之苦。但是不论人们对养育之事的态度如何，孩子都是需要母亲去依恋的。如果没有，他就要寻找一个替代性的母亲。不仅人类如此，动物亦复如此。

奥地利生物学家洛伦兹（Lorenz）因为一项很重要的发现而获得诺贝尔生物学奖。他孵化了一些灰雁（greylag geese）。它们甫一出壳，洛伦兹就跟灰雁们待在一起，这些幼雁就把他当成母亲，他走到哪儿它们就跟到哪里，完全无视他和它们在生理上的巨大区别。这个现象被洛伦兹定义为"印刻"（imprinting）。

于人类而言，幼儿对母亲的印刻发生在什么时候，学界似乎没有一致的答案。多年临床工作经验给笔者一个初步的印象：人类的亲子印刻时期或许就发生在弗洛伊德所定义的俄狄浦斯期（3—6岁）。这个时期也是人类对其经历开始有长期记忆的时候。如果此时父母不在孩子身边，孩子也就很难在心理上承认他们作为父母的身份，而且今后也很难改变这种深层的心理感受。

---

① V. E. Frankl, *Man's Search for Meaning*, New York: Washington Square Press, 1963.

当然，即使一个人有了母亲，他也完成了对这个母亲的印刻，母亲能否扮演一个让孩子基本满意的角色，仍未可知。当母亲未能具备足够好的母亲功能的时候，孩子可能通过想象去虚构一个出来。神仙教母就可以看成灰姑娘想象出来的完美母亲，一种象征性的替代性客体。如果是艺术家，他可以把这个想象变成作品，赋予它这种功能。如果不是艺术家，这个想象可能就放在他内心。他或许认为世界上某个地方存在这样一个完美的客体。有的人会去寻找，有的人甚至在某个时候觉得自己已经找到了，但失望往往在所难免。有的人则会用象征性的事物去作为替代——例如购买舒适豪华的房屋和汽车，因之体验到安全感与优越感——这其实是很接近艺术家的做法的。

即便是一个正常发展之人，也难免需要这样那样的替代客体。例如古人远走他乡时，带在身边的故乡的一抔泥土可以成为亲切感和安全感的源泉，作为母亲和家乡的替代物。现代人发明了照片、录像、电子通信设备，让可选择的媒介变得更加丰富多样。

自体心理学家科胡特把母亲定义为人的第一个也是最重要的"自体客体"。"自体客体"这个概念的意思是：能够使得一个人的自体得到巩固的客体。当然，在人生的发展过程中，父亲、师长、亲戚、朋友……很多人都能给一个人的自体带来巩固。而母亲这个角色是最为重要自体客体。近现代的文学艺术以母子关系为主题的作品不胜枚举。而当我们去检索中世纪及以前的文学艺术，会发现艺术家对这种关系的探索则凤毛麟角。即便是人文精神土壤丰厚的古希腊的雅典，几乎臻于完善的戏剧也对这种关系缺乏深度探索的兴趣。人在未成年之前与母亲的关系这个领域被认真探索，应该归功于欧洲的启蒙主义运动。弗洛伊德的精神分析也属于欧洲启蒙主义传统的延续。

此处笔者想介绍一部21世纪初出现的电影，导演斯皮尔伯格2001年拍摄的电影《人工智能》。它借着科幻片的外壳演绎母亲与幼子之间的关系，整部电影拍得深刻而且完美。

一个人被母亲抛弃，所体验到的痛苦是至为深切的。如果他失去了母亲，他要想方设法寻找回来。《人工智能》就是关于失母之痛和找回母亲的历程。

《人工智能》也涉及"手足竞争"这个话题。兄弟姐妹所依恋的母亲是同一个人，这几个孩子之间难免会有敌意、有冲突。弗洛伊德把这个我们熟知的现象定义为"手足竞争"。这种家庭内部的竞争，对于平常人家来说，体现的无非是一些琐碎的冲突而已，手足竞争的最激烈方式是手足相残。翻一翻历史上的王朝，王子们为了王位自相残杀的惨剧不计其数。

当然，平常人家的手足竞争，首要的是争夺爱，而皇家的手足竞争，性质则大为不同，争夺的是权力。这种区别，弗洛伊德并不曾认真地加以讨论。

回到客体关系这个话题上来。个体与母亲分离，是人生经历中的一件大事。这个过程里包含诸多值得探究的现象，前面谈到的替代性客体现象就是其一。有些替代性客体的功能是暂时的，它注定要完成它的使命，可被称为过渡性客体。例如一个刚上幼儿园的孩子随身带上母亲给的一方手帕。它能充当他思念母亲时心理上的寄托。但这只手帕经过一段时间之后便不知所终，他适应了新的环境，而且对母亲的思念变成一种内化了的心理感受，就不太需要借助外在的物品来自我安慰了。那么这只手帕起到的就是过渡性客体的作用。

被内化的客体，精神分析理论称之为"自体客体"（self-object）[①]。这种内化了的他人，时时刻刻在影响着我们，在与我们内心里的另一部分——我们的自体——进行交流。

自体心理学和客体关系理论认为，随着人的成长，母亲（也包括父亲）的功能逐渐被社会上其他的客体所替代。一份工作成为"衣食父母"，师长朋友也可以提供温情的鼓励和严厉的教训……随着人的年龄日增，替代父母的那份客体变得越来越抽象。在科胡特看来，文化——这种抽象的存在——是我们最终的自体客体。

只要仔细观察，我们就能够发现成年人所生活的世界里，他们的父母不再扮演最重要的角色，但整个社会所起到的功能与他们幼时父母所起到的功能有太多的相似之处。当然我们也可以反过来说，父母其实就是社会这个宏大自体客体的一个早期的代表、一个微观的成分。

[①] 在客体关系理论中，selfobject 通常指重要他人，self-object 指重要他人内化在一个人内心里的那部分。但在自体心理学理论中，selfobject 也被用来指被内化的他人。

如果一个人到了成年，不去自食其力，还在被父母养活，我们称之为"啃老"。其实如果我们认真反思，那些自以为已经"自食其力"的人，有多少不是安于一份旱涝保收的工作，并不想承担真正的生存风险和责任呢？大家并不乐于接受不确定的世界的考验，而是希望薪水按月到来。进一步说，即便我们在物质上真正能做到自食其力，而在精神上，又在多大程度上能具备独立的判断能力，而不是安于被灌输、被教导、被安慰呢？有多少人愿意承受信仰上的不确定性，不是急切地想找到精神的寄托并且安心不渝？

所以严格地说，"啃"是一件至为常见的现象，即使不啃父母，我们也可能啃其他客体。当然从啃父母变成啃家庭以外的世界，相对而言也确实更成熟了一些。

啃——肯定之口——是人生中的第一件事。对于婴儿来说，好乳房是被口肯定的，坏乳房是被口否定的。但如果我们只是从"啃"的角度去观察人性，未免令人失望。在这个图景里，似乎没有独立、探索和创造的位置。而我们观察儿童，他们除了乖乖地等待喂养，在年龄少长之时，会在一个更广阔的世界里主动探求，哪怕是偷瓜盗枣的行为，也折射了他们的生命力与主动性。其实"啃"这个行为本身就包含着一定的主动性——在被喂养的框架下，仍然需要个体的主动寻求和主动探索，"啃"才得以完成。精神分析学家埃里克森认为，人在不同的年龄阶段面临着不同的发展任务，自主性和主动性的获得便是先后两段人生任务，它们皆发生在孩子六岁之前。当然，认为一个人在六岁之前便能够完成自主性和主动性的发展，是太过乐观的看法，也囿于弗洛伊德的心理发展阶段论的框架。幼年的孩童经历着在自主性和主动性方面发展的敏感期，这毋庸置疑，但这份自主性和主动性要经历社会与文化的考验。即使一个在自主性和主动性方面发育良好的儿童，及至成年，他所面临的社会环境是否有利于这方面的施展和发展，也是未知之数。

人的自主性和主动性的发展，始终受着周围其他人的影响。科胡特提出的"镜映"概念非常适合用于解释人的这方面的发展过程。一个孩子除了需要母亲提供基本的生存条件，除了依附于母亲并感到安全，其实也需要母亲能够关注到他的情感，鼓励他的所作所为，这就是母亲对孩子的镜映。换言之，我们除了从啃乳房到啃世界（在科胡特的语境里这叫"对象力比多"），还有一种迫切的需要——得到别人的肯定。这个"肯"，去掉了啃字左边的那张嘴。我们希望得到别人的肯定，就像从镜子里看到自己的衣饰仪态是否合适。我们希望别人觉得自己做得好、做得对，这种肯定，不仅仅是他人通过一张嘴来表达的，有时一个眼神、一个笑脸都比一堆口是心非的美誉更重要。一个小孩子刚学会自己拿筷子吃饭时，母亲露出会心的微笑，会让孩子发自内心地觉得自己能干。这种自信渐渐积累，就可以成为一种根深蒂固的自我肯定的态度。

我们对肯定的需求也是随年龄而变化的。一个成年中国人，一定不会因为别人称赞他能熟练地使用筷子而感到自豪。但如果被人称赞"你吃饭的姿势真优雅"，他也许会兴高采烈。小的时候父母能提供的那些肯定，在人成年之后，就变得很难再富有营养，他需要的肯定往往就只能由社会来提供，于是社会于他而言就是一个重要的自体客体了。国家、职场或者整个人类，都可以是这份肯定的来源。

对于地球人来说，最好的肯定莫过于诺贝尔奖。每年一到公布获奖者之时，中国人就会特别关注，而中国人在这方面得到的肯定却又少之又少。国人在这件事上的心态经常是怨怼的：同样是地球的孩子，为什么我们不能得到一个肯定？

但即使对于这种重大的肯定，哲学家萨特都要一口回绝，他把诺贝尔奖看作资本主义体系的产物。资本主义在萨特眼里是个"坏妈妈"，他不想去接受来自坏妈妈的肯定。

所以对一个人来说，世界作为一个整体与父母有相似之处，我们不断地想从这个世界里得到肯定、保护和供给。不同文化中的人，把这个"父母"描绘成不同的样子。例如在基督教文化里，一个祷告者会这么祈求上帝："我们日用的饮食，今日赐给我们"，"免掉我们的债，就像我们能免掉别人的债"，"不叫我们遇见试探""救我们脱离凶恶"。基督徒想从这个世界得到的镜映在主祷文里写得很全面。

我们生活在一个被自体客体包围的世界里，须臾都不能离开它们。在生命之初是父母等照顾者来扮演它们,逐渐来扮演它们的就是越来越抽象的存在了,文化是最抽象的自体客体。这是科胡特的观点,我们可以用它来理解包括审美在内的很多现象。

正如每一个孩子面对的父母都有自己的特点,每一个有着共同文化的族群,他们赖以存活的"文化自体客体"有不同于其他文化的独特性。例如对于基督教新教教徒,他们祈祷时面对的是"天上的父",而一个天主教徒,则面对的是"圣母玛利亚"。[看过2019年发行的墨西哥电影《罗马》(ROMA)的观众一定记得主人公和她的雇主的妈妈在被发生骚乱的街上祈祷时的情景。]

"文化自体客体"与在其中生活的个体所涌动的个性意志之间的互动,构成了生命的境遇。如果从这个角度去理解《红字》这部小说,我们能看到清教徒文化与北美殖民地人民的个性欲望之间的互动与冲突。我们也许可以从父权和俄狄浦斯情结的角度去理解这部小说,可以联想到北美殖民地人民和他们的宗主国——大英帝国——之间的关系。

艺术家从事创作的时候,可以把这个创作过程变成一个自我修复的过程,这个过程中他所创造出来的艺术品,可以替代他未曾充分获得的自体客体环境。达·芬奇在他最后的十几年画的《蒙娜丽莎》,可以看成他的替代性客体,支撑他对于母爱的需求。一个在生命的起点上失去母亲的人,到生命的终点也无法释怀。达·芬奇不是在儿孙绕膝中去世的,而是在"妈妈"的目光里去世的。而对于多数人而言,当我们离开母亲的时候,靠着内心的母亲的形象而获得一种安慰。这种"转变内化"(科胡特的定义)过程在我们离开母亲之前就基本完成了。

但是我们除了依附于客体,渴望得到肯定,也就是"啃"与"肯",就没有别的什么需求了吗?马斯洛认为并非如此。他提出,人类除了基本的生存需求和受人尊重的需求之外,还渴望自我实现,尤其在基本的需求得到了满足之后。他认为,在自我实现这条路上,求知和审美的需求是两个重要的动力。人性能达的境界远高于受人肯定这个层面。

孩子作为母亲的自体客体

在理解人性这件事上，艺术家经常比科学家先行一步，甚至更富有洞见。比如国内外有很多文学和影视作品反映"空巢效应"，但在精神分析界，从亲子关系中的父母这一端来探究这对关系，一直以来都没有受到足够的重视。弗洛伊德谈俄狄浦斯情结，也主要是从孩子的角度去看亲子关系。弗洛伊德之后的精神分析学家们依然主要沿着父母对于孩子的功能这个角度来探究父母角色。我们能看到大量的学者研究诸如孩子感知父母的偏心意味着什么，孩子怀疑自己不是父母亲生的意味着什么之类的话题，我们很少看到从父母主观的感受的角度去探究这些现象。

鲁迅塑造了祥林嫂这个角色，这个女人因为失去了孩子，精神极度痛苦，乃至于失常。而当下的精神分析学家和其他临床心理学家研究这个角色及相关的现象的可谓凤毛麟角。相反，研究孩子失去母亲或者母爱的不足与缺陷等现象，在这方面下功夫的学者多不胜数。

再例如，一个母亲是不是有"好孩子、坏孩子"情结？她会不会时而觉得孩子太让自己失望，像恶魔一样，时而又觉得这孩子仿佛天使下凡？她会不会因为这两种印象的巨大差异和冲突而很难把它们整合在一个人身上？她到什么时候才能把心里头的"好孩子"与"坏孩子"整合起来，才不至于让孩子忽而觉得自己不可救药，忽而感到自己仿佛宇宙的中心？

还比如，如果一个母亲生产之后把孩子交托给他人寄养，多年之后孩子回到母亲身边。这位母亲在心理层面上还能不能产生足够的爱意和满意？她对孩子的感知，会不会固化在出现分离的那个点上？这样的孩子跟父母的关系如若不好，临床工作者比较经常地认为是孩子不认同他们的生身父母所致。然而这个母亲是不是也会因为某种原因，甚至是生理上的原因，在内心里就很难接纳这个孩子？

母亲若是失去孩子，她会体验到莫大的痛苦，于是一个替代性的客体对她来说就很重要。这个时候替代性的客体可能是另一个孩子。在电影《人工智能》里，编剧和导演给那个母亲安排了一个人工智能的机器人孩子，而他们本能地意识到，这种替代恐怕并不能让一个母亲真心实意地感到安慰——直到她因重病而被冷冻起来的孩子得以复活。这部电影在反映母子关系中母亲的感受方面走了一小步，不过它主要仍是从孩子的角度来看亲子关系。而有一部中国电影《亲爱的》（2014）在这方面往前走了一大步。

到目前为止，心理学家们从这个角度探究得实在太过稀少，而且太多的观点流于猜测的层面。①

第六节　自卑超越：从灰姑娘情结到灰姑娘现象

弗洛伊德创立精神分析学之后，这个学科迅速涌现了很多分支和流派，上一节谈到的客体关系学派就是其一。其实客体关系学派的观点和弗洛伊德的基本理论之间的分歧并不大。弗洛伊德强调冲突（例如超我和本我的冲突），而客体关系学派更强调关系，两者其实可以看成相互的补充。

但是有些精神分析学家试图动摇弗洛伊德对人性的基本假设，这其中最为激烈的当属阿德勒与荣格。弗洛伊德对此的反应是强烈的，他与他们在理论上的冲突难以调和，乃至于在学术上不欢而散。

---

① 从母亲角度去探究亲子联结，较为有说服力的成果集中于对哺乳动物的类似现象的研究。例如在山羊和绵羊分娩之后，幼崽的气味以及它们对于母乳的吮吸，都构成了母亲对幼崽确认的重要一环。假如幼崽在出生时即被移走并清理干净，母亲就不再把幼崽当成自己所生，因而无法形成母子联结。（对此类研究的总结，参见：P. Poindron, A. Terrazas, H. Hernandez. "Exclusive mother-young bonding in sheep and goats: Physiological determinants and consequences", *Revista Mexicana de Psicologia*, Vol. 20, No. 2, 2003, pp. 265–281.）一些研究者自然会用这类研究的结果推测人类的亲子联结，认为它也受到母亲在婴儿出生后短时间内是否与其及时接触或者在一年以内是否保持了紧密的关系有关。但是这个推测似乎证据不足。美国心理学家 Eyer 在她的著作《母婴联结》（*Mother-Infant Bonding*）（见 D. E. Eyer, *Mother-Infant Bonding: A Scientific Fiction*. Yale University Press, 1993.）里质疑了这种推测，认为没有任何证据表明人类婴儿出生后短时间内与母亲的接触对于形成母婴联结至关重要。对于人们为何看重这种缺乏证据的"科学"理论，Eyer 进一步指出，它反映了公众在接受"科学"研究成果方面缺乏质疑精神，没有意识到专业人士的行为和公众的需求都可以扭曲科学研究成果，母婴联结的说法，就是科学和医学共同体（为了利益）制造出的误导女性的科幻传说而非事实。笔者认为，关于亲子联结方面的研究，学者们似乎过多关注围产期而忽略了儿童最早形成长期记忆的时期（俄狄浦斯期）。从笔者的临床工作经验来看，这个时期可能是形成母子的终生情感连接的关键期。当然，这个假设，也需要更多的证据去证实或者证伪。

阿德勒是第一个与弗洛伊德分道扬镳的精神分析学家。他认为人的最基本的动力是自卑和超越，反对弗洛伊德的人的最本质的动力是性欲（力比多）的观点。到了晚年弗洛伊德对自己的理论作出了修改，认为人的基本动机包括生本能和死本能两部分。如果把弗洛伊德晚年修订过的对于人的动机的理解与阿德勒的自卑超越理论相比较，他们的分歧可以说微乎其微。我们完全可以把自卑与超越视作生本能的体现。但是在弗洛伊德还沉醉于"一切神经症都与性有关"这个现在看来并不可靠的理论的时候，他肯定是无法接受阿德勒的离宗叛道之论。

作为临床心理工作者，笔者经常能接触到这样的案例：一位高三的学生，上课的时候只要旁边的同学咳嗽或者晃动一下桌椅，他就没有办法集中注意力，这种情况让他纠结且痛苦。如果是阿德勒来分析此案例，他就会说，这个学生非常渴望成绩优秀，而这给自己带来很大的精神压力——尤其在高三这个竞争分外激烈的时候。在压力的情况下，他对于来自他人的打扰变得极端敏感。所以，他的症状的背后是竞争意识。阿德勒会说，每个人天然地都有自卑感，都想超越其他人，这个高中生把超越理解成考进最好的大学，超过身边所有的人，在此种压力下当然容易焦虑。阿德勒应该不会太反对客体关系学派的看法：这个学生也可能在生活中缺少关爱，努力想成为优秀的学生也许是为了获得关爱。但是如果一个咨询师把这些症状解释成与性有关，阿德勒就会坚决反对。早期的弗洛伊德可能会说，一个高中生想在成绩上出类拔萃，在潜意识的层面上无非是要得到性的满足——不论这个高中生有没有意识到。弗洛伊德可能会追溯到这个学生的早期经验，尤其是3—6岁（即俄狄浦斯期）的经历去解释他高强度的好胜心的来源：他可能和兄弟姐妹争夺父母这个爱欲对象，可能和父母中的任何一方竞争以得到另一方。如果一个孩子只是通过变得优秀来争夺父母，就像它通过变得优秀而获得玩具一样，那么弗洛伊德就是正确的。但是，人在人群之中不想落后于他人，这种动机恐怕不完全能用争夺某种对象而解释。自卑超越和争夺对象，为什么不可以是两种同时存在又相互纠缠的动机？另外，如果我们把客体关系（以及与之相似的自体心理学）的视角也纳入进来，我们还能看到，一个努力想变得优秀的孩子，除了前面说的两种动机，还可能有争夺来自他人认可的动机。再举一例：一个孩子参加了合唱团的演出，拿到了大奖。在这个过程里，这孩子可能希望自己唱得不比别人差或者唱得和别人一样好，或者比所有的人都好。这本身就可以成为一种满足的来源。这个孩子也可能非常希望能够来到大音乐厅和大家一起演出，得到观众的认可和赞赏，这也是一层满足。再一层，则是这个孩子得到了一些"对象"——例如因为优秀而在与他人的竞争中"得到了父母"。弗洛伊德的看法比较接近最后一种。

如今我们已经没有必要认为在理解人类动机时，必须在阿德里的个体心理学、弗洛伊德的经典精神分析和客体关系/自体心理学三者之间做出选择。当代的动机系统理论已经逐渐放弃了必须把动机归宿到单一的本源这个思路。如果硬是要归根溯源的话，那就不如在更微观的生物层面上去找，而那时候这些动机都被还原到可以用电化学反应统一解释的神经水平上，谁是本源的问题也就被消解了——这正如在物理学上已经不会有学者试图去探索引力波和电磁波哪一个更本源，或者生物学家已经不试图去阐述水和阳光哪个是生命的更根本的来源。

弗洛伊德在晚年把人的基本动力概括成生本能与死本能，这就与阿德勒等人的理论达成了某种妥协。不论那个高中生努力成为优秀者的潜在动力是因为不甘于人后，还是因为想通过变得优秀而得到来自他人的关爱，抑或是他想因此打败竞争者而"独占"客体，我们都可以笼统地说：他是受着生本能的驱使。我们甚至可以略微牵强地把死本能也扩展进来：这个学生的生本能被激发到至为强烈的地步，被压抑的死本能反倒会蠢蠢欲动。它被投射到其他人身上，让他觉得那些人似乎要毁灭自己。

总的来说，我们可以同意弗洛伊德的基本看法：人类一切的欲望和行为，最终都要落实在个体和种族的繁衍上。我们也不难推测：即便最伟大的道德原则，如果造成的是一个种族个体的衰弱和减少，都不可能持久地存在。但是我们似乎也不必认为，一个为自己的孩子献出肾脏的母亲，是受着性的欲望的驱使。性欲、自我保存的欲望、道德感、现实感……人类所有这些心灵的功能，固然都对其基因的传承和传播必不可少，但它们之间与其说后者是隐隐地受着前者的推动，倒不如说它们之间是相互独立的。这就好比人的内脏各司其职，结果虽然是人的生存与繁衍，但如果说一个器官是为另一个器官而存在的，探讨它们之间谁更"根本",就落入到了还原论的窠臼里。看待心灵现象,或许用生态论、用系统生成的观点去分析会更接近真情实况。①

弗洛伊德后期所归纳的生本能和死本能概念,仍然在一定程度上挽救了还原论的视角。可以说,在竞争中获得优势地位是生本能,想获得异性的青睐是生本能,避免失败是生本能,防止爱人离开自己也是生本能。但是弗洛伊德这种笼统的概括对于临床实践意义甚微。例如,如果一个心理咨询师给上文所述的焦虑的高三学生做咨询。生本能和死本能这样的概念对于分析问题的帮助是有限的。他的焦虑是来自于想超越别人、不想输给别人,还是希望获得他喜欢的女孩的认可,抑或希望不让父母失望,或者诸如此类的原因兼而有之并且互相作用,这些思考和澄清在临床上是更有意义的。为了这个目的,阿德勒的理论毫无疑问是对弗洛伊德的不可忽略的补充。在理解艺术作品的时候"这部作品反映的是生本能与死本能的冲突"之类的判断也经常显得大而无当,而"于连不顾一切地寻求着优越感""拉斯柯尔尼科夫满怀着凡人的恐惧,渴望成为超人"这类的分析就显得更加贴近人心。

当不再纠结于人的"最根源动机"这个话题,我们可以把更多的精力放在研究那些出现在人们内心的复杂的情感,或者探索动机的生物层面的规律上。正如不再纠结于电磁波和引力波哪一个是另一个的根源,物理学家可以探索星系的构成和运动规律,另一方面则可以从更微观的角度,也就是量子的角度去探索宇宙的起源。类似地,探索心灵内部的复杂情感集合,是精神分析的题中应有之义,此时我们工作的重点之一是探索各种情结。而从生物层面去探索心灵,则是进化心理学家、认知神经科学家和社会生物学家的研究领域。当然,两种研究路径又是可以相互支撑的。

灰姑娘情结

《瑟布瑞娜》(*Sabrina*,1995)是一部好莱坞电影,这个故事的男主角是美国一个家族企业的继承人,名叫莱纳斯(Linus)。他掌管着他父亲开创的公

---

① 訾非:《走向生态主义的心理学》,载《北京林业大学学报》(社会科学版),2014 年第 2 期,第 1—13 页。

司,是个精明强干的工作狂,老大年纪了还没有结婚也没有女朋友。他的弟弟戴维(David)则是个花花公子,热衷于享受生活,善于勾引女孩但绝不会认真交往。哥哥对弟弟的生活态度相当不满意,但也毫无办法。这两兄弟的父亲的司机有个女儿,瑟布瑞娜(Sabrina)。她和莱纳斯、戴维一起长大。在两兄弟眼里,瑟布瑞娜一直是个不起眼的小妹妹,而瑟布瑞娜自小就对二少爷戴维十分迷恋。在电影开始的时候,瑟布瑞娜从巴黎回来——她在巴黎的时尚杂志社工作了两年。

回到美国的瑟布瑞娜光彩照人、气质不俗,让戴维一见倾心——他见到她的时候居然没有认出她是何许人——开始努力追求她。但是这时候,莱纳斯和母亲正在为戴维说一门亲事,想撮合他和另一家公司的千金小姐伊丽莎白(Elizabeth)结婚。莱纳斯发现戴维正在追求瑟布瑞娜,自然感到大事不妙——弟弟如果不和伊丽莎白结婚,他的公司和伊丽莎白父亲的公司的合并大业就会成为泡影。于是莱纳斯介入到戴维和瑟布瑞娜中间,假装也在追求她,并且竭力把戴维和瑟布瑞娜隔离开来。然而在这个过程中,莱纳斯也弄假成真,慢慢喜欢上了瑟布瑞娜。瑟布瑞娜对莱纳斯也产生了好感。瑟布瑞娜也发现自己一直迷恋的戴维在现实中并非如自己所想象,她对他的感情其实建立在幻想之上。这个故事的结局是:瑟布瑞娜和莱纳斯走到了一起。莱纳斯放弃了公司——他作为家族的长子,虽然理所当然地继承了公司,这却并不是他想要的生活——和瑟布瑞娜一起去了巴黎。

《瑟布瑞娜》这部电影的内涵其实挺复杂,不是一个简单的灰姑娘故事,还融合了一点荣格关于阿尼姆斯的理论。不过这部电影的基本情结设置仍然是一部灰姑娘故事。《瑟布瑞娜》是百万富翁的汽车司机的女儿,在富贵的边缘长大,是名副其实的灰姑娘。

有一个美国学者柯莱特·道林(Colette Dowling)在 1981 年出版过一本书,《灰姑娘情结:女性潜在的对独立的畏惧》[①]。从书名上来看就很具有批判性,它不是一个价值中立的作品。作者认为灰姑娘其实并不是一个真正追求独

---

① Colette Dowling. *The Cinderella Complex*:*Women's hidden fear of independence*. New York:Pocket Books,1981.

立的人。她虽然很能干，在逆境里表现得很坚强，但是她仍然渴望被拯救，渴望借助强大的王子的力量来脱离原来的家庭。

道林（Dowling）是研究女性心理的学者，她是女性，对灰姑娘情结这个话题感兴趣应该是与其自身的经历和感悟有关。

为何那么多读者喜欢灰姑娘的故事？为什么韩剧在大陆一度热播？显然它折射出某种跨越了国界、文化和时代的人性。美剧《破产姐妹》(*Two Broke Girls*)从 2011 年开始一口气拍了六季、六年。在第一季到第五季的时候，两个女孩在逆境中奋斗，虽经常破产，但绝不渴望被谁拯救。这是很女性主义的态度。而到第六季，她们又变成被拯救的灰姑娘。麦克斯（Max）找到了一个又英俊又能干的律师男朋友，几经周折，终成佳偶。破产的富家女卡洛琳（Caroline）也找到了一个高富帅的男朋友。总之，灰姑娘都碰到了各自的白马王子。所以你可以看到灰姑娘情结之强劲，就像地心引力一样，编剧和观众们虽然在努力挣扎，最终那个情结还是战胜了他们。《破产姐妹》是个给大众看的美剧，观众的喜好就是上帝，多数观众想要的就是这样的一种结局。

灰姑娘情结包含哪些内容？道林总结说，首先是害怕独立，其次是尽力要做个好人，尤其在道德上立得住，再次，灰姑娘觉得自己在人世间遭受了不公正的对待（比如有个偏心的妈妈/继母或者爸爸/继父以及打压和批判她的姐妹们）。另外，这个灰姑娘还认为凭借自己的力量无法改变自己的处境——但最终会幸运地被"王子"所拯救。

道林关于灰姑娘情结的以上归纳，直接照搬到中国这里都几无违和。灰姑娘靠什么打动王子？道德高尚，懂得宽恕，坚强隐忍，总之是个好人。正如中国传统男性欣赏的女性：温良贤淑，善解人意。但是在中国人的文学作品里，灰姑娘们的结局似乎都不太好。《孔雀东南飞》《杜十娘怒沉百宝箱》《白娘子永镇雷峰塔》等古典文学作品里的女主角都走到了自毁的绝境。① 《红楼梦》里的林黛玉最终也没有完成从边缘到中心的逆袭。在笔者看来，这反映了中国古典文学的坚定的现实主义精神和悲剧精神。当然于西方人而言，也只是在经

---

① 在笔者看来，这些古典文学里的中国灰姑娘们，其依附心理反倒显得相对于西方的灰姑娘不那么突出，她们自身是有力量的，她们希望从男性那里得到的似乎是"名分"二字，而她们打算托付终身的男性，往往令人失望地缺乏足够的独立自主的气质。

过了启蒙主义时期，在工业革命和浪漫主义思潮滥觞之时，灰姑娘才在故事里得到了最多的拯救。这种被拯救的渴望虽然在现代的女性主义者看来是囿于依赖性、有待进一步的启蒙，在彼时，这种浪漫渴望与听命于长辈和命运的安排相比，已经具有了可圈可点的自主意识。

进化心理学从人类的生存适应的角度来解释灰姑娘情结。为了能把自己的基因尽可能地流传后世，每一种生物都受着自然选择与生存竞争压力的支配。作为高级灵长类动物的人类当然也不例外。为了基因传承，女性在生育和养育子女这件大事上消耗的精力比男性要大得多。若是在养育子女的同时又承担家庭经济的重任，就会不堪重负。所以她们对于配偶的经济实力的要求，当然要比男性郑重得多——尤其在那种原始的自然的生存境况下。进化心理学认为，女性，尤其是年轻女性想找到"白马王子"，对于潜在配偶的财力和能力较为看重，是刻在 DNA 里的生存适应机制所推动的。

在灰姑娘的故事里，后妈——或者严格地说，妈妈——这个角色被读者和评论家严重忽略了。中年女性在"灰姑娘"们眼里的邪恶狠毒，当然是一种心理上的夸大，不过一部分女性在人到中年之后变得控制欲爆棚，倒是一种常见现象。在儿女长大成人之后，许多女性突然对她在这个社会中的角色变得念兹在兹，渴望掌握更多的权力，拥有对生活的更多的控制力，这与人类作为一种把基因传承作为首要大事的生物的本性也是一致的。毕竟，完成生育任务的中年女性，若是手里握有家庭内外更多的大权，对她的近亲的生存是有利的。至于她会不会像杨玉环那样去操纵一个有权势者，还是像武则天那样从幕后走上前台，恐怕要看个人的气质和时代的机遇。

"灰姑娘"们或许反感"后妈"们的专横，但她们也终究有一天会人到中年，未必不会完成从林黛玉向王熙凤的转型。

但是笔者并不是一位生物决定论者，并不坚持认为，女性的生活，必然受到灰姑娘情结（或者人到中年之后，"王熙凤情结"）的决定而无可挣脱。与之相似，笔者也并不坚持认为，男性无法摆脱其天然的权力欲与控制欲。然则笔者同样不相信的是：人的动物性的那一面，可以三言两语，或者通过灌输式的教育或者政治上正确的舆论导引而被消解下去。例如，如果一个女性觉得自己"天性里"的依赖性是她不喜欢的，她一切向着"好女孩"的反面认同，恐怕并不能一劳永逸地解决问题。

认真的女性主义者愿意从人性的深处进行分析。例如在 20 世纪 90 年代，美国作家马特·艾尔哈特（Ute Ehrhardt）出版了《好女孩上天堂，坏女孩走四方》。虽然书名颇有煽动性，这本书还是对于女性如何走出传统角色、战胜"灰姑娘情结"提供了许多有价值的建议。文化方面的建设对于克服天性中的不利于人类的共同生存的那部分冲动至关重要。文化对人的塑造是非常深刻的。即使人性中比较微弱的那一面，一旦受了文化与习俗的支持，也会变得无比强烈。因此，良好的文化对于人性不适于共同生存的那部分可以形成制约。不过误入歧途的文化习俗有时候可能会比天性的阴暗面还要危险。例如我们现在看到缠足，多数都会感到荒诞丑陋，但是在中国社会里曾经有很长一段时间，天足在男人眼里才是畸形的。

电影《瑟布瑞娜》里有一个情节：哥哥莱纳斯教育他的弟弟戴维：你该好好生活。这个弟弟就回答：你看，你当老板，管理企业，承接了我们父亲的事业。你很能干，什么都行，那我就是多余的。这个哥哥听到这些，深受触动，这是他最后把公司交给弟弟去管理的原因之一。

所以，不仅女孩有灰姑娘情结，戴维觉得哥哥那么优秀，自己是一个多余的人，这种感受与灰姑娘是相似的。像戴维这种富二代，经济上毫无忧虑，人也长得很好，典型的白马王子，但内心其实仍然相当自卑。男性的这种体验也许叫"灰小子情结"更合适。这个"灰"字，代表的不是灰姑娘围着灶台所自叹的"跌到尘土里"的"灰"，而是失去了角色感与意义感的"灰溜溜"的"灰"，是一种淡淡的抑郁状态，是抑郁男情结。

在《瑟布瑞娜》这部电影里，莱纳斯对于戴维而言实际上是扮演了一部分父亲的角色的——正如我们中国人所说的"长兄如父"。那么戴维对这个"父亲"或者父权是有推翻的冲动的。虽然莱纳斯自己愿意把公司交给弟弟管理，戴维在公司里也算是搞了一次政变，彻底地剥夺了他哥哥的权力。他把哥哥放逐到巴黎。此外，"推翻""父亲"而取得大权固然是"俄狄浦斯情结"的题中应有之义，依赖与臣服从而借得力量也是俄狄浦斯期的心理现象。戴维娶了富家女——有背景有能力的伊丽莎白——其实也进一步显示了他的某种依赖的性格。这样一种男性内心难免处于矛盾之中，一方面渴望能够面对权威战而胜之，另一方面又渴望被拯救，对自己并没有足够的信心。这种矛盾心理也因文化与时代的变迁而表现出不同形式。例如在与西方中世纪同时期的中国，男性实现自己的抱负，通常要经过科举考试的选拔。在这种制度下，男性被拯救的梦想里或者是凭着自己的文才被"金榜题名"，或者是"公子落难，小姐花园赠金"，或者被皇帝钦点了驸马、宰相下嫁了千金。在科举制度下，一个男性的生存幻想与灰姑娘何其相似乃尔。

弗洛伊德虽然没有总结出灰姑娘情结这个心理现象，但他也曾指出，女性有一个和男性的俄狄浦斯期类似的阶段，她在3—6岁之间有替代母亲的位置、嫁给父亲的愿望。① 按照弗洛伊德的思路，我们可能推测：既然父亲往往代表着权威角色，那么女性的恋父情结或许使其与权威的关系没有男性和权威的关系那么紧张——至少在传统的社会里是这样。一个男孩在俄狄浦斯期反抗父亲，就带有很强烈的反抗权威的性质。而男性本身特有的支配性以及向父亲的认同，又使得这个男孩长大成人之后也向往权力。所以男性在权威和权力面前就表现得有点自相矛盾和首鼠两端。一个战胜或者推翻权威的男性，却可能变成更大的权威，这也是历史上容易观察到的现象。那么女性呢？她在俄狄浦斯期的与父亲比较好的关系，会不会使她变得更容易服从权威？或者至少在权威面前并不像男性那么纠结，并且也并不那么渴望拥有权力？

不过即使一个女孩在俄狄浦斯期对父亲依恋有加，到了青春期，也就是从13岁开始之后的几年，她转而对父亲和母亲都充满敌意，这是显而易见的发展现象。在这个使她成为一个独立的自己的非常重要的心理过渡阶段，女孩面临的母亲，和她在3—6岁的俄狄浦斯期的母亲，可能判若两人。中年的女性在支配性方面的诉求的增加，也许加剧了母—女之间的权力争斗。青春期女孩子对母亲的敌意感受，应该推动了这个阶段的女孩的离家倾向。所以，灰姑娘情结往往包含着两种敌意：一种是针对父亲角色的，即针对这个社会的男权

---

① 荣格后来把这个情结称为伊拉克特拉情结（Electra Complex）。

的，一个是针对母亲的。在灰姑娘的眼里，父亲冷漠，母亲嫉妒，都不是什么好人。

另外，父女之间在俄狄浦斯期短暂的亲密关系之后，父亲对女儿的支配性和控制欲并不一定小于母亲所表现出来的。但在传统社会，女性出嫁的年龄早，女性在青春期的时候与双亲的冲突是短暂的。现代社会，一个女孩子在青春期最为狂飙的13—17岁，却不得不与父母同在一个屋檐下，其冲突与矛盾是长期且激烈的。如今的后工业社会，女性与权威的冲突也变得更加激烈，在性质上也更加接近男性与权威的关系的面貌，大概要拜当下的家庭模式与生活方式所赐。

在后工业社会，一个人从原生家庭独立出去的日子大大推迟了，可怜的父母要学习自己人性里根本不具备的一种能力：与青春期及之后的孩子们长期相处。他们的反叛和依赖都让父母无所适从。

我们对于当代社会的刻板印象是：人人都在寻求独立，女人不再想要做灰姑娘，男人也不想依附于土地或者权势，再也没有奴隶制度。然而一旦我们近观现实，却可能发现，虽然青春期的男孩女孩都有强烈的追求独立的意识，但过了这个阶段之后，很多人的依赖感重又变得既深且重。这当然有其现实原因。一个年轻人想在青春期之后便可自食其力，在工业文明之后的时代，似乎越来越难。他们要面临长期的求学和尝试的阶段。即使他们进入职业生涯之后，在经济上依然可能长期不能独立。倘若一个人生在富贵之家，靠着上一辈人的经济供养而生活，独立自主的感觉更是不能油然而生。所以很多年轻人觉得能找个"有编制"的工作，就已经心满意足，"独立"二字变得昂贵奢侈或者虚无缥缈。

在一个社会里，有人选择独立，有人选择依附，也可以说是文化多元的一种体现。但是作者觉得一种"鼓吹着独立却慢慢落入全面的依赖"的后工业社会正在出现。这种社会是蚁巢式或蜂房式的，其中的个体，都不是能够独立生存的个体单元。而且这种生存方式被合理化成天经地义的甚至是优越的。笔者在本篇第二章探讨反乌托邦文学时，会就这个话题进一步展开论述。

韩剧里的灰姑娘

韩剧里的女一号常常有这样的特点：没有受过太多教育、没有能足以支撑自己生活的工作、容貌也只是尚可，她对男一号的需要是："我一无所有，只有一颗善良的心，但你要全心全意地爱我。"灰姑娘似乎并不想长大，她们的形象更像是一些孩子。与之相应的，"白马王子"们也谈不上独立自主，他们优渥的生活和较高的社会地位多是继承而来。

女一号的对手，女二号，则是"公主"的人设，有气质，家境好，有能力，相较于女一号处处都居于优势地位。她还一般是大学生甚至研究生学历，也许是哈佛或者耶鲁毕业。（所以，在现代语境下，一个韩式灰姑娘所嫉妒的姐姐，除了长相、地位，还包括了学历这一条。）

但最后"灰姑娘"仍旧战胜了"公主"，嫁给了"白马王子"——一个比她学历高，比她有钱，比她能干，又关心她的人。这样的设置在韩剧里所在多有，甚至有点千篇一律。而韩剧对于有能力的女性的描绘则是偏负面的：虽然她们很有本事，但心眼和心胸似乎并不怎么美好和开阔。这种女性虽跟男一号门当户对，甚至青梅竹马，但最终输给了心肠好、心机浅、处境可怜的灰姑娘。这或许暴露了韩国男人的不可撼动的男权心态，或者更确切地说，在一个迅速现代化的国家里，男性并不能适应一个迅速崛起的另一个性别的不同于过往的角色：她们能干自强，同时也失去了他们所熟悉（或者所渴望的）的女性特征。所以，这种灰姑娘肥皂剧也许具有某种缅怀的功能。

如果观察一下当代社会女性的处境，我们或许能对韩剧的内在逻辑有一定的理解。

如今女性的生存方式发生了"分叉"，她可以独立自主，在职场上立住脚跟，生存能力一点儿都不亚于男人；另一些女性则可以不必长大（当然男性亦复如是），既不用承担传统妇女的角色（充当传统社会中男性的"善解人意"的他者），也可以不向往女强人的角色（新式的不亚于男人的职场女英雄）。乃至生儿育女孝敬公婆都不在人生的脚本里。女性在当代社会的精神面貌，同男性一样面临着尴尬。男性气质在如今组织化的社会里不再显得弥足珍贵，在社会上立足往往靠的是学习能力和创造力，女性也是如此，她们不再被要求发展她们知情达意的那一面，而是在宏大的社会系统里扮演好一个螺丝钉的角色。爱的能力与当下社会殚精竭虑地培养的识别、应对和使用规则的能力，变得越来越南辕北辙甚至相互冲突。那么女性一旦渴望职业之外的生活，希望拥有爱情和友情，却发现那是个不可思议的陌生领域。

不过，"不肯长大"的"傻丫头"，在这方面所遭遇的困境也不遑多让。

在完整的人死了之后，人分裂成了两种：精于算计的"社会人"和不肯长大的天真烂漫者。不论男性女性，其实都面临着落入这两种窠臼的可能性。

所以当下的时代，生存于其中的个人，是相比于传统社会更加独立自强了，还是更乐于停留在幼儿般的唯我独尊状态不想长大？是拥有了更为完善的人道主义所以才总是路见不平，还是因为滋长了前所未有的以自我为中心的心态，所以更脆弱更易受伤害？对于这些问题，笔者邀请读者把它们当成有意义的话题来对待。

女强男弱：自我拯救的灰姑娘

随着人类走出传统社会的权力框架，男女平权蔚为风尚，男性与女性的权力关系变得愈来愈复杂多样。生活里随处可见没有权威的父亲和居于支配地位的母亲。这种情况毫无悬念地大量涌现在影视戏剧里。

在近些年的国产电视剧里，女强男弱的性别设置层出不穷。由于国产剧所肩负的引导大众心态的教化作用，我们多数时候看到的结局是：这种模式磨合日久，一对逆缘终能比翼齐飞。在剧中女方可能是叱咤风云的商界老板，或者光彩照人的艺术明星，脾气通常也比较大，男方则可能是一位普通职业者：一位司机、一个工人或者一名男保姆。他的事业波澜不兴，但性格温和暖人。此种性别角色颠倒的关系，在编剧的笔下，在历经层层误解与次次冲突之后，总能抵达安身立命、相濡以沫的良境。

然而在现实生活里，很多女性不能接受这种与传统社会的男性—女性角色大异其趣的状态，哪怕他们的生活并未因此遭遇经济上的困境。在传统社会里，男性扮演养家糊口的角色，女性抚养子女。及至儿女成年，扮演母亲角色的女性可能会打打牌、听听戏度过余生。这于她丈夫而言通常并无不妥。即使在当下的社会，如果一对夫妻活成这种面貌，往往也可以相安无事。而颠倒过来的关系总是困难重重。女性不能满意女强男弱的关系模式，即便她发自内心地争强好胜。她不希望自己的另一半成为"失败者"。这种矛盾心态也许是天性中的审美趣味使然。人类的情感是数万年自然进化的产物，工业文明提升了女性的自我意识和生存能力，但这个过程放在历史长河里只算得上短暂的一瞬间。一种来自基因里的美学原则也许并不那么容易随着现实境况而改变。

如果白雪公主嫁给了小矮人，她的生命体验会是什么样的？英国作家劳伦斯一生都在讲述这个主题。他的父亲和小矮人们一样，是个矿工，他的母亲则是来自附庸风雅的中产阶层。在《儿子与情人》这部半自传性的小说里，劳伦斯认真描绘了矿工莫雷尔和出身于中产阶级的莫雷尔夫人的婚姻困境。这部小说常常被评论家们解读为女性的独立意识的觉醒与男权现实的压制之间的冲突。而细读之下，就可以发现作者要展现给读者的绝不是如此粗率的想法。莫雷尔先生作为工人阶级，他的趣味，他的优点和缺陷，比其他的工人阶级不多一分也不少一分。莫雷尔太太作为小资产阶级，她也拥有她那个阶级的大部分缺点和优点——矫揉造作但又尊重文化。莫雷尔夫人满眼所见尽是丈夫的不足，对儿子则操纵控制。如果把这种心态硬说成独立意识的觉醒，那未免太过简率。莫雷尔太太的困境，恰恰是她的独立意识不够充分。中产阶级从来都不是一种有充分独立意识的阶级，却有着充分的野心和面子需求。莫雷尔太太需要儿子来实现她的理想、拯救她的生活，这也就造成了这个儿子的不幸。

生活在这样的环境里，一个儿子的感受一定百味杂陈。劳伦斯把这种人生经验描摹得细致入微，并且把它们放到不同的小说里反复探讨。可以说，父母的不幸婚姻成就了劳伦斯的文学事业。

那么从这种环境里成长出来的女儿会有何种感受？如果她成为作家，会写出什么样的故事？笔者倒是一时难以联想到与之有关的小说。但 2019 年有一部国产电视剧《都挺好》。该剧以这种家庭中长大的女儿的视角，把这种生活揭示得刻骨铭心。笔者并不了解编剧的人生经验，她似乎故意掩藏着自己的背景，我们都不知道作者是何许人也。

自恋

灰姑娘在读者心中大概是这么一种印象:处境不好、自卑、渴望被拯救。然则一个容易被忽略的地方是:灰姑娘所求,并非只是摆脱当下在心理和物质上双重不利的处境,而是要被拯救到一个高贵的位置上。也许每一个灰姑娘内心里都藏着一个白雪公主——那是她想要成为的样子,只不过最直接的自我感知是个灰姑娘而已。

在白雪公主的故事里,女主人公的自我认同无疑是身份高贵者,她觉得自己是完美的:心肠好,又漂亮又高贵,人见人爱。在她眼里周围的人都是低微矮小者。她有一个对立面——邪恶有毒的母亲。但同样容易被忽略的是:虽然白雪公主的自我感觉良好,但她也像灰姑娘一样无力拯救自己,而是需要一群"小矮人"的保护和一位白马王子的拯救。所以也可以说,每个白雪公主的内心也藏着一个灰姑娘。

但无论如何,一个人的最直接的自我认同是灰姑娘还是白雪公主,意味着她主要的情感是自卑还是自傲,由此带来的整体精神面貌还是殊然有异的。

白雪公主的主导自我意识是自傲,是优越感。她认为自己是完美的,而其他人要么是恶毒的(后妈),要么是有缺陷的(小矮人们),她渴望另一个完美的人来发现她,拯救她。与灰姑娘相比,白雪公主的被拯救省却了一个步骤,不需要神仙教母把她改造成更好的自己——她觉得自己已经足够完美了——只需王子一吻即可画龙点睛。

白雪公主似乎有着相对牢固的优越感,这种状态很容易招人讨厌。但是她的自恋里也包含着大量的善意。她对待"小矮人"们的态度是友好的——虽然她打内心不觉得自己和他们是一类人。从客体关系的角度来看,白雪公主虽然显示着一种混合着自傲和自卑的自恋情结,却具备了一定的人际能力,相信别人多数是善良的,并且能够为他人付出。类似的这种"好公主"角色,我们在相当多的文艺作品里都能够碰到,例如《罗马假日》《茜茜公主》等。这样的公主有时候演变成一个好母亲的形象。即使在《白雪公主》这个童话里,公主和小矮人之间的关系，也有几分母子的意味。

一个白雪公主怎么样解决自己的灰姑娘情结？如果不能嫁给王子，那么也许生一大堆孩子聊以慰藉。假如她没有孩子，同时她又拥有一定的权力，那么她也可能把天下众生当成她的孩子。历史上的一些女性的政治家显然表现了这样的特点。比如英国女王伊丽莎白一世，她就很直接地被形容成英国人的母亲。中国的武则天，虽然她对臣属和自己的儿子们经常残忍无情，但是对民众，则轻徭薄赋，表现得颇为体恤关怀。

在《白雪公主》的童话里，七个小矮人虽为成年人，却更像一群孩子。白雪公主的形象也更像未成年人，她眼中的世界表现出了更多幻想的、幼稚的元素：后母想尽办法害她，一直追踪她，最后到了森林里给了她一个毒苹果，置她于死地方才罢休。所以在白雪公主眼里，妈妈这个角色是彻底有毒的。相比之下，灰姑娘的后妈无非是让她度日如年、希望渺茫而已。灰姑娘的故事更像一个青春期女孩的自恋幻想，而白雪公主的故事则像那种处于六岁之前的孩子的自恋幻想。不过笔者并不认为一个青春期的女孩对母亲不可以产生那种"灭此朝食"般的仇恨，但仍倾向于认为，这种仇恨也许是一种退行——早在幼年时期，她心中的好母亲与坏母亲形象就没能顺利地整合起来。

白雪公主的童话显然比灰姑娘的故事更加出名，也许因为《白雪公主》更像小孩子的故事，它的非好即坏、善恶分明的主题，会引起更多孩子们的共鸣。成年人对于少年儿童的觉知，往往带有一种乌托邦般的玫瑰色彩。其实孩子们经常把父母理解成恶毒的、邪恶的、有害的。这种夸张的负面理解更多地藏在心底，而外显的似乎更多的是崇拜、依恋和顺从。这样一种关系，真的有几分像权贵与平民之间的那种联系——表面上的和谐反而带来了更深切的负面体验——只是成年人有意无意地忽略了它。当一个成年人站在小学校园里，看到孩子们抹在角落里的那些恶意昭昭的涂鸦文字，大多会一笑置之。这当然是一种恰当的宽容态度，但如若转眼就把注意力转移到那些和谐与顺从的表面现象，这个人一定无法真正理解儿童，理解那些童话故事的深刻之处，甚至把它们视作作家们的胡编乱造。

第七节　荣格：集体无意识与原型

1927 年，22 岁的戴望舒在《雨巷》中写道："撑着油纸伞/独自/彷徨在悠长/悠长/又寂寥的雨巷/我希望逢着/一个丁香一样的/结着愁怨的姑娘。"① 在他心目中，他渴望的那个姑娘要有丁香一样的颜色和芬芳，要有哀怨和彷徨的气质，还要有"太息"一般的目光。然而戴望舒一生中的三次婚姻，其对象似乎都不是这种类型。在他写这首《雨巷》的时候，他舍命追求的施绛年甚至可以说是"丁香姑娘"的反面——她活泼开朗，心思活跃，犹如奔放的桃花。戴望舒是一个忧郁敏感的诗人，在那个时期中国也笼罩在恐怖之中，他笔下的"丁香姑娘"，和他自己的性格反倒更为相似。一个哀怨彷徨的青年，希望逢着一位也哀怨也彷徨的另一半，这个另一半和自己有着不同的性别，却有相似的气质。如果让弗洛伊德来分析戴望舒，他可能说，这位诗人追求丁香姑娘，所表达的是一种自恋情结，他爱的是他自己。

那么，戴望舒在现实中追求桃花姑娘施绛年，就是超越自恋情结了吗？按照弗洛伊德的理论，答案自然是肯定的。把一份情感投向外在的一个人，在弗洛伊德看来就是从自恋转向了对象之爱。可是如果我们进一步思考：一个 20 多岁的青年人，在人世间寻找异性对象，即便她在性格上与自己大相径庭，也可以是用来满足他纯粹个人内心需求的一种方式，而与对方的幸福与尊严毫不相干。他以为他在现实中找到了符合他想象的那个人，如果拥有了她，就会感到完整幸福。那么一个人在现实世界里去寻找想象中的东西，并粗暴地把这种想象投射到一个对象之人或之物上，不是依然可以被看成一种自恋吗？其实这就是科胡特在他的自体心理学框架下定义的自恋。恋爱，至少就其起点而言，是自恋的。当然这种自恋并不是心理上的变态，人类的生息繁衍，在一定程度上是受着这种自恋情怀的不可或缺的推动的。

幽怨的丁香姑娘和奔放的桃花姑娘，仿佛黑夜与白昼，都是一个男人所欲

---

① 参见戴望舒：《戴望舒诗全集》，现代出版社 2015 年版。

所求。这种局面我们恐怕并不陌生。例如在《红楼梦》里宝玉在宝姐姐和林妹妹之间首鼠两端；在《挪威的森林》里，渡边在直子和绿子之间三心二意。"脚踏两只船"的男人像布里丹的驴子面临困难的选择。宝玉肯定是倾向于林妹妹的，渡边最怜惜的是直子，她们是东方文学里女主人公的标准设置："结着愁怨"的姑娘。如果我们把目光投向西方文学史，我们的第一印象也许是：多数女主人公算不上幽怨。"哀怨彷徨"有时候反倒是某些时期的西方男性艺术家如拜伦、王尔德等人的形象。的确，近代的西方女性没有东方女性活得那么压抑，她们反倒比那些活在工业化时代的重压下的抑郁的男人更开朗一些。但若把丁香和桃花视作女性气质的两极，西方艺术里的女主角依然是偏向于丁香这一极的。男人们理想中的女子固执地朝着宁静平和而不是热情奔放倾斜，这种情况似乎是跨文化的。

　　《诗经》云："关关雎鸠，在河之洲；窈窕淑女，君子好逑。"男性向往的女子，仿佛有一张标准像：窈窕淑女——有美好的身材也有美好的心灵。而所谓"美好的心灵"，是温柔贤淑。男性的这种审美偏好，在有历史记载的东西方文化里，其实大同小异。固然玛丽莲·梦露、麦当娜等非传统形象的女性在外向开明的现代社会里一度博得盛名，而"窈窕淑女"多数情况下稳坐第一女主角的位置。这样一个女性最好还要有几分弱势，受过伤害，或者出身及地位低微，总之是能让男性的拯救欲和支配欲有施展的空间。也许每个女人内心里都住着一个灰姑娘，那么每个男人在灰姑娘面前也许就找到了王子的感觉。（然则每个女人内心里还住着一个公主，刁蛮任性、舍我其谁。所以灰姑娘被娶进家门以后，王子们发现自己成了驸马，也是常有的局面。）当然，在这样的共性之外，个体差异也是不可否认的。一个男人找一个强势能干的女性做恋人或者妻子，一个女人找一个懦弱温柔的男人做恋人或者丈夫，也绝不少见。人的天然倾向性要遭受环境的约束和塑造。有时候这种塑造可以与我们的刻板印象之间有天壤之别。

　　荣格认为，在男性内心有一类被他称为阿尼玛（anima）的女性原型，女性内心则有一类他称为阿尼姆斯（animus）的男性原型。荣格概括说，男性心目中的阿尼玛，具有四种特征（或者确切地说是四个发展阶段）：性感、聪明、圣洁、智慧；相应地，女性心目中的阿尼姆斯则表现为有力量、有行动力、有本事、有精神深度。在荣格看来,阿尼玛和阿尼姆斯都是内置在人的天性里的东西,在合适的环境下就会逐个阶段地表达出来。①

除了阿尼玛和阿尼姆斯,荣格提出,在人的无意识里,还有大量的其他原型:母亲、父亲、智慧老人、英雄……我们人世间的种种角色,就是根植在这些潜在的原型上,人世的一场场大戏中的角色,那是生活从我们的无意识里召唤出我们本来就有的那些原型胚胎,让它最终变成有血有肉的存在。②

而在弗洛伊德看来,无意识的内容本是一些混沌的感受,是一些原初过程(primary process),是一些欲望构成的混合体。他所理解的无意识和意识的关系,类如一班群众演员去演出一场戏剧,演员自身没有多少个性,却有着强烈的成为主角的愿望,导演需要努力压制这些演员的个人色彩以便实现一出大戏。而在荣格看来,这个导演的剧本一点都不重要,反倒是演员们的个性是一场戏剧的主要来源。

荣格所认为的无意识和意识的关系,类如种子和植物的关系。在合适的环境下,一棵橡树种子长出来的就是橡树,不会长成梧桐树;一块埋在地下的郁金香球茎长出来的就是郁金香,它不会开出鸢尾花。荣格认为,我们意识里的东西,在无意识里已经基本成型了。当然,弗洛伊德也强调无意识的重要性,他倾向于认为人的有意识的行为更多的是受我们并不十分清楚的无意识活动所决定。但是荣格和弗洛伊德的分歧在于,弗洛伊德认为决定我们意识的那些无意识内容,尤其是那些决定着人格面貌的"情结",是每个人早年经验的特殊

---

① 荣格认为男性心中的女性形象阿尼玛(anima)有四个发展阶段:夏娃(Eve)、海伦(Helen)、玛利亚(Mary)、索菲亚(Sophia)。夏娃代表着男性潜意识中恋母的那部分,海伦则代表着男性心目中浪漫爱情的对象,玛利亚则代表着一个贤妻良母的、精神和宗教性的角色,索菲亚则代表着男性心目中的智慧女性的形象。荣格认为女性心中的男性形象阿尼姆斯(animus)也有四个发展阶段,表现为四种特点:阳刚气质的(masculine),浪漫气质的(romantic),精通专业的(professional),精神导师的(spiritual guide)。参见:C. Jung, "Aion: Researches into the phenomenology of the self", in C. Jung. *Collected works of C. G. Jung Vol. 9 Part 2*. New York: Princeton University Press, 1959.

② 朱建军提出,"原型经常会结合在一起,形成新的,也许是次一级的原型。这个过程像一种化学作用,两种物质结合形成新的物质。"例如,他指出,欧洲童话里的美人鱼这个形象,是阿尼玛和鱼(象征着滋养和财富)两个原型的结合(参见朱建军:《我是谁:意象对话解读自我》,安徽人民出版社2009年版,第98—101页。)。(在中国文化里,似乎田螺姑娘是一个与之相似的例子。)用这个思路来分析2017年出品的好莱坞电影《水形物语》(*The Shape of Water*)的男主角,把他看成阿尼姆斯与鱼原型的结合,倒是蛮有意思。阿尼姆斯与鱼结合而成的这个形象,大约象征着现代女性所需求的具有滋养性和情感性的而不是攻击性的男性形象。

性决定的。我们可以概括说，弗洛伊德眼中人和人的差异主要是此世的差异，尤其是此世早期的差异，而荣格觉得远非如此。

不过弗洛伊德到了晚年越来越相信遗传的力量。在解释神经症的发生原因的时候，晚年的他不再坚持只用压抑、冲突等去理解，而是认为患者可能在遗传素质上就与其他人不同。现代心理学和精神病学在一定程度上是支持这个看法的。即便如此，荣格的原型说并不是取得了决定性的胜利。荣格对于心理现象的遗传解释，有一种不太能自圆其说的神秘主义色彩。他是相信拉马克遗传学的，认为个体在生活情境中遭遇的经验能够遗传给后代。比如某个民族的祖先敬拜某一种神灵，形成一种集体的意象，那么经过遗传作用，后代对神的理解与祖先们的理解是相似的。再比如，按照荣格的理论逻辑，如果一个人在生活中遭遇压迫，他愤而反抗，这种反抗性就可以遗传给后代，成为后代的潜意识和性格特征的一部分。他的这种思路很难得到现代遗传学的支持，但也不是说跟现代遗传学绝对地不可调和。已经有一些研究发现，在现实中遭遇的压力引起的不良心理状态，例如焦虑和抑郁，可以在繁衍后代的过程中发生一定程度的传递——尽管核心的遗传物质 DNA 并没有发生改变。[①] 不过这种不是基于遗传基因上的变化的心理状态的传承，尚没有证据表明它们能够在许多代之后仍然可以被传递下来。

如果我们继续沿着这个思路思考，我们能给荣格的假设提供一些逻辑上的支持。我们可以假想这样的情境：一个男人或者女人在遭遇持久的压迫的时候，他本人的愤而反抗的个体经验固然不能通过基因遗传，但他和他的群体通过反抗而得以生存与繁衍，他所生存的群体中反抗特质所占的比例相应地也就

---

① 生物学上这种现象被称作"表观遗传变异"（epigenetic variation），即在基因的 DNA 序列未发生改变的情况下，基因的表现发生了可传递数代的变化。DNA 甲基化（DNA methylation）便是常见的一种表现遗传变异。关于焦虑抑郁的表现遗传，可参考如下论文：(1) A. Cardenas, S. Faleschini, H. Cortes et al. "Prenatal maternal antidepressants, anxiety, and depression and offspring DNA methylation: epigenome-wide associations at birth and persistence into early childhood", *Clinical Epigenetics*, Vol. 11, No. 1, 2019. (2) E. B. Vangeel, E. Pishva, T., Hompes, et al. "Newborn genome-wide DNA methylation in association with pregnancy anxiety reveals a potential role for GABBR1", *Clinical Epigenetics*, Vol. 9, No. 1, 2017, p. 107. (3) A L Non, A M Binder, L D Kubzansky, et al. "Genome-wide DNA methylation in neonates exposed to maternal depression, anxiety, or SSRI medication during pregnancy", *Epigenetics*, 2014, Vol. 9, No. 7, 2014, pp. 964–972.

得以增加。尤有进者，这个人他在选择配偶和朋友的时候，必然倾向于符合他价值观的对象。那么我们其实可以推测，生活经验虽然没有直接地流传于后世，但造成某种生活经验的特质却会。当然，笔者这番基于思辨的看法不足为据，若用于解释艺术和生活则更加操之过急。

如果我们把无意识和意识的关系比喻为种子和花草树木的关系，那么环境的影响就必然微不足道吗？在某些年景里，雨水丰沛，原野里生长的都是阔叶植物，江河湖泊之中锦鳞游泳，水鸟翔集；而到赤地千里的年景，应运而生的是松柏和仙人掌类植物。生态系统在不同的环境下表现出的巨大差异，与遗传因素所带来的重大差异相比，可以不遑多让。也许人与人之间的差异与之类似，从基因遗传的视角和环境条件的视角去看人格差异，并不是相互排斥的。

如果我们把荣格理论的神秘主义色彩放在一边，他和弗洛伊德对于人性的理解的最重要的差异在于荣格强调了人格的先天性，而且进一步强调了心理过程的先天性。他的这个视角如今越来越显示出了可圈可点之处。它在进化心理学、动物行为学和社会生物学滥觞之前没有受到足够的重视。

我们观察孩子的成长，会发现他们许多心理与行为特征的显现都不是后天学习的结果。孩子们到了一岁都会走路，不会因为谁家疏忽了学步训练，以至于此人一辈子都只能爬行——如果说后天环境在这件事上有所贡献的话，也就是周围的人们给孩子们作出了行走——而不是爬行——的示范而已。语言亦复如此。那么像依恋、爱、志向、道德等心理过程，是不是也可以推断它们是由先天的因素所决定的？后天的环境只是提供了让它们展现出来的条件而已。那么像罗密欧与朱丽叶的悲剧、李尔王的不幸、贾宝玉和林黛玉的遗憾，是不是也有可能是人类情感的种种天然模式在特定的人文气候条件下自然而然地生长出来的？

依照荣格的说法，母亲、恋人、魔鬼、天使、智慧老人、英雄、贱民、贵族……它们原本就根植在人类本能里，以原型的形式存在，因而本能不是一团混沌的冲动，而更像一个内容丰富的仓库，随时可以装配出奇妙的产品。荣格的这种思路是迷人的，而且也似乎并非无稽之谈。

沿着这条思路，荣格主张，好的艺术表现的是"幻觉模式"。他在《心理学与文学》一书里提出：

> 幻觉模式的艺术是来自人类心灵深处的某种陌生的东西，它仿佛来自人类史前时代的深渊，又仿佛来自光明与黑暗对照的超人世界。这是一种超越了人类理解力的原始经验……她从永恒的深渊中崛起，显得陌生、阴冷、多面、超凡、怪异。它是永恒的混沌中一个奇特的样本，用尼采的话来说，是对人类的背叛。[1]

荣格所说的"超越了人类理解力的原始经验"，远不止于弗洛伊德所言的被压抑下去的本我冲动。荣格认为，我们人类从远古走来，逐渐发展出了我们现在的价值判断和美学标准，但是那些远古的记忆并没有就此消失。着迷于"幻觉模式"的艺术家，实际上就是在把那些远古的记忆挖掘展现出来。这些东西在荣格看来"在各方面都超越了人的情感和理解所能掌握的范围"。荣格断言，一个好的艺术家也许必须具备多种多样的能力，但"唯独不需要来自日常生活的经验"。他认为我们的日常生活囿于"宇宙秩序的帷幕"，所以"不可能超越人类可能性的界域"，它阻碍了我们通往深邃、陌生、超凡的集体无意识领域。荣格的观点既有道理又过于绝对。除了进入想象的世界，一个艺术家在日常生活经验里不能发现人类生活的远古印记以及深层原始的无意识领域吗？正如石油与矿脉虽然被深埋于地下，人类的日常活动也难免会伸展到那个层面里去。人类的日常生活经常展现出让最有想象力的艺术家都未曾料想的一面。荣格中年以后经历过两次世界大战。他去世之前，冷战也处于白热化的状态。人类在这些冲突和对抗中的所作所为已不可理喻，所有那些盲目的服从、武断的思考、残酷的作为、奇异的宣言，打破了人作为人的基本特征。这些情况如果不用人类原始的集体无意识去解释，似乎也很难找到其他可以理解的根源。它们的陌生、怪异与荒诞，与出于想象力的杰作不相上下。

不过在我们的生活中确实充斥着毫无理解上的难度的来自日常经验的艺

---

[1] [瑞士] 荣格：《心理学与文学》，冯川、苏克译，生活·读书·新知三联书店 1987 年版，第 129 页。

术，荣格把它们称作与"幻觉模式"相对应的"心理模式"的作品。他说："这一类文学作品多得不可胜数，包括许多爱情小说、家庭小说、犯罪小说、社会小说和说教诗。"他认为：

> 心理模式的艺术作品的题材总是来自人类意识经验这一广阔领域，来自生动的生活前景……它在自身的活动中始终未能超越心理学能够理解的范围，它所包含的一切经验及其艺术表现形式，都是能够为人们理解的……①

在荣格看来，人类的意识是片面、病态和危险的，集体无意识具有对意识的补偿功能。一个伟大的艺术家，能够体察到人类的表面的理性之下的阴影——那些被掩藏和遮蔽的原始的东西。但是荣格又说：

> 在集体无意识中，诗人，先知和领袖听凭自己受他们时代未得到表达的欲望的指引，通过言论或行动，给每一个盲目渴求和期待的人，指出一条获得满足的道路，而不管这一满足所带来的究竟是祸是福，是拯救一个时代还是毁灭一个时代。②

所以荣格绝不是一个乐观主义者，并没有把艺术看得至高无上，但他相信揭示人类的非理性的、原始的、共同的无意识的深层心理是艺术家最重要的责任。他毫无保留地认为幻觉模式的艺术比心理模式的艺术更加优秀。他认为，完全发自内心的艺术，不是从生活中学来的东西，反倒是站在生活的对立面上提供了一种抗衡与平衡的力量。

虽然弗洛伊德也认为艺术家是把被超我压抑下去的内容展现出来，但他认为艺术家要以社会认可的方式加工无意识素材，故而好的艺术品乃是一种升

---

① ［瑞士］荣格：《心理学与文学》，冯川、苏克译，生活·读书·新知三联书店 1987 年版，第 128 页。
② ［瑞士］荣格：《心理学与文学》，冯川、苏克译，生活·读书·新知三联书店 1987 年版，第 138 页。

华。荣格则对艺术品给人类带来的惊愕和诡异感受称誉有加。如果比较索福克勒斯的《俄狄浦斯王》和这个故事较早的版本，弗洛伊德可能会对索福克勒斯在剧中让俄狄浦斯刺瞎双眼并自我放逐的设置表示认可，而荣格可能会认为早期版本里俄狄浦斯王在母亲/妻子自杀之后继续统治底比斯的结局更具有艺术性——这个结局显然是诡异地不合常理的。

而索福克勒斯所生活的雅典民主社会，道德伦理发展到了一个空前精致的程度，俄狄浦斯的结局是与彼时的集体意识相一致的。设若索福克勒斯把这个故事的早期版本放到他所在的时代，恐怕会成为千夫所指。而在那之前的古风时代的希腊社会，俄狄浦斯王的老版本故事能够被口耳相传，说明希腊人的道德意识还处于相对混沌的状态。

荣格推崇幻觉模式的艺术，认为艺术家应该从生活中撤退出来，去探索人类集体心灵的隐秘内容，这条路径可以说是沿着弗洛伊德所开创的路线而走的，但走得更深更远。然而荣格认为"来自人类意识经验这一广阔领域，来自生动的生活前景"的"心理模式"的艺术"不可能超越人类可能性的界域"，就仿佛在说，只有研究微观物理学方能发现宇宙的规律，而研究宏观的世界不会对我们理解宇宙带来突破。然而人类的生活经验，是在生生不息的建构过程中，它丝毫不是一个被秩序的帷幕禁锢着的乏味的存在。如果我们承认人类的心灵深处，那些原始的、复杂的、怪异的无意识内容乃是亿万年生命发展史的积淀，它们值得抛开当下生活的遮蔽去揭示，那么人类心灵所面向的复杂的当下，它的必然要发生的不同于现在与过去的新的形式，也值得艺术家去斟酌和畅想，而且这一部分艺术绝不应该被视作等而下之的。

此处笔者尤其想强调人类在道德层面上的建构性。当一个艺术家在作品中考验观众对于正直和正义的思索，而不是在进行道德说教和批判时，艺术品的价值也可以弥足珍贵。关于这一点，拉斯金（Ruskin）有着和荣格近乎截然相反的看法。拉斯金认为，艺术品的价值来自它对于人类的道德（morality）的提升。不过，拉斯金所理解的道德，并不是道德教条，而是对人类的秩序和爱的维护方式。他认为人性（humanity）中有两个最基本的东西：对秩序的追求（the love of order）和对善的追求（the love of kindness）。拉斯金提出：

出于对秩序的热爱，人类在道德能量的推动下为这个世界添衣置袖，护卫它，应对来自低等生物（也包括来自我们自身的）的颠覆和放纵的冲击。出于对于善的热爱，人类希望能够对周围的生命正义以待。因此，我们需要把每一种其他情感纳入完美的框架，以便它们能够得到充分的发挥而同时又在绝对的控制之下。①

作为维多利亚时代的英国学者，拉斯金对于艺术的道德使命强调得不遗余力。但是他也绝不会同意艺术应该沦为道德说教的工具。因为在他看来，艺术一方面促进我们维系一个有序的世界不被那种无序的力量所摧毁，另一方面也有助于我们恰当地对待周围的世界，使得每一个个体尽可能地发挥其优势。换言之，拉斯金也希望艺术能够帮助人类运用其创造性以襄助秩序的发展。

假如荣格对"心理模式"的艺术的反感仅仅在于它们的说教性和陈词滥调，那么拉斯金对于艺术的道德性的主张与荣格的主张并没有根本性的冲突。但荣格坚持认为心理模式的艺术都不具备创造性，只有那来自人类原始经验的令人陌生的东西才是艺术的合理源泉和创造性的反映，拉斯金就站在荣格的对立面上了。拉斯金会认为，索福克勒斯对《俄狄浦斯王》的传说的改造是伟大的良知所推动的，会认为莎士比亚对北欧故事的改造是受到了人道主义精神的烛照，而那些诡异的民间传说反映的是人性在其天真无序状态下的呈现。概言之，荣格相信从过去可以看到现在和未来，而拉斯金认为现在和未来需要艺术去创造。

荣格和拉斯金对于艺术的见解的差异，不仅是两人生活的年代不同使然，也是两种长期针锋相对的艺术态度的体现。艺术应该向人的心灵内部的原始内容去求索，还是应该帮助人类构建更好的秩序，两种态度在艺术共同体内部一直此消彼长，用尼采的话说就是"酒神精神"和"日神精神"的冲突。不过

---

① 参见：John Ruskin, *Lectures on art*, New York: Allworth Press, 1996, p. 129. 原文是："By the love of order the moral energy is to deal with the earth, and to dress it, and keep it; and with all rebellious and dissolute forces in lower creatures, or in ourselves. By the love of doing kindness it is to deal rightly with all surrounding life. And then, grafted on these, we are to make every other passion perfect; so that they may everyone have full strength and yet be absolutely under control."

在现代主义时期及以后,两种态度之间变得不那么具有排他性,甚至出现了相互整合或者相安无事的局面。其实更早的时候,在浪漫主义时期,这种相互的妥协的趋势已初露端倪。如今在全球化浪潮的推动之下,不同形态的、处于不同发展时期的文明在同一个世界舞台上竞争共存的局面已是人类的生存现实。新的时代精神是复杂多样的、去中心化的,甚至还可以说是东拼西凑的。

第八节　艺术和叙事

艺术家通过艺术作品,把他们所体验到的情感——艺术家自己的感受或者艺术家所共情到的他人的感受——传递给观众,这个目的能否顺利达成,有赖于艺术家对于艺术手段的把握能力,也有赖于观众对艺术语言的领悟和熟悉程度。现代主义之前,艺术的语言还是比较朴素的。例如,绘画与雕塑艺术曾通过丰富的细节信息来传递情感。从古希腊的雕塑到印象派绘画,对于细节的描绘以及处理是作品的情绪感染力的重要来源。但是抽象表现主义以降,艺术家往往在作品中把所观察的对象符号化,甚至完全以形状和颜色作为艺术语言。于是一些艺术不再以传递人间的情感为目标,而是变成了类似哲学或者数学的一种存在——它重视形式之美。在文学上,类似的事情也在所难免。文学故事曾经以传递人间的情感为目的,细节描写是实现这个目的的不二法门。在故事里,"她爱他"这个叙述,与"她把她的手伸进他的衣兜,握住他汗涔涔的手",两相比较,我们都能明白哪一种方式在传递人间感情的时候更加卓有成效。但现代主义之后的文学家也做出了与造型艺术家类似的尝试,他们可能拒绝叙事、拒绝细节,他们希望读者从咬文嚼字中得到乐趣。乔伊斯的《芬尼根的守灵夜》就是这样的作品。当然也有一些文学家把细节描绘到纤毫毕现,却反而不传递人间情感,这种"比细节更细"的做法散发出奇特的形式美感。罗伯·格里耶的物本主义的小说便是典型代表。这种文学叙事中的"照相写实主义"更喜欢观照物体而不是人性。

关于绘画、雕塑和文学等艺术朝向抽象的、形式的层面发展及其得失,笔者将会在第三章详细讨论。本节笔者想谈谈艺术如何实现人间情感的传递这个话题。

绘画与雕塑等造型艺术通过它们对于现实的模仿与改造来实现这个目的，文学与诗歌，则主要是通过叙事，也就是讲故事，来实现这个目的。故事并不是事情的简单再现——正如能够传递人间情感的造型艺术绝不是对外物的如实描摹。事情并不等同于故事。

图 8 《拉奥孔》（阿格桑德罗斯等，公元前 1 世纪）

人的一生总是在事情之流中度过，有些事情调动了我们的情感，有些事情则让我们无动于衷。例如某个人青少年时期过得艰难困苦，及至成年事业有成，此人也许感叹：小时候那么艰苦，真没有想到还有过上好日子的那天。这就具有了一点点故事性，但故事性并不强，这番话主要还是在对事情进行描述。而同样的经验在另一个人那里可能会被这样表述：小时候过得艰难困苦，锻炼他面对苦难和不幸愈挫愈奋的坚强性格，这性格一路支撑着他走向了人生的辉煌。读者可能发现，后一个故事并不是在如实地讲述所发生的事情，它对事情之间的联系进行归因和加工——这种加工，经常需要想当然的推断和有选择地使用有利于结论的证据。爱听评书的人，对于说书人的类似做法大概已有了然。那些历史事件原本因缺乏足够的事实而扑朔迷离，但在说书人的口中都被置于清晰的因果链条和道德框架里，不复有任何的不确定性和模糊性。这样一来听众才会听得聚精会神、心驰神往。

故事不是对于事实的纯客观描述，它是对事情的意义进行加工之后产生出来的作品。每一个人都在讲故事，而作家只是专精于此罢了。加工事件，把事情转化成故事的"机器"就是我们内心的动机。欲望、道德、形式这三类动机相互支撑和制约，共同完成了这样一个加工过程。故事的构造者努力把事实朝着我们的动机层面输送。

作为人，我们都是故事的讲述者和倾听者：当我们在火车上跟陌生人"同船而渡"，对方也许问你是哪方人士。如果你说自己是四川人，家住东经多少度北纬多少度，住的房子朝南还是朝北，对方一定会哑然无语。如果你告诉他你是四川哪个地方的，彼处有什么风土人情，出了什么名人，或者有什么名牌名胜。对方便会兴致勃勃。对方之所以对这些感兴趣，乃是因为他想听故事，他想把你放到一个故事框架里。而你讲述这些的时候，说家乡出了什么名人，或者出了什么名牌的产品，这与你的自豪感或者优越感有关——如果用客体关系的术语来说，就是与"自恋需求"有关。这个地方有好东西，所以是优越的，你属于这个地方，所以你也是优越的。如果出于这种动机去讲述故事，听故事的人也会受到感染。人和人在自恋层面上的交流总是充满能量和感染力。我们在乘坐出租车的时候，会发现司机经常会播放评书，说书人讲述的一定是我们自己民族的英雄故事，你听不到欧洲人或者美洲人的英雄故事——他们与我们何干？

你讲出来的故事，经过了你的动机框架的加工，而听到对方的耳中，还要经过他的动机系统的再次加工。听说你是自贡人，听者就把你定义为"有很多盐的地方"，认为过年的时候会去看很热闹的灯会。而现实中这些故事与你个人的关系可能微乎其微。如果听者是个小说家，他可能进一步把你写进一个故事里：你出生在自贡，父母是盐厂的职工，你在春节灯会上遇到了你的初恋女友……这样的故事让读者觉得顺理成章。但其实你父母可能是在汽修厂工作，你的初恋女友跟灯会毫无瓜葛。

虽然笔者并不想像某些心理学家那样极端地声称，我们的人生就是把自己遇到的现实写进我们已经在内心写好的故事，但我们对于人世的体验，在一定程度上委实如此。叙事人格心理学的创始人麦克亚当斯（McAdams）概括了美国人的人生故事。在《救赎式自体：美国人赖以生存的故事》（*The Redemptive Self: Stories Americans Live By*）① 这本书里，麦克亚当斯提出，美国人赖以生存的故事可以集中体现在"把坏事变成好事"这种人生叙事上。他在这本书的前言里写道，即使像2001年的"9·11"袭击这样的事件，人们都体现出这种"把坏事变成好事"叙事的强大影响。美国人普遍认为，这个事件之后，美国会变得更加强大，纽约会被建设得比遇袭之前更好。麦克亚当斯指出，这样的故事一方面构成了美国人自强不息的精神动力，另一方面也助长了美国人所独有的傲慢和自以为是（arrogance and self-righteousness）。

其实中国人在20世纪所遭遇的前所未有的挑战，也在好几代人中间形成类似的人生叙事，大致可以用"自强不息"来概括。而我们的文化中也有一种影响更为久远的人生叙事框架：十年寒窗，一朝金榜题名。

回到所谓"傲慢和自以为是"这个话题，笔者认为，这是每一族群都会在叙事上表现出的精神特点，只是在内容和形式上千差万别而已。例如每一种文明中的人，都对先辈们开疆拓土的功绩念念不忘，却很少愿意去承认这些过程里的荒诞与蠢行，仿佛那些人从来不会犯错误。

与傲慢和自以为是相近似的一种叙事态度则是无法容忍不确定性，难以接受故事的不完整性。即使以发掘真相为己任的历史学者，也可能禁不住来自内部和外部的对叙事性的渴求，试图把未知领域用想象力去填补，而不是任其停留在未可知之态。这种情况连伟大的司马迁也未能幸免。当年他四处游历，倾听收集别人讲述的前朝故事，在诸多相互矛盾的材料中，构造出了一个又一个情节明确、脉络清晰的故事。我们能从《史记》里读出一个卑鄙狡猾的刘邦和一个有情有义的项羽。这些形象在多大程度上来自口口相传过程中的修理和天马行空的想象力的改造，我们不得而知。但我们自己恐怕也难以接受一种可能性：我们也许永远都不能认识到一个足够真实的刘邦，除了他留在历史上的

---

① D. P. McAdams, *The Redemptive Self: Stories Americans Live By*, Oxford University Press, 2006.

那个粗略的轮廓。

司马迁遭受腐刑,史之所载是因李陵之事,然则是否也因他描摹历史的方式让汉武帝怀恨在心?刘彻大约像所有凡人一样,希望在史家的笔下,自己的先辈被描摹成光彩照人的神仙,即便提到缺点,也应该轻描淡写、无伤大雅。而太史公遍访民间,问史于田夫野老,这种修史方式恐怕会让一个皇帝感到失控。当然我们作为后世之人,也无法完全弄清在司马迁和刘彻之间发生的龃龉。我们只能猜测,武帝是缺乏把故事当故事来看的气度的。

如果说我们所知的历史主要乃是故事,也不算一种太夸张的判断。叙事心理学强调,我们说出来的东西主要是欲望而不是事实。① 弗洛伊德也持有类似的观点。在他看来,人们不论诉诸理性的思考,还是做出现实的行动,主要是受了潜在的欲望的驱动。当然此处所言欲望,则是其广义的概念,包含了我们后面的章节要涉及的道德欲望。而且我们甚至也可以把形式方面的需求放到欲望这个概念里去理解。欲望、道德和形式感可以被看成广义的欲望。但笔者更愿意使用"动机"这个概念去涵盖广义的欲望。② 最后,笔者并不认为,既然人的叙事乃受到主观欲望的左右,史学就应该满足于建构故事而放弃对客观性的孜孜以求。

---

① D. P. McAdams *The stories we live by: Personal myths and the making of the self*, New York: Gilford Press, 1993.

② 笔者把与形式美感相关的动机称为"冷动机"(例如构图的完整感、平衡感、张力感等),把与道德有关的动机归于"温动机"或"元动机"之列,把与狭义的欲望有关的动机称为"热动机"。参见:《訾非.感受的分析:完美主义与强迫性人格的心理咨询与治疗》,中央编译出版社2012年版,第87—139页。

第二章　艺术与道德

正如上一章所言，严格地说，道德也是一类欲望，它经常需要保持激情方得以在人间运转，但笔者还是愿意把"欲望"这个词局限在对非道德的人类动机的定义上。

近现代以来的学者，对于审美与道德的关系抱有最浓厚的学术兴趣的，非康德与拉斯金莫属。而另有一些学者，他们在道德领域的研究，也能够帮助我们去理解审美和道德的关系，例如弗洛姆、马斯洛、科尔伯格、弗兰克尔等人。

精神分析家们对欲望和道德的关系进行了大量探索，但是对于道德激情和道德判断本身，并没有像对待欲望那样层层深究，这实在是一种遗憾。在这一点上，哲学、人本主义心理学和积极心理学反倒走得更远一些。不过精神分析发展到现在的自体心理学、主体间性心理理论，也不经意间踏入了这个领域，使得精神分析在本章的内容里不会完全缺席。

第一节　从康德到拉斯金：艺术的道德性

关于什么是好的艺术，19世纪英国艺术评论家拉斯金（Ruskin）认为，它们必须与道德有关。他谈艺术和道德的关系的时候说，一个被抛弃的少女可以歌唱她失去的爱情，而一个守财奴不可以歌唱他失去的钱财。①他的意思是，一个男子抛弃他的恋人，是一件不道德的事情，她的悲痛会深深触动我们的同情心。如果财主的金钱受了损失，就不怎么关乎道德。按照拉斯金的这个逻辑，越和道德有关的艺术，越是好的艺术。这个观点其实在拉斯金之前被康德强调过。康德有一个二分法，崇高（壮美）的艺术和优美的艺术。譬如一个英雄最后落到四面楚歌的境地，不得不自杀，这个结局，康德认为叫壮美，它与高尚的道德有关。宁死不受辱，这是高贵的。同样，杜十娘，她为了爱情，在感情破灭之后，宁可把所有的财产一件件抛入怒涛，然后投河自杀，这从道德角度上来说，是大家赞许的事情——对爱忠贞，可以舍弃一切，她做到了在一份感情中能做到的最纯粹的境界。这符合一种完美的道德逻辑。

越能够唤起高尚的道德感的东西，它越是好的艺术，这个思路甚至在康德之前已经是一种源远流长的艺术价值尺度。文艺复兴时期人们会公认达·芬奇的《最后的晚餐》是崇高的艺术，它反映的是基督教信仰中最核心的话题。甚至在我们国家，在很多历史时期里人们也是把艺术与道德的关系看得至关重要。传统的文人画，哪怕是以植物为题材，也基本上仅限于松、竹、梅、兰、菊，因为它们象征着风骨与品德。20世纪六七十年代的中国电影，主角往往是高、大、强的英雄。比之于康德认为崇高的艺术胜过优美的艺术，我们那时候曾经认为崇高的艺术才是唯一的艺术，优美都不属于艺术，而是堕落之源。

时代不会一成不变。对于什么是好的艺术，现在我们已经很难用道德这个概念去完全衡量了。如果用这个标准来看，很多艺术似乎颇不道德。这在西方的艺术界表现得尤其明显。比如著名的小说《洛丽塔》（*Lolita*），它在美国也曾是禁书。它是一个非常经典的作品，对人性的某一面描摹得细腻而深刻。那么，如果用拉斯金的观点来看，这就是黄色地摊故事，而不是伟大的文学作品。

现在我们对艺术的看法其实是非常松散的和多元化的。我们觉得一件艺术品很有意思、引人入胜，就是好的作品。用道德的框架去衡量艺术品的想法经常被放在一边——除非一件艺术品真的关乎道德。

---

① A maiden may sing of her lost love, but a miser cannot sing of his lost money. See: John Ruskin, *Lectures on Art*, New York: Allworth Press, 1996, p.116.

但是如果所有的艺术完全抛开道德这个框架，会有怎样的后果？如今一些行为艺术家，做一些惊世骇俗之举，例如在马路上破腹并缝合，说这是艺术，它实际上给观众带来的是什么呢？似乎并未发人深省，除了成就了艺术家的名声之外并没有什么可圈可点之处。至于这种行为进一步朝着更极端的方向发展，就变得顺理成章。设若一个艺术家从事恐怖活动，他肯定能进入艺术史里去。但艺术史里似乎"出名"与"成功"是两个可以相互替换的词语。"声望"和"臭名昭著"的界限模糊不清。如今太多的艺术家想进入"艺术史"这个殿堂，手段无所不用其极，而艺术史的包容性似乎是无限的。这种无限的包容性也许导致了艺术质量的下降而不是繁荣。翻阅 20 世纪 50 年代以后的艺术史，你看到无数的艺术家热衷于惊世骇俗和一举成名，混淆着噱头和原创性。如果艺术跟道德彻底分道扬镳，艺术和道德都会每况愈下。要在艺术史上留下一笔，这样的动机可以推动艺术家做出不可理喻之事。不单艺术，人类生活的其他领域也有类似的状况。陈胜、吴广是以中国进入大一统社会之后起来反抗的第一人载入史册的，其道德意义可圈可点，其后的农民革命英雄千千万万，大多籍籍无名，而张献忠却以杀人如麻（也许是此类人物中最残忍者）而时时被人提起。

在这里笔者并非影射《洛丽塔》是一部糟糕的作品。笔者主张，对于艺术品、艺术家，某种起码的底线是必不可少的。但是《洛丽塔》这样的作品并没有逾越这个起码的底线。

还有一个关于人类道德本身的问题：同情被抛弃的少女，不同情被诈骗或者被抢夺的富翁。这是人性的逻辑，却未必是公正的逻辑。而公正的逻辑有可能缺乏美感——因为它不是完全基于人的天性，而是人类在各种条件影响下的权衡判断，是基于一定的理性思考的。笔者对"天若有情天亦老"这句话有这样的理解：人类天性里的道德判断，经常囿于条件所限而不可能实现；而在另一些情况下，依照它去行事，结果甚至可能是和道德所追求的结果相反。（这种现象本身不也是艺术的主题之一吗？）道德问题实则是困难的、复杂的，在艺术里探究道德，需要艺术家分外的审慎，尤其关涉那些至高的原则时。

康德在其早期的著作《论优美感和崇高感》（1763）里就提出，能够唤起崇高感的艺术往往与悟性、勇气、德行有关，而那些机智、巧妙的艺术唤起的是优美的体验。康德虽然没有在其著作里直接声称崇高的艺术高于优美的艺术，但他明确地表示了真正的德行的稀奇罕有，能够欣赏高贵的艺术的人总是人群中的少数。他认为："一个平静而自利的、勤勉不息的人，可以说是根本就没有一种官能可以感受到一首诗歌或一曲英勇德行的高贵。"

康德并不是把道德看成非有即无、非好即坏的二分概念。他认为自利乃是人性里最普遍的常态，在这之上，很多人发展出了同情和殷勤之心（跟这个层面相联系的艺术，在他看来是优美的艺术），这中间有些人甚而发展出荣誉心和羞耻心，而且其中有极少数能够根据至善原则而行事。那么最崇高的艺术、最伟大的悲剧，自然也就是和至善原则相联系的。他说：

> 真正的德行只能是根植于原则之上，这些原则越是普遍，则它们也就越崇高和越高贵。这些原则不是思辨的规律而是一种感觉的意识，它就活在每个人的胸中而且它扩张到远远超出了同情和殷勤的特殊基础之外。①

在康德眼里，崇高的原则是微妙的，失之毫厘，谬以千里。例如，一个人为了自己的祖国或者朋友的权利而勇敢地承担起困难，这在他看来符合崇高的原则；但是像十字军东征这样的事情就谈不上高尚。再比如，一个人在纷扰的尘世里感觉到了厌倦，毅然决然地离开它，藏于深山，这在康德看来也是高贵的。而有些人相信神秘的修行，试图去深山老林里练出魔法，康德觉得这样的行为就谈不上高贵。我们从康德的理论角度来看，陶渊明感到官场的束缚和无意义，归田园居，这份勇气和决心是高尚的；王维的亦官亦隐，就显得有点二三其德。杜甫落到结庐而居的境地，依然没有放弃诗歌和对世间的关怀，这是高贵的；而屈原不能施展政治抱负，便投江弃世，虽然情有可原，相比之下就不那么崇高了。

康德在谈到至善原则的时候，保持着令人折服的清醒。他并不认为追求德行的道路上人们得到的是越来越多、越来越纯洁的善，而是担心在至善原则上我们人类特别容易铸下大错：

---

① ［德］康德：《论优美感和崇高感》，何兆武译，商务印书馆2009年版，第14页。

在人类中间根据原则而行事的人，只有极少数；这却也是极好的事，因为人在这种原则上犯错误乃是非常容易发生的，而这时候，原则越是具有普遍性，并且为自己确立了那种原则的人越是坚定不移，则由此而产生的损害也就蔓延得越远。①

　　康德认为，多数人是"好心肠"的人，而不是追求至善原则的人。他认为这反倒可喜可贺，因为这些人虽然"以自利为轴心而转动"，但他们是"最勤奋的、最守秩序和最谨慎的"，他们成为一个社会赖以存在的基础，在这个基础上，一些"更美好的灵魂得以发扬美与和谐"②。

　　概言之，康德认为众人追求的不是远大而崇高的目标，而是被"好心肠"所驱使去做一些看起来微不足道的善事或者自利之事。康德认可一个社会的这种基本状态。这个"温良恭俭让"的世界能够给更美好的灵魂、更为纯洁的道德的产生和发展提供基础。

　　如果一个社会由于种种原因，人人都被撺掇着去追求远大理想，时时都在用最高的道德标准互相求全责备，会有什么样的后果？在康德看来，由此而产生的损害可能是无远弗届的。

　　考虑到康德对于崇高的艺术的看法，我们可以推测，世上最伟大的悲剧，在康德眼中，莫过于倾情投入一项看似伟大的事业，结果却给无数人带来毫无用处的牺牲。而这难道不是人类时不时会满怀热情地做出的举动吗？人类的乌托邦热情仿佛某种最本真的欲望，经过一段时间的积累，总会抵达需要宣泄发扬的那一天。

　　拉斯金对于道德实践的复杂性也有类似的看法。他说，真正的道德绝不是一种无辜的纯洁（innocence）③。边远之地、化外之民，他们的善可能并没有遭遇过恶的打磨，仅仅停留在淳朴的状态。我们称赞化外之民殷勤好客，没有狡诈的计谋，认为他们最具有德行，这在拉斯金看来是一种误解。他认为一个在遭遇到恶的巨大的诱惑之时还能择善固执，才真正具有更好的德行。拉斯金

---

① ［德］康德：《论优美感和崇高感》，何兆武译，商务印书馆2009年版，第26页。
② ［德］康德：《论优美感和崇高感》，何兆武译，商务印书馆2009年版，第27页。
③ John Ruskin, *Lectures on Art*, New York: Allworth Press, 1996, p. 129

的看法是很有启发性的。心地淳朴之人，在遭遇到邪恶的挑战之时，怒从心头起，恶向胆边生，瞬间也就被引导到残忍的报复行动中去，由此而导致的人间悲剧层出不穷。

老子说："智慧出，有大伪。"他认为人的心智高度发展之后，许多特别虚假的东西就会应运而生，这当然也包括假道德。但是，不论康德还是拉斯金，都对人类追求至善和道德抱有基本的乐观主义。至善虽然稀有，但总还是值得追寻。人类内心的道德律精准不谬，只是需要好的社会给予它发生和发展的机会。这些是我们能够从康德和拉斯金的文字里读出的意思。而比他们早两千多年的老子却是一个彻底的悲观主义者，他声言"绝圣弃智"，他推崇返璞归真，如果他和康德相遇一辩，不知道会碰撞出何种思想火花。

康德是启蒙运动时期的最后一位巨匠，他活到了法国大革命发生的年代，目睹了高尚的理念在人间演变成暴行。拉斯金出生在法国大革命尘埃落定之后，是英国维多利亚时代精神的代言人，"一战"和"二战"在他死后才发生。在艺术的道德价值上，拉斯金显得更乐观一些。拉斯金说，如果艺术不是为了秩序（order）和爱（love）而努力，那它就是堕落的。他认为，"在这种情况下，甚至求真（love of truth）也堕落成了对于知识的粗野和冷酷的贪求，它就像那些只用于积攒的金子一样无用"①。

看，拉斯金对于这种堕落的后果的估计还不够悲观。他的同时代的人物，真正称得上乱世预言的先知的，反倒是敏感的作家如陀思妥耶夫斯基和卡夫卡。

在康德看来，道德感是某种具有美感的东西，它也是至微至妙的。他说，有两件事情，他越是经常、持续地去思索，越是历久弥新地感到兴奋和惊叹。一个就是我们头上的星空，一个是我们内心的道德律。②

我们心中的道德律之复杂，有时看上去自相矛盾、不可理喻。康德说：

一个恶汉决心不顾一切，是极其危险的事，可是在叙述之中它却是动

---

① John Ruskin, *Lectures on Art*, New York: Allworth Press, 1996, p. 129.
② I. Kant, (1788). *The Critique of Practical Reason*. Translated by Werner S. Pluhar. Indianapolis: Stephen Engstrom Hackett Publishing Company, Inc., 2002.

人的，而且即便是他被带入了可耻的死亡下场，他在一定程度上也由于奋不顾身并满怀鄙夷地面对着死亡而使得自己高贵化了。①

恶贯满盈之徒，面对罪有应得的下场，表现得视死如归，竟不知为何让观者由衷钦佩，甚至油然而生几分同情。人的道德判断之幽微复杂，由此略见一斑。

另外，康德发现，我们对于自然的感受，与我们对于心灵的感受，具有相似性。"头顶上的星空"和"人们心中的道德律"有着神秘的关联。康德说，一座大山是崇高的，一个有勇气的人物是崇高的，一座深谷是崇高的，一个敢于承认自己弱点的人是崇高的。当然，当康德以"崇高"这个词来同时描述一座高山和一个有德之人的时候，并不意味着他认为两者具有物质上的相似性，而是在指出它们在主观感受上的相似性——也就是在美感上的相似性。——它宛如声音之高与山脉之高的相似性。

那么心灵的优美与自然之优美给心灵留下的印象也是相似的。秋天的时候走入硕果累累的果园，我们会说这个风景"漂亮"，如果一个人心灵手巧，圆满完成了一件工作，我们也会用"干得漂亮"来形容之。我们说一个聪明人给出的意见总是"一针见血""切中肯綮"，这就是把现实中的物理和生物过程给人带来的感受与心灵活动激发的感受的相似性表现了出来。[无独有偶，英文的"smart"（聪明）一词，在其源头，也是指被一下子咬到痛处的感觉。]

第二节　艺术的道德责任：艺术折射了道德发展

在电影《赵氏孤儿》（2010）里，男主角程婴为了保护赵氏遗孤，把自己的儿子假装成赵朔的孩子交给屠岸贾处死。这个自我牺牲的忠勇故事改编自司马迁《史记》里的一个片段。不过，在《史记·赵世家》里，程婴交给屠岸贾的孩子并不是他自己的，而是他偷来的，与他并无血缘关系——这用我们现

---

① ［德］康德：《论优美感和崇高感》，何兆武译，商务印书馆2009年版，第8页。

在的道德标准来看，不但谈不上伟大，还有点卑鄙狡猾。

蒙元时期，纪君祥把这个故事改编成一部杂剧，剧中的程婴交给屠岸贾的就是自己的孩子了。在那个时期，观众显然接受不了程婴在《史记》里的做法。

不过拿到现代的背景下，程婴的举动仍然不是无可指责的。我们可能会说，这个被送出去杀死的孩子无论是谁所生，他自己是无辜的，即使你是他生身父亲，也没有权力让他为你的义举而牺牲。在现代的道德逻辑下，程婴把自己的孩子交出去被敌者杀死，此事有负于这个孩子，也有负于他的妻子。一部具有现代意识的戏剧，可能就会以程婴对于自己的孩子的内疚，以及他妻子对他的怨恨而终结，不会因为赵氏孤儿的复仇成功而从道德上得以圆满。

在先秦时期，婴儿死亡率居高不下，婴儿在成人心目中作为人的存在的印记恐怕并不是特别坚实牢固，即便换子送死的事情真正发生过，在彼时，程婴的道德自我谴责和他妻子的痛苦未必有多么深切难平。

所以随着时代的发展，生活的可靠性增加，人类的道德感变得越来越复杂和敏锐，艺术作品所体现的道德思考也越来越精准。如果从艺术作品的道德性去评价人类文明，我们对于人类的"进步性"会感到惊叹。我们很难想象在莎士比亚的时代会有《拯救大兵瑞恩》这样的戏剧，也很难想象在中世纪开始的时候会有《罗密欧与朱丽叶》这样的故事。《拯救大兵瑞恩》固然是一部英雄主义的作品，这与人类传统的以牺牲精神定义英雄的心态是相一致的，但是这部电影里所表现的对牺牲的合理性和价值性的更深一步的探讨，令人耳目一新。相比之下传统的戏剧在这方面的考虑就显得粗浅。例如在元剧《赵氏孤儿》里，程婴的妻子就是一个沉默的角色，对儿子的被牺牲毫无发言之权，仿佛她的痛苦根本不值得关注。现在的艺术家们会把目光投向这些人，因为恰恰是这些人承受着最大的不幸而求告无门。

当然，人类对于道德的理解，也绝不是简单地朝着越来越复杂和深入的方向去发展的单向过程。在古希腊，雅典人对人性的理解达到了一个前所未有的高度（这和古希腊的雕塑达到的水平是有某种神合之处的）。中世纪的欧洲人在道德判断的发展上反而可以说是一个低谷。宗教裁判所的做法早已臭名昭著，它们开发了花样繁多的折磨人的工具，对任何敢于怀疑的人施加残酷的折磨。

所以，人类的发展虽然总体上朝着人道主义的方向，发生局部的重大倒退也是司空见惯的。希特勒时期的德国，可以把几百万犹太人投入毒气室里消灭殆尽。当时的德国，康德这样的圣贤都已去世一百多年了，德国人做的事情，并不比野蛮人文明几许。此事令人吃惊，也非常令人困惑。德国人给世人的印象本是严谨刻苦、遵纪守法，而如此残酷的事情，居然施行于光天化日之下。或许法律、规则、文化这些东西对于极端的权力是缺乏约束力的，启蒙的教育也不敌大言不惭的宣传灌输。

2017年上映的好莱坞电影《三块广告牌》涉及了一个很重要的话题，就是法律和人性之间的关系。譬如一个遵纪守法的人，遭遇某个非常官僚的部门不承担应该的责任，那么这个人该怎么对待执法部门？依然遵纪守法？还是要自己去抗争？这个抗争是合理的吗？他认为那个部门没有按照它应该的样子去执法，但他的判断一定是准确的吗？个人的判断，有的时候确实比一个庞大的官僚机构要更贴近于现实，但怎么能保证他就是那个判断正确的人？所以这里面就关涉一个我们似乎永远都无法回答的问题，那就是正义怎么样才能被伸张。不论群众还是权威、体制内官僚还是体制外的挑战者，都没有天然的正确性。

美国作家霍桑写过一部著名的小说《红字》（1850）。小说以17世纪中叶北美的新英格兰殖民地生活为背景。霍桑的这个故事的女主角海丝特的丈夫是一个医生。他去了欧洲，然后就杳无音信，失踪多年。在这期间，海丝特却生了一个孩子。当然大家都知道这孩子是婚外情的结果。她被官方抓起来，判了刑，坐了牢。出狱之后，她带着另一项惩罚——在衣服上用红色的线绣了一个"A"字，代表着"通奸"（adultery）——生活于世。如果你让新英格兰地区的老百姓投票，应不应该在海丝特的衣服上绣一个红色的"A"。恐怕老百姓也会说应该。有时候集体投票的结果，也可以相当不正义。那么让法官去裁决呢？法官也不是上帝，他也有个人的弱点和判断力的限制。如果交给一个机构按照程序办事，程序的正义性靠什么来保障？而且程序也还是由人来操作的。《红字》这个故事首先折射了道德之难，《三个广告牌》在这一点上是与之一脉相承的。

所以虽然人人都追求正义，但什么才是正义，如何去实现，没有一劳永逸的方案。艺术家自古及今的作品时常折射出当时之世的道德困境。正义也是现代人文科学所研究的领域。心理学里关于道德的研究，哲学里的伦理学，都与之有关。①

就艺术而言，既然在正义和邪恶之间做出区分殊非易事，艺术家经常要对这个难题做出自己的思考。在这件事上偷懒，有时是糟糕的艺术之所以产生的原因。不过艺术家与心理学家、哲学家一样，都不可能在这个问题上毕其功于一役，他们能比观众往前迈出一小步，已属难能可贵。而且智慧的观众在艺术作品中也不喜欢看到一个完美无缺的正义者（既然正义本身是个不完美的话题，"完美无缺的正义者"也一定是虚假的）。很多艺术作品把道德主题处理得模糊不确，反倒折射了人间世相的真实面貌。

当然观众不喜欢高、大、全的艺术形象，也不完全因为这种形象容易遭到质疑。例如在基督教文化里，耶稣基督的形象是完美的，在佛教文化里，佛陀是完美的，即使他们出现在艺术作品中依然完美无缺，这种情况并没有让观众们觉得虚假可疑。但是艺术作品中出现他们的形象的时候总是少而又少。那些圣贤，例如孔子和苏格拉底，出现在艺术作品里的机会也比那些满身缺点的人要少得多。观众并不反感先知圣贤们相对完美的形象，但有关他们的艺术作品对观众们的吸引力远不及那些关于普通人的。似乎只有这种角色才会唤起观众强烈的共鸣。观众喜闻乐见的艺术中的角色或者比我们更出色，或者比我们更糟糕，或者两者兼有，但本质上是和我们同类的俗世之人。甚至那些出现在艺术作品中的大权在握之人，展现的其实也是普通的人格，只是拥有了一些或高超或邪恶的能力而已。似乎只有这样，观众们才能把自己带入作品中的角色去观照。

所以我们不难理解美剧里的人物要么是糟糕的，比如《纸牌屋》的男主角，要么是可敬的，比如《越狱》里的迈克尔，要么是虽然拥有种种人间的弱点，却又可敬可怜，例如《老妈》《生活大爆炸》《老友记》里主角们的形

---

① 伦理学家罗尔斯在他的著作《正义论》里提出了诸多颇有挑战性的理论和观点，它们似乎尚未受到研究道德认知的心理学家们的足够重视。当然，反过来说，伦理学家们似乎对心理学的研究成果也不太关心。鉴于正义这个概念所具有的生态性，它不应该是单个学科独立的研究的对象。（参见［美］罗尔斯：《正义论》，何怀宏、何包钢、廖申白译，中国社会科学出版社2009年版。）

象，但他们本质上都是离观众并不遥远的人。

艺术品里的角色本质上与我们拥有一样的人性，但又比我们出色或者糟糕，这就使得艺术作品具有了基本的张力。天上的神仙、上帝只能令人敬仰，我们不会把自身拿去与他们比较而努力成为他们，世上的恶魔只能令人厌恶与回避，我们也不会把自己与他们相认同。只有那些属我族类而又与我们不尽相同的人，让我们念念不忘——不论我们是想成为他们，还是极力避免落入他们的处境。

笔者觉得美剧《老妈》在处理剧中人物性格与观众的认同心理之间的张力方面做得颇为成功。该剧里的每个人物都是缺点多多，可笑可怜，却在最关键的地方守住了做人的底线。这一群人与观众最不一样的地方是：多数观众们没有犯过的每一种过错似乎他们都犯了，但是每个观众都可能犯的那些更为严重的错误他们却都没有犯。他们没有发自内心的势利、盲从和冷酷的优越感，他们都不认为自己是完美的。观众们仿佛是比他们更好的人，但又实际上在诸多重要的品质方面与他们不可同日而语。

第三节　艺术的道德责任：
艺术作为道德发展的动力

谈到道德之难，人们最容易相信它难在坚守。"当守的道，都守住了"便是使徒保罗在去世前心满意足的自我评价。守道当然很难，但恐怕还有一个比之更难的话题：何为道？如果道德就是圣贤刻在竹子上、写在石板上、烧在羊皮卷上的准则，我们一一遵守便可以万事大吉，世间也就不该有那么多的冤屈。道德似乎也像物理定律那样，有它们自己的适用范围，离开特定的情境，对它的坚守带来的经常是荒诞的后果。康德看到的灿烂的星空和人心里的道德律似乎亘古不变，然而如今这种断言已经有点捉襟见肘。我们头顶的灿烂星空是暂时的，只是因为我们的有限性，才觉得它的秩序如此永恒。那么人们心中的道德呢？

霍桑的小说《红字》所描写的17世纪中叶的新英格兰殖民地，居民是从欧洲移民过去的清教徒。他们可以说是一群非常有道德感的人。海丝特在那样的文化背景里，当然会以其不伦之恋而成为千夫所指。

其实海丝特是一个很善良的女人，她宁可独自承受刑罚，也不愿供出和她发生关系的那个人。而那人实际上是当地的道德表率——一位广受爱戴的牧师。海丝特出狱以后与人为善，与世无争，逐渐赢得了人们的原谅和尊重。

霍桑的小说写得相当富有诗意。在涉及"道德"这个话题的时候，真正愿意深入思考的作者，不论文学家还是哲学家，笔下总是带有一份诗意。

何谓道德，在 17 世纪北美的新英格兰地区，一个女人嫁给一个男人，在性行为方面从一而终，就是符合道德的，否则就是不道德的。而我们从现在的道德原则看，一个女性的丈夫失踪四年，事实上可以承认这桩婚姻已经失效。即使她生了孩子，也不违反道德的基本原则。

和她发生关系的那个牧师，在那个时代做了这件事肯定是被看成不道德的。放在如今这个时代，我们可能认为他让海丝特独自承担责罚而不敢站出来，才是他最大的不道德。这个牧师内心里遭受着道德的折磨，最后痛苦而死，在我们现在看来，也算罪有应得。

海丝特的丈夫在海丝特坐牢的时候从外地回到新英格兰，用尽各种手段找到"那个男人"，然后展开了疯狂而又微妙的报复。他为了他的"作为男人的荣誉"而所做的一切，我们现在看来就谈不上道德的正当性。我们会认为有些东西比他这方面的荣誉更加重要。

霍桑是以人文主义精神对他所生存的那个传统社会的道德体系进行反思。他所代表的这种反思在道德感的发展更新过程中担任了助产士的角色。这种反思可以追溯到古希腊时代。

古雅典的悲剧大师索福克勒斯在公元前 442 年创作了《安提戈涅》①。这个剧里的情节，是接着《俄狄浦斯王》那个故事来演绎的。底比斯国王俄狄浦斯发现自己弑父娶母的真相后，就刺瞎自己的眼，把自己流放。他有两个儿子和一个女儿（安提戈涅）。这三个人在俄狄浦斯自我流放了之后继续生活在底比斯。一位新国王统治了底比斯城邦。在这个城邦与其他城邦的战争

---

① Sophocles. *Antigone*. Tanslated by Ruby Blondell. Hackett Publishing Company, Inc., 2012.

期间，俄狄浦斯的两个儿子，一个捍卫城邦，但另一个则里通外邦，做了奸细。这两兄弟因此自相残杀而死。国王按照城邦对叛国者的一贯处理方式，把奸细扔到城外暴尸荒野，不允许被收尸。（这种"扔出去喂狗"的做法，其实比我们中国人在明清的时候对待叛徒的"万剐凌迟"，还是文明了许多的。）

但是妹妹安提戈涅趁着月黑的夜晚，偷偷把她哥哥的尸体埋了起来。国王得知此事，就宣布依照城邦的法律处死安提戈涅。安提戈涅说，她是按照神的律法来做的。她认为她哥哥死了，她就应该给他收尸，如果不这么做，她才是违反了那最高的律法。

那么神的律法跟城邦的法律（或者说人的法律），哪个应该占上风？这是一个很考验人、折磨人的问题。中国有句古话：君要臣死，臣不得不死。这个道德原则的中心内容是忠君。是不是会有比忠君更加高的一层道德逻辑？古希腊就有类似的考问。当然，在古希腊，城邦的律法并不是围绕着忠君而制定的，它被认为是对城邦的利益的维护。但即便如此，我们现在回头来看，把安提戈涅的做法看成一种罪，也显得没有必要。

2016 年，美国联邦调查局（FBI）当时的领导詹姆斯·柯米（James Comey），在希拉里·克林顿与唐纳德·特朗普的大选对决即将开始的时候，开启了调查希拉里的邮件泄露事件。总统候选人希拉里在做国务卿的时候曾用私人电子邮件发公务邮件，这是违反美国政府的保密法律的。在大选前一个月，有人发现白宫的一台电脑上有希拉里的大量邮件。按照美国政府的习惯，大选前一个月是不对总统候选人展开调查的。这个时候柯米就陷入一种两难境地：如果他不调查，那么希拉里很可能就当上了总统，之后他再展开调查，也就意味着他让一个有滥用职权嫌疑的候选人去做了总统；但是他如果调查，对他的政治前途是没有好处的。他和希拉里都是民主党人，希拉里当选之后他可以继续留任联邦调查局局长的职位。

柯米最后决定展开调查，到大选投票前两天把这个事情搞清楚了，没有发现什么重大问题。然而此番调查显然影响了希拉里的竞选，是导致其失败的重要原因之一。当特朗普上台之后，就让柯米留任，想拉拢他。川普自己有一系列的可疑点。但柯米始终没有向他表示忠诚。结果川普就把他开除了。这场开除事件也颇有戏剧性:柯米出去办公事的时候,在电视上看见自己被解雇了。柯米认为 FBI 局长的位置是属于美国人民的。总统可以任命 FBI 的领导,这是总统的责任,但 FBI 这个部门不是总统的。他就此写过一本书,《更高的忠诚:真相、谎言和领导》(*A Higher Loyalty: Truth, Lies, and Leadership*)。

除了忠于上级,更高的忠诚是对全体人民的忠诚,这是文明社会应有的思考方式。

当然,柯米的所作所为,是发自内心地恪守"更高的忠诚",还是畏于民众对他的审视(如果他未在大选前调查希拉里,虽然在规则上无可指责,民众依然有理由怀疑他对属于自己政党的候选人有所偏袒,这对他的政治前途是不利的),我们并不清楚。但从这件事上我们至少看到民众对于政治家的品德要求是怎样的,至少我们看到"更高的忠诚"这一点是大家普遍接受的价值尺度。这就回到了索福克勒斯在《安提戈涅》里探讨的话题。柯米面对的,也是安提戈涅式的局面,而今世之人在这一点上似乎已经超越了雅典人。

道德规范不是天经地义的。道德的发展是一个过程,从来不是一蹴而就的。道德判断也是一种不断发展的人性,它在思考和实践中逐渐变得清晰。换言之,道德是一个建构的过程。我们现在都会认为安提戈涅埋葬哥哥是天经地义之举,如果把一个人抛尸荒野,不让家人收尸——哪怕他是个叛国贼——则大谬不然。人是属于国家,还是属于家庭或他自己,这不该是个排他性的选择,尽可能地整合与平衡它们,是人道主义的体现。我们会说把一个叛徒万剐凌迟是不人道的,在一个犯了罪的人的额头上刺上一个字或者衣服上绣上一个耻辱的标记是不人道的,这些都是人道主义的胜利。

关于道德判断,科尔伯格(Kohlberg)在 20 世纪 50 年代与 80 年代之间开展了一系列的研究。他发现道德有三种发展水平,即前习俗推理、习俗推理和后习俗推理水平。[①] 处于前习俗水平的个体,以外在的奖励或者惩罚作为道德判断和推理的标准。习俗推理水平的个体,则把人们共同期望的道德价值或者社会所设定的法律和秩序,作为道德标准的最高依据。至于后习俗水平的个

---

① L. Kohlberg,. *The Philosophy of Moral Development*, San Francisco, CA: Harper and Row, 1981.

体，会以自由和公正作为道德的目标，反思人们共同的价值观、法律和规则，根据它们是否真正服务于公平和正义来决定是否服从。他发现，达到后习俗推理的道德水平的个体是很少的。由是观之，安提戈涅的可贵之处，在于她超越了仅仅遵守城邦法律这个习俗推理水平，以更高的道德推理能力来思考她所面临的处境。这个故事反映了古雅典黄金时期人的道德发展的境界。我们能感受到古雅典文明在人文精神方面达到的高度。

第四节　艺术与美德

　　心理学家塞利格曼等人通过对多种文化的研究，发现不同文化对于人的美德（virtues）有着非常相似的归纳，这些美德主要包括六大类：智慧（wisdom）、勇气（courage）、仁爱（humanity）、正义（justice）、节制（temperance）和超脱（transcendence）。① 它们也是中国传统文化所重视的美德。"知（智）、仁、勇三者，天下之达德也"，这是儒家的经典《中庸》所归纳的美德。儒家对于美德的一个更为全面的概括是"五常"，即仁、义、礼、智、信②。而在超脱性和节制方面，道家和佛家给出了更多的见解。道家主张朴素与平衡，认为凡事应当适度，否则会"过犹不及"。庄子尤其强调一种超脱淡定的人生姿态。

　　在探讨艺术与道德的关系这个话题时，康德和拉斯金等人对于道德这个概念的理解似乎比美德所定义的范围要窄一些。康德所定义的"至善"，在笔者看来，主要涉及的是"正义"这个维度，也许还可以把勇气、节制和智慧作为"至善"的条件来看。拉斯金所谈的道德则关乎秩序和爱，对于道德的定义比较笼统。

---

① C. Peterson, & M. E. P. Seligman,. *Character Strengths and Virtues*, New York：Oxford University Press, 2004.
② 邓球柏：《"仁义礼智信"的由来、发展及其基本内涵（上）》，载《长沙大学学报》，2005年第6期，第4—10页。及邓球柏：《"仁义礼智信"的由来、发展及其基本内涵（下）》，载《长沙大学学报》，2006年第1期，第1—5页。

笔者提出艺术品的审美感染力的一个来源是道德,而不说是"美德",乃因笔者认为可以把道德与美德的关系看成类似于艺术品与艺术特征之间的关系,一个具体,一个抽象,前者是由后者的多个元素的组合而成。

与之有关的另一个问题是:美德的每一种,可否单独称其为美德?比如一个"超脱"之人若是没有正义感,我们愿意用"超脱"还是用"正义感的迟钝"去定义他呢?

再如,康德在谈到艺术与道德的关系时,一方面说,一个恶汉能够坦然面对死亡,人们会觉得他是高贵的,另外又说我们在道德问题上犯错是很容易发生的事情。康德意识到了道德感和真正的道德之间并不是完全一致的。人可以对某个在做不道德的事情的人,从他某个令人赞赏的美德维度上去佩服他——例如"有勇气"或者"有节制"——那个人也可能满怀道德感地做一件很不道德的事情,或者满怀道德愧疚地做一件其实很正义的事情。

拉斯金谈艺术和道德的关系的时候,说艺术是应该为秩序和爱服务。但是秩序该是什么样的秩序?爱该是什么样的爱?当秩序和爱发生冲突怎么办?这些问题经常令人为难。

一个充满仁爱之心的农夫去温暖一条蛇,一个伸张正义的人毫无原谅之心,一个自我约束之人完全摒弃快乐,一个超脱之人面对世间的悲喜无动于衷,看上去怎么也不像是拥有了一部分美德。一种美德,应该只有在其他美德同时存在——或者至少在美德的其他维度上达到了一般的水平——的时候,才可以被看成美德。

一个被称为有勇气的人,比如文天祥,并不仅仅因为他视死如归,也是因为放在道义的背景下看这份气度指向了正确的方向。《水浒传》里李逵在法场上为救宋江,一路对无辜群众大开杀戒,虽是为了成全兄弟情分,这勇气就失去了正当性,只能定义为"肆无忌惮"。

宗教最关心"超脱性"这个话题。有时候超脱性被等同于"出世"之心。然而"剪发杜门",出离尘世,是超脱还是逃避?① 在心理学家弗兰克尔看来,

---

① 明代作家张溥在《五人墓碑记》里就曾批评"剪发杜门、佯狂不知所之者",认为他们与"激昂大义,蹈死不顾"者相比,在人格上和行动上都等而下之。

生命的意义反而在苦难中得以彰显。① 如果宗教所主张的超脱只是对于痛苦的回避，纵然它可以被视作一种对于心灵的保护，但称之为美德，就未免名不副实。好在我们从宗教的历史中能够看到真正的超脱是何等风范。摩西领着犹太人走出埃及，摆脱被奴役的境况；五月花号上的清教徒，远离英伦三岛去寻求信仰的自由……真正的超脱，是怀着对自己和他人的责任感的行动。

但是宗教作为超脱性以及其他的美德来源的可能性，自文艺复兴以来经受着激烈的怀疑和质问。中世纪基督教会被认为不但阻碍了人的理性的发展进而阻碍科学技术的昌明，也因其政教合一的性质，成为一种压迫人的力量。精神分析的创始人弗洛伊德毫不掩饰自己对宗教信仰的负面看法，他把宗教视作一种集体性的神经症，其功能在于取代个体层面的神经症。② 而荣格在这个话题上是站在弗洛伊德的反对面的。他说："无论这个世界怎么看待宗教的经验，那拥有这体验的人就像拥有了巨大的财富，对于他，这体验已经成为人生、意义和美的不竭之源，它给了这个世界，给了整个人类一份新的辉煌。"③④ 如果我们倾听巴赫的音乐，观看达·芬奇与米开朗基罗绘在教堂里的杰作，对于荣格的观点一定不会全然否定。

另一位精神分析学家，美国的弗洛姆（Fromm）对宗教的看法可以作为沟通弗洛伊德与荣格两种宗教观的桥梁。弗洛姆认为，弗洛伊德所批判的宗教，是崇拜权力、崇拜破坏性的宗教（worship of power and destruction），而荣格所推崇的那种信仰，则是致力于理性和爱（reason and love）的人道主义的宗教。弗洛姆以权威主义和人道主义来区分宗教，并推崇后者而批判前者。如果我们回顾基督教的诞生到文艺复兴这一段历史，大约能够发现，《新约》里所记载的那个耶稣，是一个推崇仁爱、原谅和反思精神的人，与《旧约》里的那个严厉教训的上帝具有大不相同的风格。但《新约》之后诞生的基督教依然一度演变成了一个权威组织，其人道的色彩变得黯淡不明了。文艺复兴及其后的

---

① V. E. Frankl, *Man's search for meaning*, New York: Washington Square Press, 1963.

② S. Freud, Obsessive actions and religious practices. in *The Standard Edition of the Complete Psychological Works of Sigmund Freud, Volume XIX*, Hogart Press, 1953.

③ ［瑞士］荣格：《寻求灵魂的现代人》，王义国译．光明日报出版社2007年版，第171页。

④ 关于荣格的宗教观，亦可参见：梁恒豪：《浅谈荣格的基督教心理观》，载《世界宗教文化》2011年第1期，第24—30页。

基督教新教改革，在一定程度上可以看成是恢复到其创始者的初衷的努力。

如果我们用类似的视角看东方的信仰，例如儒家或者佛教，大约也能得到类似的感悟。例如孟子提出，人的较高境界是成为"贫贱不能移，富贵不能淫，威武不能屈"①的"大丈夫"。但是儒家一度最受世人津津乐道的却是"修身齐家治国平天下"这条道路。忠诚和感恩原本是"仁"这种品德的一部分，却被阐释成对权威者的无条件地听从，即"忠孝节义"。

第五节　艺术的反乌托邦传统

谈到反乌托邦这个话题，我们不得不再次回到康德的那份声明，他声称"头上的星空"和"内心的道德律"让他历久弥新地感到兴奋和惊叹。

在康德的时代，还远没有出现量子力学和宇宙大爆炸理论，尚无人计算出黑洞的存在并观测到它们，所以在他眼里，头上的星空保持着不可思议的秩序，甚至可以用优美的几何学和代数学去描述它，不能不让人惊叹。而且这种秩序似乎是永恒的。那么人内心的道德呢？虽然18世纪的柯尼斯堡并不太平，康德在这个他一辈子都不曾离开的家乡倒也活得自足安定。在他眼里，人内心的道德也井然有序。他在1785年出版了《道德形而上学原理》一书，提出了"绝对律令"（Kategorischer Imperativ）这个概念。他说道德判断需要通过纯粹理性去做出，而基于冲动、感性和自利的道德选择并不是真正的道德行为。这本书出版几年之后，法国爆发了大革命，口号是"自由、平等、博爱"，但我们现在回头看那一段历史，很难说那时候法国人获得了多少自由和平等，博爱就更不用提了；而且革命还培育出了个皇帝拿破仑，法国百姓对他顶礼膜拜。这些情况是康德反对的，他认为这种群众运动无助于人类道德的提升②。康德认为，能够微妙理性地诉诸道德思考的人是少数，而且在这种事情上犯错误太容易发生了。

---

① 见《孟子·滕文公下》。
② 李福岩：《康德对法国大革命的社会政治理性批判》，载《武陵学刊》2016年第2期，第37—41页。

我们头上的灿烂星空的秩序，只因我们生命和见识所限而完美，我们心中的道德律，也只是在特定的时空里才显得缜密自洽，而在改变了观察的空间维度和时间尺度之后，就变得暧昧不清、因时而异了。

在法国大革命时期，人类对于道德的判断要比更早的时期高尚了。一个雅典和古罗马公民不会认为家里拥有几个奴隶是个道德问题。自由、平等、博爱，是对人性的至高要求，它们是现代文明的道德核心。但悖论的是，从此以后，剥夺他人的自由，无限度地集中权力，最无耻的寄生，都可以假自由、平等、博爱之名堂而皇之地施行。

但无论如何，人类的内心秩序是令人赞叹的。那些至高的道德原则或许在实践里给我们带来许多难堪的后果，而那些普通而基本的道德原则，却给我们这个世界带来无数的奇迹。我们去乘火车或者飞机，大家能够如此尊重规则，而不是乱作一团，这是令人惊奇的——尤其当我们想到，全世界几十亿的人类，能够用差不多的规则，维持起如此巨大的社会机器，更是让人怀疑冥冥中自有神助。人类从那种十几个人的部落社会，聚合成数亿人分工协作的巨大国家，却不会天天发生暴动和颠覆，这更是奇迹。

我们这个世界，人们有点自私有点自利，只是有限度地给别人一些情感上的慰藉和物质上的支持，这可能是件好事。如果一个社会试图让每个人成为道德楷模，努力要求社会的运转符合最高尚的道德原则，也许后果未必美好。

另外，法国大革命的时候，人民涌上街头，要求自由平等。然而最后的结果是砍掉大量的人头。这件事背后其实蕴含着一种悖论：一群没有享受过自由的人去追求自由，一群道德不完善的人去追求非常高的道德目标，这如同一群没有开车经验的人因为对司机不满就直接夺过方向盘，恐怕确实欠了考虑。

人类在不具备五分自律的时候就要十分的自由，不具备三分德行的时候就要完美的社会。这种状况又很普遍。

但是如果一群不自由的人不追求自由，一群道德不完善的人不去提高道德的水平，那么人类又不是人类了。动物和人类的一个主要区别是：动物的某一物种的生活方式是被基因决定的，它们被限定在基因释放出来的生活里，"文化"这种东西于它们而言几乎没有决定意义。人类有文化，有坚持不懈的价值追求，所以人类活得越来越富有人性。

然而文化可以成为人性发展的最牢固的桎梏，它甚至可以是阻碍人性发展的一个因素。当我们知道裹小脚的风俗可以保持千年，或者一种种姓制度可以维持几十代人，我们对于文化的保守性不免摇头叹息。

所以当我们看到人类有了些许进步，发现人类居然抓着自己的头发把自己又提高了几尺，实在感到惊讶和欣慰。

反乌托邦文学

人类向往美好社会，总想通过自己的努力把世界变成桃花源。而人类中的另一些人对这种愿望保持着深切的怀疑。他们认为，我们努力提升道德或者技术，最后的结果也许是灾难性的。乔治·奥威尔的《1984》是1949年出版的，如今已经超过70年。他更早的一部小说《动物农庄》（*Animal Farm*）1945年出版。奥威尔预言的未来世界，独裁者可以通过技术统治人类。在《1984》里，英国被一个叫老大哥的人统治。这个老大哥在到处都设有监视器。你的一言一行都可能被老大哥知道。监视器这种东西，在奥威尔的时代还没有被发明出来，但是现在已经在技术上实现了。

如今的反乌托邦作家，对人类的未来的悲观，比奥威尔有过之而无不及。在电影《黑客帝国》里，未来的人类是一块块浸泡在液体里的肉体，由传感器连接到计算机系统上。他们躺在液体里做梦，以为走遍了天下，经历了人生，其实所有的感受都是传感器输入的虚拟现实而已。

小说和电影《饥饿游戏》里，美国被独裁者统治，任何反抗都遭到残酷镇压。人们把自相残杀的游戏当成盛大的节日和伟大的事业来做。电影《楚门的世界》的男主人公从一出生开始就活在镜头下面，身边的一切人和事件都是被导演出来的。楚门的生活其实是一场秀，他的每一步都是假的。这个电影虽是虚构，但是它所影射的美国社会，却有一定的准确性。一个美国的富家子弟，从富人区的幼儿园走到常春藤名校，再成为成人世界里所谓上流社会的一员，每一步也都要走得又稳又准，要在某种约定俗成的方式里仿佛表演一般地成长。甚至，你最好在你的时间表上记下你每天做了什么。①

我们能够看到，在所谓的自由世界里的艺术家们，敏锐地感受到了某种末日一般的禁锢正在朝他们逼近。这种末日，也可以说是天堂，人们被裹挟进一场巨大的游戏里不能自拔。

乌托邦给人带来的最大的不幸莫过于失去自由。虽然人类的各种革命，包括商业革命、技术革命、信息革命，目的都是要获得自由，但最终却被用来遏制人的自由。

我们经常能听到这样的说法：东方文化强调依附性，西方文化强调独立性。这种看待文化的二分法是草率的。独立性和依附性都是人性，它们在多大程度上被人活出来，首先与时代有关，也和人的处境有关。当一个社会变得富裕，人就倾向于变得越来越具有依附性，不管他们是东方人还是西方人。在欧美资本主义上升期，《鲁滨孙漂流记》这类文学作品折射和举扬独立、开拓、乐观的精神，而在如今的欧美文坛，这种精神气质已经所剩无几。

被组织化了的人（organization man）消失在乌托邦里，独立性日渐丧失。②而独立性的丧失带来自由精神的丧失。当自由精神消失的时候，与之有关的平等和博爱也就变得徒具形式。没有自由的平等，在管理良好的监狱里应有尽有。

笔者想起西西弗斯的神话。西西弗斯努力要把一块巨石推上山顶，但它一次次落下来，让他总是功亏一篑。人类追求自由、平等、博爱，把这份美好理想高高举起，它却每每沉重地砸回人们的脚上，带来更严苛的禁锢、更大的不平等和更多的仇恨。那么，怎么才能使人类从恶性循环里走出来？

---

① 笔者在此想讲述一个有趣的实例：2018年7月，美国总统特朗普提名布雷特·卡瓦诺（Brett Kavanaugh）担任最高法院大法官，随后卡瓦诺受到一位女性的指控，称她在三十多年前遭到卡瓦诺的性侵。这位富家子弟拿出了他在被指控性侵的那些日子里的生活记录，证明自己不在作案现场。卡瓦诺少时就读于贵族中学，青年时毕业于哈佛大学法学院，28岁就进入国家重要部门工作。这位美国富家子仿佛《楚门的世界》里的男主角，按照事先安排好的角色演着一个大人物的人生故事，人生之路精确到某天某日。对于美国这样一个阶层固化越来越严重的社会，这种固化的压力不仅仅施加在处境不利的阶层，对于所谓的上流社会，那种"一步都不能走错"的压力恐怕也是超乎寻常的。就像电影《楚门的世界》里的情境，一切都已安排妥当，生活不过是一群人配合一个人的表演罢了。

② 关于这个话题，笔者推荐一部著作《组织人》（The Organization Man）。作者是美国《财富》杂志（Fortune）的编辑William Whyte。他在书中提出这样的看法：美国已从一个个体主义的、自发的社会朝着一个牺牲个性的社会嬗变。参见：Whyte, W. H. The Organization Man. University of Pennsylvania Press, 2002.

当然我们可以到电影院去看电影,几乎每一部影片里宣传的都是自由、平等。好莱坞的梦工厂在想象中无数次地实现了它们。

科学的窘境

熟悉好莱坞科幻电影的读者,应该会发现,在这些影片里,科学家的负面形象明显多于正面。他们或者愚不可及地创造千奇百怪之物,仅仅为了满足好奇之心,而置人类的安危于不顾,或者为了利益而丧尽天良地使用手中的技术手段。《侏罗纪公园》《黑客帝国》《银翼杀手》之类的好莱坞名作可谓其中的经典。事实上,科学家在公众意识中的形象偏负面,这在西方社会是一个长期的现象,一些研究者认为,这是大众对于科学一知半解所致。[①] 因不了解而担忧,而产生"阴谋论思维"(conspiracy theory),也的确是人类的思维特点。不过,公众对于科技工作者的职业操守保持怀疑,似乎也具有一定的正当性。

笔者认为,好莱坞电影对科技力量的怀疑是有价值的,这与公众对其他权力的可能被滥用的担忧是一脉相承的。但是好莱坞式的怀疑本身也值得质疑。首先,好莱坞电影里对科学的理解,似乎受了福柯等相对主义的后现代主义思潮的影响,萦回着"人心齐,泰山移"的前现代思维的幽灵。比如面对假想中的强大的外星科技,老人孩子等弱势群体表现得比"愚蠢的"科学家和"僵化的"官僚更加智慧。不过好莱坞电影在这方面走得并没有西方后现代哲学那么遥远,其反科学的立场与某些西方的人文学者相比又不可同日而语。扭曲中国公众的科学观的并不是好莱坞,反倒是相对主义的后现代哲学与前科学思维的合谋。

科学精神意味着尊重事实、对权威结论保持怀疑的态度以及思维具有审辨性[②]。但盲信、盲从和偏见的魅力胜过事实和真相,却是我们司空见惯的现

[①] 相关研究参见:(1) K. D. Finson, "Drawing a scientist: what we do and do not know after fifty years of drawings", *School Sci Math No.* 102, 2002, pp. 335 – 345. (2) J. S. Schneider, "Impact of undergraduates' stereotypes of scientists on their intentions to pursue a career in science", In: PhD thesis, North Carolina State University, Raleigh, 2010. (3) J. Schinske, M. Cardenas, J. Kaliangara," Uncovering scientist stereotypes and their relationships with student race and student success in a diverse, community college setting", *CBE Life Sciences Education*, Vol. 14, No. 3, 2015, pp. 1 – 16.

[②] 参见 R. M. Martin, *Scientific Thinking*. Peterborough, ON: Broadview Press, 1997.

象。尤有进者，相对主义者声称，既然事实与真相本身也具有相对性，那么也就没有必要去追究事实和追问真相。这种逻辑尽管漏洞百出，却乘着后现代主义的东风甚嚣尘上。

即便事实和真相具有相对性，人的生存也必须建立在可重复性的基础上。这种可重复性，又是以外在世界的稳定性为基础的。认为可以因事实和真相的相对性而推导出事实和真相可以被抛弃，甚至认为真相可以由主观意愿来随意改造，这种相对主义和主观主义的后现代主义把文艺复兴、启蒙运动和工业革命以来的思维方式彻底否定了，等于把蒙昧主义举扬到真理的位置上。这种非此即彼的思路，就落入它所反对的绝对主义思路同样的窠臼。相对主义是另外一种形式的绝对主义，它像一切绝对主义那样不值得信任。

假如有人说，"既然世上之人的善良都是相对的，那么对于善恶进行判断本身便是没有意义的"，他恐怕会遭到断然的反对。但是相对主义的后现代主义却靠着这种逻辑在反科学时大行其道。相对主义者招揽听众的领域，往往是与人们眼前的生存关系不大的地方。相对主义者在谈及具体道德问题的时候遮遮掩掩，对于事关自身存亡的现实也不会拿出相对的态度。例如他们绝不会告诉人们，脚下的泥土和你盘中的食物也可以由着你的内心来定义。但是相对主义者也绝不满足于把理论触角局限于那些原本相对的事物，例如对艺术审美的偏好、对食物口味的偏好等。他们一定要介入政治、文化、信仰领域里，并且在这些领域里大放厥词，赢得追捧，却不必去承担任何后果。

这种在逻辑上不值得认真对待的思路却有强大的感染力，概因它直接满足了人的自恋需求，满足人们的优越感。如今相对主义带来的优越之论与现代时期的优越论不同之处在于：现代主义时期的优越论者编造出一个精英和劣众的二分世界，相对主义的后现代主义则是构造出一个以个体或小团体为单位的孤芳自赏的自以为是的世界。从认可统一标准的歧视链到自设条件的孤芳自赏，人类并没有走出自恋的心理框架。

与相对主义的后现代主义者以试图回到前现代的方式来解构科学的思路不同，笔者认为，科学之所以显得霸道，对客观性和真实性的要求之所以令人生厌，乃是它和相对主义的后现代主义一样，侵入了它本不具备完全话语权的领域。或者更确切地说，既然现代科学产生于它与神学相抗争的时代背景，又是资产阶级的工具，它本身就具有一种非科学的颠覆精神。例如，在对待非理性的态度上，科学主义者就显得过于苛刻。实则那些最具有创造力的科学家，往往不是彻底理性和逻辑化的学究。科学界和科学天才具有非常不同的精神气质。对科学界进行反思的后现代学者诸如福柯等人，似乎混同了科学界、科学家和科学这三个概念。

科学知识本身永远都只是暂时的、不全面的，但它们经常被人拿来盲信。这就使得"相信科学"变成了"相信科学权威"，相信一些科学家武断的说法。换言之，那些出言武断、科学精神不足的科学家，反而有可能在民间一呼百应。于是科学面临着跟以往的权威类似的窘境。流行的科学知识往往简洁、夸张、被表达得不容置疑。例如人们总是对那种"多吃某某食物能够减少疾病"的"科学"营养知识深信不疑，而多数时候此类说法的统计显著性微乎其微，或者根本没有研究作为支撑。担忧不能长命百岁的人一旦身体稍有不适，就频频进出医院，化验数据稍有异样就惊恐万状。知道细菌乃百病之源，便恨不得生活在灭菌箱里。这种对待科学的态度，与前科学时代并无本质的不同，无非是以科学之名的理性迷信。

如果人类以这种盲信的态度去建立乌托邦，会是何种面貌？欧洲自古盛产极端信仰，欧洲人更是热衷于用极端信仰建构生活，在进化论出现以后，社会达尔文主义立刻蛊惑了欧洲的人心。希特勒等人把这种"科学"视角推向了巅峰，他们的种族主义实践给人类带来的灾难也是空前的。当然这种灾难还要拜科学推动下的技术革新所赐。历史上从来没有一种种族灭绝实践比纳粹的毒气室更加高效。

所以科学面临着三种窘境：人类至为强劲的前科学思维倾向，试图用有限的理性去盲目控制生活的倾向，以及使用科学知识发展不利于人的技术。最后一种情况或许是最危险的。

在科学的推动下所发展的技术，是一种时常把文明引入歧途的东西。笔者曾经参观过捷克布拉格市的中世纪刑具博物馆。那些酷刑工具被设计得复杂精妙，而那个时代的农民用于生产的农具却简陋得令人发指。工业革命之后，最尖端最专业的科技依然是用在军事和国家安全方面，而不是用于提高人类生存的质量和幸福感。

技术在人类社会里一直扮演着两种相反的角色：一者给人以自由，一者剥夺人的自由。后面这个角色它扮演得最好。

在如今科学和技术的影响力无远弗届的时代，很多人对技术进步持有乐观态度。但是考虑到历史上一些基本的事实，好莱坞电影对科技的那种普遍的不友好的态度①也许并不是空穴来风：古代那些庞大帝国，多数都是在技术上占有绝对优势的国家发展起来的。但是我们很难看到一个具有技术优势的大帝国乐于把技术用在支持民众在智力和能力上的发展，而是很郑重地维护技术的垄断——它成为统治的核心要素之一。大帝国在技术进步方面，交出的是一份份非常难看的答卷。我们都知道古埃及有灿烂的文明，其实在法老们拥有了绝对的权力之后，数千年的古埃及帝国在各方面并没有明显的进步，以至于当它周围的小国已经进入铁器时代时，它依然滞留在石器时代，以建造硕大的石头陵墓为头等要事。商王朝之所以能维持住那种极残酷的统治，乃是因为统治者具备"技术文明"和"精神文明"的双重建设能力。他们手里有青铜冶炼技术，金属锁链和武器在控制奴隶方面的能力是远远高于草绳和竹刀石剑的。他们杀死大量奴隶献给诸神，与其说是得到了想象中的庇佑，不如说是对百姓的最成功的震慑。古波斯帝国热衷于开疆拓土，在科技方面被弹丸之地的希腊半岛大大超越。希腊被马其顿统一之后，亚历山大所建立的帝国虽然幅员辽阔，在创新方面却迅速走了下坡路。科学造就了技术，技术造就了帝国，帝国带来了发展的停滞，社会系统的这种发展轨迹既然不断重复，它背后应该是有某种相似的原因。

平等乌托邦

人类追求平等的诉求之下暗含的情感因素容易被忽略。我们总听到一个人

---

① 科学史学者江晓原对这个话题进行过思考（参见：江晓原：《为何好莱坞影片中的科学技术绝大部分是负面的》，载《科学与社会》，2018年第2期，第116—124页）。他认为公众这种对科技力量的好莱坞式的担心值得认真对待。我认同这种看法。我们经常听到"科学是无国界的，科学家是有祖国的"这类判断，其实它隐含着一个更为深刻的道理：科学固然是具有普遍性的知识，但掌握这种知识的科学家则是生活在一定背景中的人，这个背景一定会影响到科技工作者的行为。这种行为的伦理由什么来保障？

愤然抱怨"我付出的那么多,为什么得到的比他们少,这不公平",但很少听到有人说"我为什么得到这么多,而他们得到那么少,这不公平"。多数人追求平等的动机源于认为自己所得总是少于他人,故而不难发现,标榜追求平等的社会运动,往往以既得利益者固化既得利益而告终。

基于自利的动机起点,人们在选择价值观和寻找支持这些价值观的依据的时候偏好有利于自己的证据。中产阶级会说自己才是社会的支柱,一切重担都压在他们身上;劳工阶层会说自己的工作辛苦,回报太低;资产阶层会说自己的事业风险太大,根本不是常人所能承受。

如果把自利的思考放在一边,认真地去探究这个世界如何方能公平合理,一个严肃且真诚的思考者恐怕会沉默无语——因为在这方面并没有那么可靠的答案存在。

然则理想主义者钟爱一种药方:把大家弄成一模一样。他们想通过制度设计,尽量减少人和人之间的差异,由此平等也就可以落到了实处。这种设想在生物界并非无据可查:一座蚁穴里的工蚁之间,一座蜂巢里的工蜂之间,委实表现出完全的平等。在这样的种群里,大自然抹去了个体与个体之间的差异,个体之间的需求也无甚有别。这种生存样板证实了平等乌托邦在地球生态系统里是一种可行方案。

不过既然这种生活里几乎没有个体自由的位置,工蜂降维成能飞翔的细胞,工蚁变成勤奋工作的单子,一座蚁穴或者一只蜂巢才能被看作一个完整的生命体。人类社会其实一直都有把自身变成此种生命体的冲动,建立无差别的社会的努力也自始至终伴随着文明史。

这种降了维的平等也影响了人对于博爱的理解。既然人人相同,相差无几,那么人的首要美德便是服从,于是追求个性和差异性就被看成败坏的起点。并且在人人相同的语境下,宽容更是无从谈起——它是不必要也不允许的。那么博爱也就以贬低差别和冲突、举扬温情与和谐为特征。而这种温情脉脉的社会突然涌出的集体性的残忍,出人意表,也触目惊心。

在一个降维的社会里,个体的创造性一定是受到抑制的,虽然社会作为一个整体未必没有一定的创造性。当个体被降维成社会细胞,成为一个单子,当他碰到自由的个体,他们之间的交流,就变成不同维度之间的交流,其差异和别扭，远甚于"鸡同鸭讲"，而是夏虫不可语冰。鸡鸭之间的交流困境源于语言差异和个性差异，而个体与单子之间的交流困难源于维度上的差异，其结果只能是不可交流。独立的个体不可或缺的特征是应对外在现实的变化和对于自身的反思，而单子只是根据他被内置的程序机械地做着反应，如果现实变化到他无法按照惯例处理的时候，他就会祭出作为单子的最后一招：攻击或者自毁。

我们可能认为传统社会与现代社会乃是云泥之别的两种体系。传统社会里人甫一出生就被定格在他的社会网络和社会阶层里，似乎更像蚁穴里的一个存在。我们会相信现代社会里人更加自由，更有机会成为他自己，打破陈规与开拓创新是主旋律。然而这样的假设经不起现实和逻辑的考验。我们所称之为现代社会的这种存在，如何能维系它自身？如果人类在基因上与一千年前、一万年前并无不同，我们如何确信对自由和个性的追求会传承不辍？

法国作家米切尔·霍尔利伯克（Michel Houellebecq）的小说《单子》（*Atomised*, 1998）①，对人在单子化的后工业社会里的生存处境给予了细致的描绘。在作家眼里，后工业社会里的个体更像蚁穴里失去个性的移动的细胞，被欲望驱动，找不到生活的完整图景。

---

① 这部小说的美国英文版参见：M. Houellebecq, *The Elementary Particles*. Vancouver, WA: Vintage Books, 2001.

第三章　艺术和形式

如今的美学已经不再执着于"形式为内容服务"这个传统的理念，会认为形式感就足以构成一件艺术品的全部内涵，甚至可以反过来考虑：内容何尝不可以为形式服务？

但认为纯形式的艺术才是好的艺术，这种在现代主义时期出现的美学观念，也已显得过时。后现代境况下，形式和内容的关系变得非常复杂。形式与内容可以分离到几乎不相干，也可以结合到几乎看不出区别（《等待戈多》这个剧，如何区分它的内容和它的形式？）

当然在更多的时候，只要艺术家希望通过作品表达或者探讨某些内容，形式就不可能是随意选择的。另外，形式本身也有它自己的规律性。本章聚焦在艺术审美的形式层面，这个话题既可以追溯到认为形式该为内容服务的古典美学时代，也是当下这个连形式美本身都受到激烈挑战的时代的热点话题。

第一节　形式美感的来源：
艺术作为有意味的形式

克莱夫·贝尔在《艺术》一书中举扬原始艺术、拜占庭艺术和中国魏唐时代的佛教艺术，认为这些艺术"没有现实的再现，没有技术上的装模作样，唯有给人异常深刻印象的形式"。他说：

我们无须带着生活中的东西去欣赏一件艺术品，也无须有关的生活观念和事物知识，也不必熟知生活中的各种情感，艺术本身会使我们从人类实践活动领域进入审美的高级领域……难道艺术鉴赏家和数学理论鉴赏家丝毫没有相似之处吗……那全神贯注的哲学家，那凝视着艺术品的鉴赏家都正处身于艺术本身具有的强烈特殊意义的世界里。这个意义与生活意义毫不相关。这个世界里没有生活感情的位置。它是个充满它自身感情的世界。①

他还说："如果某位观众在艺术形式之外寻求生活情感，那么这就是他缺乏艺术敏感力的症状。"在贝尔看来，好的艺术品尤其是造型艺术，应该是"有意味的形式"（significant forms）。

除了欲望和道德，艺术品有它们的形式维度，这是毋庸置疑的。但是在形式和内容之间划一道分界线，前者比后者更艺术，这种主张又显得过于极端。

但考虑到克莱夫·贝尔（Clive Bell, 1881—1964）是一位英国美学家，他的青春期是在维多利亚时代度过，他年轻时，欧洲的印象派绘画的影响已经无远弗届，而英国在这场艺术大潮前几乎袖手旁观，而且英国拉斐尔前派艺术家对学院派的反抗远远没有法国、荷兰、比利时的艺术家们彻底，并且拉斐尔前派的赞助者拉斯金（Ruskin, 1819—1900）的影响力依然巨大，那么贝尔以那么绝对的姿态来主张艺术的纯粹性似乎也情有可原。

纵观绘画史，恐怕也只有抽象表现主义的作品最符合贝尔对于好艺术的论断。图9是冷抽象风格大师蒙德里安的一幅作品。它不是对外部世界的模仿和复制，也不是对生活感情的传达，不涉及具体的思想，它以抽象的形式给欣赏者带来审美体验。

然而把艺术局限于对纯艺术（fine art）的追求，并不比主张唯有关涉道德的艺术才有价值，或者主张越真实地揭示本能欲望的艺术越具有品味，有更大的正当性。艺术能够变成道德说教的工具，变成宣泄欲望的手段，也能变成玩弄形式花样的无聊之举。道德说教的结果可能使人对道德本身反感，作为欲望

---

① ［英］克里夫·贝尔：《艺术》，马钟元、周金环译，江苏教育出版社2005年版，第10—11页。

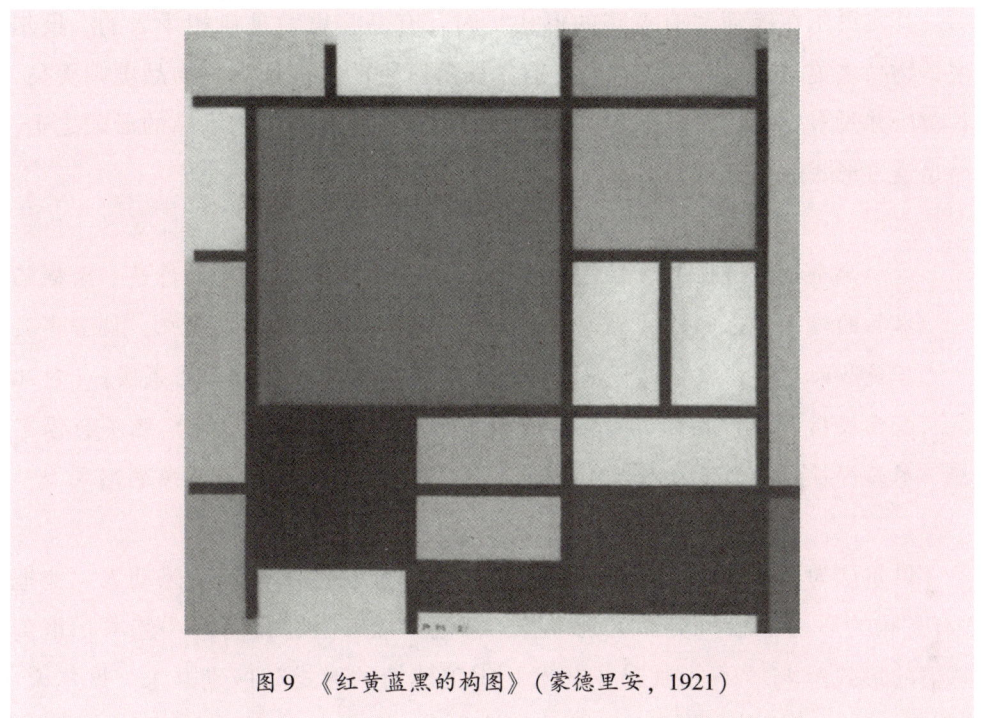

图9 《红黄蓝黑的构图》（蒙德里安，1921）

宣泄手段的艺术并无持久的魅力，刻意摒弃内容的艺术也会导致形式的贫乏。不过玩弄形式花样的艺术要把自己上升到最尊贵的位置，在很多情况下其实是为了与泛道德主义和泛现实主义进行较量。在某些时代，这种较量或许有一定的合理性。

的确，很多文学评论家会认为乔伊斯的《芬尼根的守灵夜》（1939）是比奥威尔的《1984》更好的小说。这种厚此薄彼的心态，除了与时代有关，更多地还应该归结于艺术评论从业者们的避世倾向。正如政治家们总想通过积极有为来改变世界（其实这个世界经常在他们缺席的时候变得更好），艺术评论家们对于艺术家的社会责任，往往有一种发自天性的贬低与轻视。

我们如今不能不用生态的眼光去看待艺术，把艺术世界看成一个纷繁复杂的生态系统。谈到艺术的价值，也不能偏信艺术评论家们的观点。正如对一道美食的评价，美食家的意见仅仅是众多有价值的意见中的一种。一位观众是否从作品中受益，乃是更为重要的标准。想把艺术分等级的努力，对于艺术的发展而言并不总是有积极意义的。

其实贝尔在谈到"有意味的形式"时，有一些思索是自相矛盾的。贝尔说，物品之美与艺术品之美，乃是有本质的区别的。他认为，物品美则美矣，其背后并没有感情。而观看艺术品的时候，不只是看到了艺术品的形式之美，而是透过形式触摸到了艺术家内在的感受。他说：

> 那个被创造出来的形式的感人之处在于它表现了作者的感情。大概艺术品的线条和色彩传达给我们的东西正是艺术家自己的感受吧。倘若事实正是如此，那么就可以解释这样一个既神秘而又无可否认的事实：（对此我已经指出过）我称之为物质美的东西（例如蝴蝶的翅膀）绝不会像艺术品那样感动大多数人。物质美虽是美的形式，却不是有意味的形式。①

贝尔认为，尽管物质美也能感人，但并不能从艺术审美上感动人。他把"有意味的形式"和"美"区别来看，即把"能够激起我们的［艺术］审美感情的形式"与"不能激起［艺术］审美感情的形式"区别开来。贝尔说："有意味的形式把其创作者的感情传达给我们，而'美'则不传达任何东西。"

的确，我们看到蝴蝶们斑斓的翅膀，不由得赞叹造化的神奇，而看到画家笔下的蝴蝶，则不仅会感受到它形状之美，还会触摸到艺术家在创作时的心灵活动，他对蝴蝶的体验是轻盈的，还是华贵持重的？优秀的画家知道如何通过笔触和构图实现感受的传达。但是艺术家对蝴蝶产生的感受为什么不算生活情感呢？如果我们认为艺术家对于审美对象产生的体验是不同于生活经验的审美体验，尤其当我们认为这种审美体验中包含的经验越少越好的时候，可以被放入艺术殿堂的就只剩少数的形式尤其是抽象的艺术了。而抽象、形式化的艺术为何意味着更为高明，我们是找不到足够的根据的。如果把艺术也看成和数学类似，以某种纯粹的标准去衡量其高低，未免是一种歧视链思维。当贝尔试图突破英国保守的学院派艺术观点时，在骨子里还是采用了它的态度。这种态度属于现代主义的一部分，在如今后现代境况下，它正在被反思和超越。

但是贝尔在举扬形式美的思考路线上的狂奔还是颇具启发意义的。

---

① ［英］克里夫·贝尔：《艺术》，马钟元、周金环译，江苏教育出版社2005年版，第21页。

贝尔认为，虽然有时候艺术家是要通过作品把物质美展现给观众，但艺术家主要的是要通过艺术品"将某种特殊的感情物化"。受过严格训练的艺术家，能把物质世界的美很好地再现出来，他们能把水果画得栩栩如生，把表情模仿得惟妙惟肖，但是这些不是贝尔所言的真正的艺术感染力的来源。他指出，一个艺术家看到一间房间的陈设，把这些物体看成"相互有关联的纯形式"，他对这些相互关联的形式产生的感情"是对纯形式的感情"。他看到这些物体的关联，正等于听到不同的乐器奏出的声音所构成的交响乐。他说：

> 艺术家决不会把一把椅子看作物质福利手段而对它产生审美感情……不会因为某人坐在这把椅子上讲了些令人难以忘怀的话……所有的人都会不时地产生一种把物体看成纯形式的幻觉……谁一生中没有至少一次突然把风景看成纯形式呢？一生中只有那么一次他没有把风景看作田野和农舍，而感到它只是各种各样的线条和色彩呢？①

塞尚绘画里的水果，它们的质地、形状、它们相互之间的关系，以及它们和周围的世界的关系，都显得那么的意味深长，观众看着这些物象所体验到的美，不亚于听一段恢宏的交响乐。

图10 《帘布、陶罐与水果》
（保罗·塞尚，1894）

图11 《苹果和橘子》
（保罗·塞尚，1900）

---

① ［英］克里夫·贝尔：《艺术》，马钟元、周金环译，江苏教育出版社2005年版，第22页。

图12 《姜罐与水果》（保罗·塞尚，1893）

如果我们竭力从塞尚的绘画里去猜测这些画面象征了什么，一把水壶可能有什么来源或者历史，这在贝尔看来是至为不妥的。笔者赞同贝尔对于塞尚的绘画的解释，它们的美主要源自有意味的形式，但这未必是一切好艺术的准则。当笔者听《电闪雷鸣波尔卡》听到演奏者在其中加入颇为逼真的雷鸣之声，每每感到别扭不妥。在纯形式的音乐结构里加入逼真的东西，有点弄巧成拙。但当笔者听到皇后乐队在《波西米亚狂想曲》里加入一些凡间的声音，觉得它们反而增添了它的感染力。毕竟《波西米亚狂想曲》不是纯形式的艺术，多数的摇滚乐都不是纯形式的艺术，它们就是要表达人间的情感，并试图把它们上升到艺术的层次。

不过，对形式美感具有敏锐感受力的艺术家和观众确实值得在这方面有所自豪，这主要不是因为它是"小众的"，而是因为它就像那种思考纯数学或者纯哲学的能力，蛮可以成为持久而稳定的幸福感的一种来源。从本质上说，形式美感是与人类把握秩序与变化的关系的能力相伴随的。关于秩序感、变化感及其相互关系，将在第三篇里单独讨论。

第二节　费希纳：感受的定律

心理学家从形式的角度研究审美现象，是从实验心理学开始的。或者更确切地说，实验心理学在一定程度上是由探究审美的形式而发轫的。

学界一般认为心理学诞生于冯特在德国莱比锡创立心理学实验室的 1879 年。其实在冯特之前，另外一个德国人已经开始比较系统地做实验心理学的研究工作，而且还出版了著作。这个德国人叫费希纳（Fechner）。他 1801 年出生，1887 年去世。他的著作《心理物理学原理》1860 年就已出版，如果以此书作为心理学诞生的标志，这门学科的出生日期就应该比写在心理学史上的早 19 年。当然在这之前费希纳还发表过论文。他一直试图用实验的方法、借鉴物理学的范式来研究审美现象。

如果以实验心理学作为整个心理学的源头，那也应该是从费希纳的著作出版之时而不是从冯特实验室的诞生日开始算起。不过笔者并不认为以实验心理学的诞生作为心理学的起点是一种合理的做法。如果我们把内省和思辨看成研究人类心理的一种正当方法的话，就应该把这门学科上溯到康德。这一次，成为心理学源头的研究领域依然是审美心理。康德的《论优美感与崇高感》（1764）是一本从心理的角度探究审美的著作，以此作为心理学的源头，就把心理学的起点又提前了 100 年。

以内省与思辨为主要方法的心理学，在以实验和物理学范式为圭臬的心理学出现之后，受到了严重的排挤。这个境况的始作俑者，应该也是费希纳。费希纳本是一位物理学家，后来因为缠绵病榻，他就想到把物理学的方法用以研究心理感受。费希纳发现，当感受的强度按算术级数增长的时候，刺激必须是以几何级数增长的。例如，一勺糖在一杯水里产生的甜味，如果要被提高到它的两倍，绝不是两勺糖能够实现的，而是很多勺糖才可以。而要产生三倍的甜味，则是在数倍的基础上又是数倍才能达到目的。（如今流行的甜饮料，为了达到不错的口感，其中糖分的浓度高得令人发指，就是拜这种规律所赐。）

现在很多认知神经科学家都在研究感知觉，但是并不限于审美方面的感知觉。费希纳则是在后期的学术生涯中越来越对审美感受的心理规律情有独钟。他被认为是实验美学（experimental aesthetics）的开创者。

费希纳认为，美可定义为广义和狭义的两种，广义的美是能够唤起愉悦性的一些东西，狭义的是指在艺术审美中能够感到高尚快感的东西。他这个观念和康德并没有太大的区别。康德说美有优美和壮美两种，壮美又叫崇高感。而我们现在会认为审美也包括审丑以及其他体验，或者说审美本身就是一个感受的过程，审美心理学可以更为准确地称为关于感受的心理学。

审美阈原则、审美适中原则

费希纳在他1876年出版的《美学导论》一书中提出了16种审美原则。[①]审美阈原则是其中第一个原则。它的意思是，审美的对象必须在我们的感官中持续一定的时间，超过一定的强度，我们才能感受到它的美。

其实我们可以沿着费希纳的观察继续思索下去。在感受方面，人和人之间是有个体差异的，刺激的不同水平，在人的内心引起的变化具有多个层次的质变。比如雨打芭蕉之声，如果非常之微小，即便大脑接收到了它，但意识层面也可以没有觉察。在这种境况下的潜在心灵体验和我们意识到雨滴落到了芭蕉之上而产生的感受有着极大的不同。即便我们意识到了雨滴的声音，它们的强度也许仍然微弱含糊，产生不了美感。静夜雨来，竹窗微启，水滴芭蕉声声入耳，才美得恰到好处。但如果大雨倾盆，或者水声滴在耳边振聋发聩，或者雨打芭蕉持续一夜又一夜，那就是另一番感受了。所以美感的产生，要超过某种阈限，但也不可以在这个阈限之上无限地增加强度和持续度。美感似乎总与刺激的"刚刚好"有关。费希纳提出的"审美适中原则"可以归纳这个现象：无论在量的方面或在质的方面，过度的刺激或刺激的变化会导致不快感，而适中的刺激或者变化会引起快感。

然而什么是"刚刚好"，经常并不是由刺激本身的强度来决定的。我幼年正是国家贫穷时期，吃饭的时候，大人们拿出麻油瓶子，在面汤里滴上一滴

---

① R. G. T. Fechner, *Vorschule der Aesthetik*. Hildesheim, New York: G. Olms, 1978.

油，整碗面就香得沁人心脾。在田间地头工作的人，水壶里只是搁入一两粒芝麻大小的味精，就甘之如饴。美感总是与审美刺激所在的背景有关系。现在这个物质丰富的时代，面馆里给客人的汤里只滴入一滴香油，食客断然不会满意。如今的人出去下馆子，在一定程度上就是在吃调味品。至于麦子的滋味、米的滋味、一滴香油在空气里散发出来的浓郁纯净的气味，都已经不能感动在花花世界里飘浮的个体。这个时候你如果到边远的人家去，有人给你做一碗面，滴上一滴香油，你就会发现你的食欲已经无动于衷——你的阈限提高了。

在富裕的时代，我们制造出来的东西的审美刺激越来越重，食物如此，艺术亦复如是。小说要第一句就应该令你动容，电影五分钟就要有一个冲突，幽默剧每句话都得有个笑点……没有强烈的刺激，我们几乎都感受不到自己在活着。老子说"五色使人目盲"，说的就是这种现象。我们在生活中不断地制造出来一些刺激，最后我们感受的阈限越来越高。我们很少会像一个农村的老妪那样坐在门口晒晒太阳就感到幸福了——手边必须有一杯冰镇的可乐，那太阳必须是照在夏威夷或者马尔代夫海滩上。就算是在夏威夷海滩上，你也会拿出手机来玩个游戏或者给谁发个短信，或者看一段电视剧。那种很简单的幸福越来越体会不到了。过去的人们感到特别有意思的东西我们现在已经无动于衷。比如京剧，大概很难有年轻人能够欣赏它超过十分钟。

当我们的审美阈限居高不下时，艺术家不得不与时俱进，方能抓得住观众累见不鲜的内心。艺术家甚至需要几分疯狂，比如像梵高那样，方足以激荡观众心灵。早在20世纪上半叶，现代主义艺术滥觞的时候，也是两次世界大战打得难解难分的时候，而现代艺术的勃兴是先于两次大战的。艺术的样貌总是预示着一个时代的样貌。笔者并不试图推论，20世纪上半叶的战争悲剧是人类激荡的内心的必然结果，但至少艺术的勃兴和社会的风云变幻之间的联系是足够牢固的。

对于审美阈限的水涨船高，我并不特别悲观。人类在审美趣味上的返璞归真，并非没有可能性。当艺术对观众的感受的刺激越来越浓烈，以至于到了某种程度之时，反而最简单纯洁的东西忽然又变得激动人心了。

我数年前回家探亲，在合肥街头看过一段庐剧。两个钟头的一段故事：一个男人想娶一个女子，他和自己的师父到女孩子的父亲这里来提亲。这一次说媒竟然演了两个小时。升斗小民的婚丧嫁娶，潜藏着无限复杂的东西。相比之下，影视大片对生活的剪切，反倒显得暴殄天物和先入为主了。在一个皖中城市里几日的慢节奏生活，就能让人沉下心来观看一场为时两个小时的说媒剧段。

我也曾随三五好友城外远游，在荒山野岭间寻得人家，一日的饥渴困顿足以让我们重获对粗茶淡饭的甘美体验。古人云，由俭入奢易，由奢入俭难，这个归纳容易给人误解，似乎这是一条审美不归路。艺术的存在，一定不该都是迎合人类的本能体验的。就艺术对于人类的秩序和爱的道德责任而言，经常地与人的欲望唱唱反调，让人们体验到平凡之物中蕴含的意义，本来就是艺术的题中应有之义。

审美的持续和交替原则、审美序列原则、审美比较原则

即使最激动人心的艺术作品，观众能持续欣赏的时间也是有限的。连续一整天听贝多芬，再热爱他的作品的人都会感到厌烦。但如果把对贝多芬作品的欣赏分散在不同的时间，这其间夹杂着其他事情，我们就不会因为过久地沉浸在一种风格的作品里而感到麻木。再比如如果一个人花两个钟头看了一部电影，接着再让他看另一场，难免会感到审美疲劳。观影虽是快乐的消遣，也不宜一而再再而三。

大脑接触某一类审美刺激，久之便会失去敏锐性。如果换一种刺激，让原来那部分脑区得以休息，大脑对那种刺激的感受性就会得到恢复，这是费希纳所提出的审美的持续和交替原则。

即便在同一件艺术作品内部，审美的持续和交替原则也支配着审美感受。如今的电视剧，已经很少在几十分钟内只讲一个完整的故事，而是往往让几个故事齐头并进，交替展现。这不但不会让观众觉得凌乱，反倒让观众对于情节的发展保持了较高的兴奋性。甚至有些电视剧把具有悲剧性、喜剧性和荒诞性等几种不同性质的故事放在一起讲述。即使在一部电影的两个小时里，让一个故事具有这几种不同的审美性质也并不鲜见。

艺术史所表现的是一种更大的时间尺度上的审美持续和交替现象。任何一

种艺术风格都不可能永久地占据一种文化的中心，甚至在观众尚未厌倦的时候，艺术家自己先感觉到了改革的必要。在文艺复兴以降的欧洲艺术史上，这种情况表现得尤其明显。艺术家脱离了匠人的身份，被置于引领潮流的位置之后，形式上的创新几乎成了艺术地位的一种保证。我们很难完全把近现代艺术的创新完全归因于观众们对于新奇事物的前所未有的希求，往往是少数天才艺术家的执着的努力把艺术的流行风格带到了非常不同于以往的境地。抽象绘画和波普艺术如此，如今大行其道的观念艺术和装置艺术也是如此。在感受方面，艺术家非常热衷于不断刺激观众的兴奋点与好奇心，为了达到这个目的，艺术变得跟商品类似（或者更确切地说，跟其他商品类似），不惜强力借助经济和文化的力量来推动变革。

费希纳所归纳的审美感受在时间上的变化规律，除了审美的持续和交替原则，还有审美序列原则。费希纳指出，当我们体验一段不快乐的情感之后，令人愉悦的事物的出现会让我们格外感到快乐。这种现象我们肯定不陌生。中国人说，"久旱逢甘雨，他乡遇故知"，就是在描述这类体验。

费希纳还指出，经历了不快乐的事情之后，再发生不快乐的事情，我们的体验就不那么不快乐了。比如一个最近丧失了亲人的人，可能对自己和他人的那些小错误都感到无所谓了，对于社会上发生的一些不平之事也暂时地不像之前那样愤愤不平。然而相反的情况也会发生。一个在工作中受气的职员，回到家里看到孩子们的打闹，也许就会勃然大怒——而在平时他未必就如此嗔怒无常。他在家里碰到的不愉快，成了压垮骆驼的最后一根稻草。

另外，不快乐的事情之后再发生快乐的事情，我们所体验到的感受一定是快乐的吗？被一段情感所折磨而愤懑既久之人，可能逐渐失去快乐的能力，即便事有转机，也未能回嗔作喜——这种情况在生活中也所在多有。

所以情绪的变化规律，远比费希纳所总结的错综复杂。费希纳对心理现象的研究和观察，作为心理学这个学科的草创者，诸多观点必然是初步的、不全面的，这不足为奇。当然所谓对于心理现象的认识的全面性，从来都只是相对于前人而言。

一个比较可靠的关于审美序列原则的概括大概是：就审美体验来说，适当地控制作品的情绪节奏和序列，确实能达到艺术家想要的效果。就艺术家想要的效果而言，又千差万别。例如好莱坞的很多电影，在两个小时的时间里，始于各种矛盾与危机，终于矛盾的解决，观众带着欣慰的笑容离开，尚未走出剧院大门，大脑已经切换回生活的茶米油盐之中。而某些欧洲的艺术片，直到最后一刻也不曾让人看到希望，走出影院，剧中情节还继续缠绕着观众。和剧中的悲惨人生相比，观众眼下的茶米油盐的生活反倒显出某种值得欣慰之处，这让一部欧洲电影的审美序列延伸到了观众的生活里去。

审美比较原则是与审美的持续与交替原则以及审美序列原则有相似之处的另一种审美规律。后两者是关于审美元素在时间上的变化给观众带来的感受规律，审美比较原则则可以看成审美元素在空间上的差异给观众带来的审美体验的规律。

图 13 是齐白石的作品《荔枝》。一只用枯竹做成的篮子满盛着新鲜的水果。竹子被描绘成黑色，更加彰显了它作为一种被物化和秩序化了的物品的特点，这反过来映衬了水果鲜活的生命力。器物与生命、死和生、黑与红、秩序感与率性之感，画面里的两件事物从内容到形式都形成了鲜明对比。当然这种对比也需要我们的生活经验作为基础。看到画面里的篮子，我们知道它是用枯

图 13 《荔枝》（齐白石，1942）

死的植物做成，而不是一件黑色的塑料制品，这是我们的内心能够形成枯竹—新果这种对比式感受的基础。另外，如果画面里的篮子被处理成它在现实中常见的棕色，它与水果的色彩对比就不够鲜明。

在西方的油画作品里，盛载水果的往往是一只瓷盘。无生命的硬的瓷器与柔软的有生命的水果，固然也形成了一种烘托对比关系，然而瓷盘的亮洁也可能使得水果黯然失色。当然如果画面中选用的是一只被时光消磨了大部分光泽的古旧的盘子，那种对比关系会变得强烈一些。而且，瓷盘本就是一件器物，它不曾经历由生到死、由活物而器物这个转变过程。它与水果在这个层面的对比是不存在的。

《荔枝》中篮子的下部，线条被处理得略略刻板，而不像篮子的提手部分那么放任。而水果在篮子里松散随和，每一只的轮廓都模糊不清，从而篮子的底部的有序和水果的自由也构成了耐人寻味的对比关系。另外，篮子与水果也构成了后面将要讨论的抱持与被抱持的关系。

对比所产生的审美愉悦，不是对比双方中任何一方带来的单方面的审美愉悦的相加。反之，当画面里只剩了水果，或者只剩了篮子，这幅作品带来的审美愉悦绝不是只减去了一半。在很多情况下，美来自于比较，产生于差异性的展现。这个看法，在费希纳之后，格式塔心理学做出了更为深入的探讨。

其实我们可以把审美比较原则推广到"什么是好的艺术"这个话题上。在笔者看来，那种认为可以找到一个标准把不同的作品放到同一个标准里去衡量它的优劣的企图，断然不可能实现。因为艺术的感染力，经常地不主要来自于艺术品自身的性质，而是艺术品和时代的张力关系。比如梵高的绘画，如果放在文艺复兴时期，大部分彼时的观众恐怕不会买账。彼时之人，透过达·芬奇、米开朗基罗、贝尼尼这些大师看到的——或者想看到的——是一个优美和壮美的世界。那时的意大利人从中世纪纠缠人心的高入云霄的神学信仰里尝试着回到人间，他们要从人世里看到人性的光辉和世俗生活的价值——虽然这种吁求往往要假宗教主题之名。一个文艺复兴时期的观众应该会觉得梵高的画太过于病态。《向日葵》和《鸢尾花》看上去是有点疯癫感的，更不用说他在圣雷米精神病院创作的那些作品了。你看到梵高的作品，会觉得这个人的精神世界绝不可能是宁静幸福的，也很难说是满怀希望的。

但是在充满了各种各样的消极情绪的现代社会，人们看到梵高的作品，内心的疯狂与骚动能够被他的作品映照出来。另外，我们看完从文艺复兴以来那么多完美的作品，满是审美的疲劳，再去看梵高，就觉得他的作品令人耳目一新。也许我们很快就会迎来另一个时代，那时梵高的作品不再是大家追捧的对象——但我们仍然承认它们的伟大，就像我们对米开朗基罗、米勒和达维德那样——我们也许转而对另一类精神气质情有独钟。

审美的安定性原则

齐白石把《荔枝》里篮子的底部表现得十分整饬，而把篮子里的荔枝描摹得自然随意，前者对于后者形成了一种抱持感。如果反过来，篮子的底部表现得比较随意，而把水果画得精致完整，那种抱持感以及随之带来的稳定感就会荡然无存。篮子的黑色和水果的红色之间，也形成了一种抱持与被抱持的关系，就仿佛一尊黑炉子上燃烧了红色火焰。篮子和水果的这种抱持与被抱持的关系体现了费希纳归纳的另一种审美规律——"审美的安定性原则"。费希纳总结说，一个审美对象的局部与整体相和谐，产生安定性和稳定性，那么就会给欣赏者带来美感体验。图13 这些鲜活的荔枝，如果没有一个篮子托底，就缺乏安定的感觉。你会觉得它似乎在四处滚动。当然，如果画家把水果处理成塞尚画面里那样安静规矩，这只篮子对于稳定性而言就不再必要了。塞尚笔下的水果就像雕塑，搁在哪里它们就稳定地属于那个地方，而齐白石笔下的这些水果是活泼好动的，看上去随时都有可能溜走，因为有一个篮子、一个很规则的秩序感的东西包围着它们，才使得画面维持住整体感。但如果你用逻辑去思考，会指出篮子的窟窿眼如此之大，荔枝们在理论上仍然可以夺路而出。对于这样一幅作品当然不能用逻辑去理解而应该凭直觉去感受。就直觉而言，一只如此处理的篮子，它散发出的规则感，足以抱持住荔枝们的活泼感。几根规则的线条能够带来比一只具象的篮子更多的秩序感，而且它也避免了一只真实的篮子所产生的那种比较乏味的感觉——一只画得很细密的篮子放在画面里是并不怎么好看的。

不过，现代艺术家不一定以给观众带来美感为创作目的，艺术家有时蓄意破坏审美的安定性原则。图 14 是达利的一幅作品,画面是相当不稳定的,犹如高烧之人的噩梦。达利显然并不想让观众产生传统意义上的安定之感。达利的一系列作品给我们带来的是震撼,他有意挑战着我们对于世界的稳定性和可靠性的偏好。

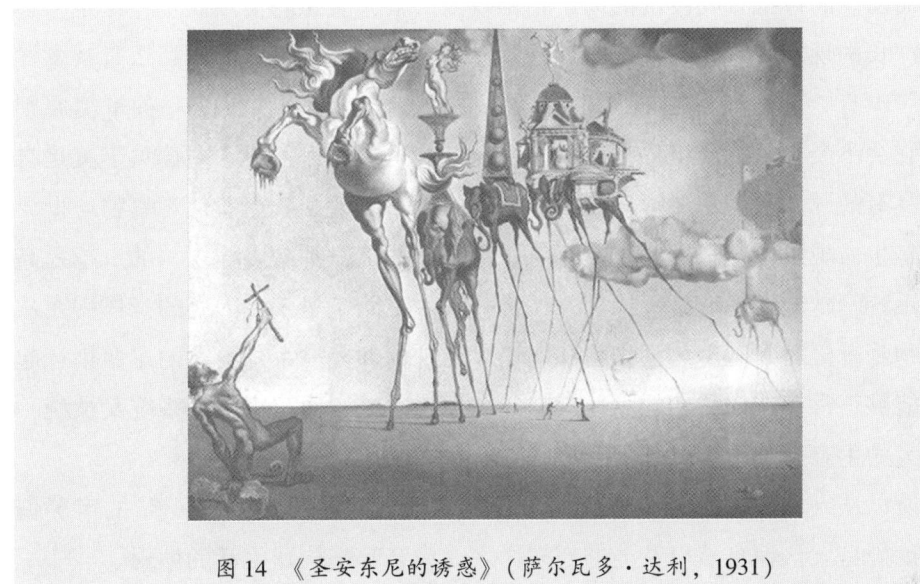

图 14 《圣安东尼的诱惑》(萨尔瓦多·达利,1931)

多样中的统一原则、审美加强原则

多样中的统一原则是费希纳总结的另一个审美规律。人类在审美方面对于多样性的偏爱是显而易见的。去餐馆吃饭,我们希望手里的菜单有花样繁多的食物可供选择。多、丰富、有变化,是产生美感的一个条件。例如图 13,在齐白石笔下,多个荔枝在一起带来的美感,胜于单独一只。而且这些荔枝的形态气质各个有异。

但即使是一张丰富多彩的菜单,我们似乎也并不希望它的菜品是随机的、互不相干的。假如你在第一页看到的是孜然羊肉和烤馕饼,第二页是意大利通心粉,第三页是佛家素食系列,你或许会坐立不安。费希纳指出,多样并不是美感的充分条件,这些多样的元素还应该能够被我们的心灵统一起来。我们走到一家餐馆门口,甚至早在我们出门之前,就已经考虑到"风味"这个因素了。即使如今崇尚多元化的时代，我们似乎也不能接受一家挂着"重庆—淮扬菜"牌匾的餐馆。

多样性不必然带来美，统一性也不必然带来美。一间凌乱的屋子是多样的，一间分门别类的仓库是统一的，前者离美十分遥远，后者也仅有几分秩序之美而已。而你把一间凌乱的屋子稍稍收拾一下，美感就悄然而至，这是一种意味深长的现象：人类喜欢统一中的多样、多样中的统一，而不那么喜欢多样和统一本身，这是审美的本质性特征之一。多样的统一仅仅是一种审美原则吗？它会不会也是物质世界的基本特征呢？若是如此，亚里士多德关于美是自然所具有的属性的说法便可以以一种崭新的面目复活了。当我们观察物质世界尤其是生命现象时，我们就会发现，任何一个系统，都是多样统一的。越是高级的系统，越能够把非常不同的存在统一到一个系统里来。人类的身体需要从无机物到有机物到微生物到细胞和意识、精神信仰等一系列复杂的东西集合起来才能够正常存在。我们的身体就是一个生态系统，而这个生态系统又被统一到更大的生态系统中。

所以从人认识和改造世界这两个角度来说，对"多样的统一"的审美偏好，恰恰是人认识自然以及能够把多样之物集合起来构建生活的体现。

不过人和人之间审美趣味上的差异在这一点上也表现得特别明显。一个中世纪神父，可能容忍教堂壁画里几个先知长着不同的面孔，但是如果先知们在画面里高矮胖瘦参差不齐，他会觉得孰不可忍，更不用说像达·芬奇那样在耶稣周围的一群门徒里还画上一个犹大。从这一点来说，我们不得不佩服文艺复兴时期的艺术家和观众的胸襟。就多样性和统一性而言，后者更像是一个基准点，在历史的多数情况下，人类是宁愿牺牲多样性，而仅凭着统一性带来的安全感来生存。尤其不可思议的是：每一个色彩纷呈的多样性的时代，都要跟上一个严肃刻板的时代。春秋战国时期是中华民族极具创造力的时代，而秦始皇统一一切的欲望是前所未有的。古希腊的雅典和古罗马共和国是西方古代文明的顶点，而中世纪的罗马帝国对人心的禁锢也是深入骨髓的。

人无千日好，花无百日红，文明似乎也像血肉之躯一样有自己的青春期、中年期和老年期，也会经历死亡和新文明的产生，或许文明与生命体的相似性意味着它们是受着某种共同规律的约束。文艺复兴之后的西方文明蓬勃茂盛，已有数百年之久，如果它孕育出一种集权思潮，最后一改这种文明丰富多彩的生态面貌，似乎并非没有可能。

如果我们用"多样中的统一"的眼光去评价一个时代的话，一个审美趣味单一的时代是不美的，一个不同趣味之间争吵到你死我活的时代也面目狰狞。为何一个时代不可以催生千形万态的艺术形式，允许纷繁多样的艺术主题的出现，同时也促进了人类的同一个根本目的，即"秩序和爱"的发展[①]？在这种情况下，艺术品和艺术品之间的关系就不是相互贬损的状态，而是因为他者的存在而变得更为特殊，并且共同构成一个更大的审美景观——这也是费希纳的"审美加强原则"能解释的现象。我们很难想象一种食物战胜了一切其他食物的餐馆会是一个值得反复光顾的地方，但是我们经常发现一座美术馆，或者一本文学期刊变成党同伐异的指挥部。

审美感受的双重表象原则

回到我们在绪论中已经探讨的话题：所谓美学，当然不只是关于美的学问，它也是关于丑的，也是关于其他感受的。这些感受也包括从丑的体验演变成美的体验（卢西安·弗洛伊德笔下的那些丑的身体，在观众眼中所经历的便是如此）。再例如，一个审美趣味单一的时代，一个为了艺术观念的分歧也能拔刃相见的时代，当它成为历史之后，我们以旁观者的身份去回顾，它竟然也具有了艺术气质。那个时代的亲历者，因为时过境迁，也有可能以审美的态度去观照那段记忆——这就是用费希纳的审美感受的双重表象原则可以解释的现象。费希纳提出，我们对于过去和未来的表象（体验）具有愉快或者不愉快的感受，而伴随着这一层的感受，还有另一层的感受，这第二层感受具有审美的性质。谁不曾有过这样的体验：在寒冬腊月，突然推门而出，瞬间冷到沦肌浃髓，这个感觉在当时是痛苦的。而时过境迁之后，回想起那年那月那日，那种寒冷感受的记忆带来的另一层感受却可能是美好的。那因寒冷的痛苦感受虽然没有完全消失，你也许依然并不喜欢寒风的凛

[①] John, Ruskin, *Lectures on Art*, New York: Allworth Press, 1996.

洌，但记忆中的感受和意象成为我们观察的对象之后，便催生了一层耐人寻味的美好。

再如，一个向所爱之人表白的少年遭遇对方断然的拒绝，满怀的期待都化作失望、伤心与羞耻，这是第一层的感受。如果这个少年后来成为作家，试图把这一段情感酝酿成作品，他面对记忆中的这些情感印记，会产生一层新的感受，也许是一种抚伤惜痛的感情或者旁观者的洞察感。他可能写道："有好几个星期，我天天到她家的窗下徘徊。"伴随着这样的话语的感受，一定不复有当年那深切的期待与惶恐——那第一层的失望、伤心与羞耻虽然仍在记忆之中并未消逝，仍然可触可感，但另一种沧桑缅怀的情感已经代替它们成为感受的主旋律。所以，艺术是一种观照，一种洞察，但同时也不免是一种背叛。

普希金曾在一首诗里说，"那些逝去的一切，终将成为温暖的回忆"[1]。为什么关于童年的回忆多是快乐的？因为快乐的回忆当然是快乐的，痛苦的回忆因为时过境迁，在体验中可能也变成快乐的，于是给我们留下了一个假象：童年基本上是一段快乐的时期。

我们关于过去的痛苦记忆，是一层日渐消磨的表象，我们对那个记忆产生的感觉，那另外一重表象，源于我们对那日渐弱化的第一层表象的观察——我们成了自己既往历史的旁观者。当然，如果那种经历并不能为我们所消化，我们似乎始终身临其境地生活在过去的那个痛苦记忆里的时候，我们也就产生不了审美体验，而是被创伤体验所占据。

我并不认为，聚焦于双重表象的第二重，是更好的艺术趣味的体现。艺术家能够站在自己之外观察自己，能够在生活的情感之上酿造出第二重表象，固然体现了高超的艺术智慧，但假如一个艺术家把第一重的期待、惶恐、失望和悲伤原原本本地展现出来，读者站在离开艺术家一定的距离，用欣赏者的眼光去看这些情感，依然能够获得审美体验。一个艺术家敢于把最隐秘的私人感受暴露出来，或者能够大胆地深入私人感受的苦痛与恐怖里，这无疑是艺术勇气

---

[1] 《假如生活欺骗了你》（普希金）：假如生活欺骗了你/莫要灰心，不必焦急/在痛苦的时候镇定/相信美好的日子终究会来/让你的心活在明天，尽管当下一片狼藉/一切都会过去，痛苦也是一瞬/那些逝去的一切，终将成为温暖的回忆。（訾非译）

的体现——艺术勇气有时候比艺术智慧更为珍贵。从观众的角度来说，如果艺术品给他带来的首先是情感的激荡，他能否在心灵的内部与被激起的人间情感拉开一段距离，也体现了他的审美能力。观完一部《蝴蝶夫人》，我们是会对殖民主义痛心疾首，还是对人类的情感产生了更深的理解，或者对普契尼讲故事的方式由衷地赞叹，这是区分被激动的情感和艺术审美情感的标志。然而，痛心疾首者混淆戏剧与现实，或许被嘲笑为品位低贱之人。但是我又不得不承认，有时候艺术地看待生活，对现实主义的艺术作品保持住一种适可而止的激动，也会变成我们脱离生活的一种方式。我们是这个世界的审美者的时候，我们亦是这个世界的局外人。从这个角度来说，艺术审美的能力，仅仅是人的一种能力而已。也是在这层意义上，对于克莱夫·贝尔仅仅举扬"有意味的形式"的艺术态度，我是不完全赞同的。文天祥就义前写下的悲壮与惶恐的诗行，与塞尚成年累月里在孤独的画室里阐释的水果和盘子，应该被视作同样崇高的作品。一个行将就义的英雄，当然不可能作为这个世界的局外人而保持在"恰到好处"的审美距离里。

所有过去痛苦的如今回忆起来可以是美的。那么对于将来呢？面对指向未来的情感，保持观察者的角色也带来一种双重表象体验。求之不得的爱情、难以企及的志向、可望而不可即的自由，凡此种种感受，对于一个艺术家而言，以审美的态度观之，也是第二重感受——审美感受——的源泉。

没有矛盾/一致或者真实的原则、清晰性原则、审美联想原则

费希纳归纳的另一个审美原则，是"没有矛盾/一致或者真实"的原则。杜尚在达·芬奇《蒙娜丽莎》的嘴巴上恶作剧地画上两撇胡子，就造成一种矛盾，一种不一致、不协调感。观众也许会讨厌这种做法，但是它会给观众留下印象——因为它不好看，它是丑的。现代艺术给人的印象往往不是美感，它可能带来的是生理上的不适和心理上的烦恼。费希纳的"没有矛盾/一致或者真实"原则用以解释生活美感是合适的，但对于解释艺术审美而言就捉襟见肘了。另外，就"真实"这个概念而言，它自身对于美感的贡献就是自相矛盾的。例如，古希腊的艺术家对于自然是有选择的，以他们的雕塑来说，他们

发现人对于比例、对于体态、对于胖瘦的偏好是有规律性的。他们如果真实地描摹自然，就应该有大量不美的人体雕塑，因为现实生活中人的身体总有这样那样的缺陷。古希腊的艺术家自圆其说的一种方式是：自然中有美和丑，从自然中发现美，是艺术家的责任。但如此一来，这种真实就是有选择的真实。从有选择的真实里体验美和艺术，固然是人类的正当需求，但这种态度太容易成为人类忽视和掩盖另一些真实的借口。如果艺术家和观众不去有选择地面对美丑，而是给予美、丑、不美不丑同样的观照，以充分的耐心去观察和探究世界，由此而体验到的豁然开朗之感，在我看来是更为有价值的审美回报。例如，面对妇姑勃溪、妯娌失和，谁愿意给予近距离的关注和理解呢？而一个好的作家就能直面人性的种种尴尬与龃龉，他的笔下折射出深沉冷峻的人生主题。

遮掩真相，有选择地面对真实，在一些情况下又符合另外一些审美原则，例如前面谈到的多样中的统一原则。即使《孔雀东南飞》这样的戏剧作品，它对生活的反映，也只是选取一部分的真实。《孔雀东南飞》写的是恶婆婆、受迫害的小媳妇、无奈顺从的儿子之间的故事，然而在婆媳关系里，媳妇对于婆婆的仇恨和无礼，也是生活中普遍的现象；儿子在妻子和母亲之间的首鼠两端，亦是司空见惯。在真实生活中，这三个人的大戏，往往都无法清楚地划分受害者与施害者。但假如一个戏剧家把这生活中的错综复杂真实地反映在作品里，绝大多数观众恐怕就会摇头走开。观众们喜欢立场清晰、善恶分明，他们来到剧场里，并非带着寻求真相的目的。即使一个伟大的戏剧家想要寓教于乐，也必须迎合观众偏安于一端的思路习惯。所以，从单个的剧作里我们无法认识到一个剧作家的伟大还是平庸，只有把他的一系列作品综合来看，才知道他的深度几何。但对于长篇小说家，便是另一番境况，我们从单独一部作品里就能够判断他对生活理解的深度与广度。

一旦一个艺术家忠于真实性，他就很难完全忠于"没有矛盾""一致性"这些原则，所以在费希纳归纳的审美原则的内部，也是互相冲突的。

另外，每个人对真实的要求不同，有的人倾向于牺牲真实而追求和谐，有的人则渴求真实，更多的人是处在两者之间的某个位置上。在对待文学艺术的态度上，弗洛伊德就是一个"眼睛里不揉沙子"的科学主义者。① 而荣格对于真实性的追求就显得较为松弛。

老子说："信言不美，美言不信。"如果一个人总是把话说得很甜美，那么他的话往往就不太可信。真话经常就不怎么美。故而对于老子而言，美就像甜言蜜语一样不可信。他认为，"五色使人目盲""五音使人耳聋""五味使人口爽"，好颜色、好声音、好味道都会败坏人的纯真天性。他提倡简朴而不是美，或者也可以说他推崇简朴之美。

费希纳归纳的清晰性原则与上文的"多样的统一"是类似的概念。例如，一个故事的线索比较清晰，读者会感到顺畅之美。如果线索特别复杂，或者特别凌乱，读者把握不住来龙去脉，就难以感觉到它的美了，反而产生丑感。与清晰性原则构成某种张力的是审美联想原则。当我们看到审美对象，如果只是看到它本身而已，它给我们带来的美感可能是有限的。浮想联翩是人类认知的一个能力，而这个认知过程是伴有美感的。但是如果审美对象的精神线索过于清晰，则会压抑了联想过程。相反，线索过于混乱，观众的注意力也可能紊乱到难以产生联想的程度。

审美的传导原则、审美调和原则、审美的总和中和与饱满的原则

费希纳认为，他人的感受在向我们传递之时，并不是简单地"感染"了我们。他归纳的审美的传导原则的大意是：在平静的状态下，他人的情感会传染给我们；他人的不快让我们感到不快，他人的快乐会让我们感到快乐；但如果我们原本就在一种不快乐的状态下，他人的快乐常常会让我们感到更加不快。例如一个人很悲伤的时候，"他人亦已歌"，这个人可能感到尤为悲伤。所以，当别人难过的时候，我们陪着他们，往往比你热情地劝他赶快高兴起来更有裨益。②

我多年前在他乡的一个小镇上短暂停留，黄昏时分坐进一家餐馆，窗外突

---

① E. Jones, *The Life and Work of Sigmund Freud*, New York: Basic Books, 1953.
② 我们急于劝慰他人高兴起来，未必是真的是想使他快乐，反倒有可能是我们不愿受到他人消极情绪的感染，想用快乐来抵御它。于是"我表现得快乐一点他就会被我的快乐感染"这样的想法就变成一个很好的借口。

然落起大雨。看着街上行人在回家的路上奔跑，感受着他们似箭的归心，同时体验到的是一份格外的孤独。① 这份孤独感被街上行人那种有家可归的情状烘托得分外尖锐。审美的传导原则，与物理学所说的热传导很不一样。对于物质而言，冷的物体碰到热的物体会变热，而不会变得更冷。如果把这种"他们有家可归而你更觉孤独"的体验类比于一件工程学现象倒还蛮有趣：你站在一台冰箱面前，当它试图变得更冷的时候，会朝你放出热量。心灵是复杂的，它和世上复杂系统的工作方式可有一比，而与简单的物理作用并不相同。可惜我们容易用简单的物理过程去隐喻心理过程，于是就可能相信我们应该用快乐去感染别人，或者用指责去教育别人。在对待艺术的时候也难免以为：正能量的艺术带来好的教育意义，悲观失望的艺术必然令观众失去对生活的热爱。

费希纳总结的另外两个审美原则，审美调和原则、审美的总和中和与饱满的原则，都可以算是对前面提到的审美适中原则的进一步展开，皆在表明审美感受是在某个适当的范围之内才会发生。审美对象所激发的感受在量方面必须适度，在质的方面的变化不能太大，否则就破坏了美感。不过对于现当代艺术而言，鉴于丑已成为审美感受的重要组成部分，艺术家时常通过质和量方面的不适中而有意识地破坏观众的美感。

审美调和原则告诉我们，原本令人不快的经验，如果随后引发了快感的体验，先前的这份不快就在更大的快感中得以调和。当我们想告诉一个人好消息的时候，我们有时候反其道而行之，对他说"你没有被录取""化验单上的结果不太妙""你这文章写得太烂了"，然后我们再抛出实情。这个转忧为喜的人体验到的是比直接听到一个好消息更大的快乐，先前那个"噩耗"带来的不快，也就烟消云散。成年人似乎更愿意对孩子玩这种游戏，也许成年人喜欢看到一个孩子破涕为笑的样子——若是如此，我们未免有几分残忍，但也可能成年人借此可以恰到好处地锻炼孩子承受不幸的能力？

有一个俗语叫"不打不相识"，在英雄故事里，豪杰之士总要在一番误会和斗狠之后成为至交诤友。作为起点的冲突和矛盾在其后的惺惺相惜的交往中

---

① 《在一座小镇上体验寒冷》：暴雨，似一场战事/正朝城外悄然蔓延/灰暗的街面，赭红的墙砖/正在遭受无望的清洗/许多有家可归的人/奔跑着/不肯屈就道旁粗陋的店铺/红豆餐馆，你枯坐一隅/听玻璃说着话/同众人一样怀疑着自己。（訾非：《七月菜畦》，中国文联出版社2012年版，第55页。）

变得不复有破坏性，反倒有可能具备一种积极的意义。与之类似的是，一个回头的浪子，反倒比一个向来安分守己的年轻人更受人青睐，先前那些放荡不羁的行为竟可以被人们视作趣闻轶事。人类的情感就是这么的不可理喻。

审美的总和中和与饱满的原则概括了这样的现象：美感来源于对象对观者的各种刺激的总和，如果刺激过于饱满，就需要对刺激进行中和以使其不要超过一定的程度。这些原则在告诉我们一个老生常谈的道理：美源于适度。我们的感官是在某个范围内对刺激进行感受的，过之犹若不及。然而度在何处，其实并不那么容易把握。不同的年龄，不同的性格，不同的生活经验和现状，都决定了不同的人对于同一种刺激有着不同的体验。一段小夜曲在如今的年轻人耳中可能乏味至极，而一个七旬老人听到林肯公园的摇滚，也会觉得异常喧嚣乃至不可承受。

审美的耗力最小原则

如果我们原以为很困难的目标，突然比较轻易地达成了，这会给我们带来极大的快乐。乘舟远行的人，原本劳碌艰辛，却突然碰到一段一帆风顺的旅程，他是会感到畅心快意的。一位魔术师在观众面前轻松地把一节火车从山间搬移到山顶，令人叹为观止。一个穷小子，站到山洞之前，喊一句"芝麻开门"，瞬间成了富可敌国之人。在《三国演义》里，英雄张飞被描述为"于百万军中取上将之首易如探囊取物"。关羽斩华雄，竟然没耽误喝一杯温酒。好莱坞的电影，在短短两个小时的时间里，小人物就克服了百般险阻，变成了大英雄或大富豪。"耗力最小原则"并不是指那些轻而易举的事情能带来快感，而是指原本艰难困苦之事突然发生转机、变得容易之时产生的审美效果。

作家张爱玲有句尽人皆知的话："成名需趁早，晚了就来不及了。"我愿意从审美的角度附会一下：青春年少之时，渴望被人认可，如若求而得之，想必甘之如饴，假如这个过程被拉得很漫长，即便到了中老年他得偿所愿，也体验不到那种巨大的快感。年轻时候的成功，让人觉得"春风得意""一日看尽长安花"，乃至"仰天大笑出门去"。如果经历长期的努力和曲折，即便初心不改，在成功到来之时，这个追求者可能就淡然受之——这份淡然与其说是一种修养，毋宁说激情早已委顿，成败利钝早已变得没有那么重要。

鲁迅先生讲过一个故事：一位农妇在田里顶着烈日、面朝黄土，辛苦劳作。她想：这个时候，皇后娘娘在宫里肯定是刚睡了午觉起来，吩咐太监说，来，拿个柿饼。虽然只是个故事，它委实折射了人的天性，即神往于这种由最小的耗力来解决最大的问题所带来的美感。人的审美感受在这一点上并没有阶层的差异。成为娘娘，成为贵妇，在这个妇人内心里意味着美好的生活——耗力最小、活得轻松——因为生活的重担实在是太过重大而且似乎遥遥无期。

但如若认为人类的本性仅止于此面，恐怕也是不公正的。有些人在挫折中磨炼出了不一样的品格，恰恰可能对那些轻易就能得到的东西并不那么神往，而是愿意为一些难以达成的目标尽心竭力，哪怕"力尽关山未解围"。如果经过卓绝的奋斗，终获成功，他所体验到的欣慰和满足，在程度上虽不如狂喜快乐那么强大，却有着一种深厚悠长的意味。这种美，康德称之为壮美或者崇高。所以我们还应该有一个审美的耗力最大原则与耗力最小原则相对应。广而言之，费希纳提出的审美原则，用以解释优美的艺术比解释壮美的或审丑的艺术更加妥帖恰当。

第三节 表现性、张力与平衡感

艺术品本身是物质的，如果这个物质让你以为它只是生活中的一件物品，我们就不会用艺术欣赏的眼光去审视它。如果有一个苹果被搁在餐桌上，你可能会把它当作一个食物。你或许会体验到它的滋味之美，但这种审美是生活审美，是生活体验，不是艺术审美。如果你用一个画框把它框起来，然后挂在墙上，你就会认为它不仅仅是一个苹果，会觉得它似乎想告诉你一种食物之外的意义。当然在艺术史上有这么一个阶段，有些艺术家认为艺术品不应该有表现性。然而一个挂在墙上的苹果，如果没有任何寓意，不象征着丰收，也不隐喻着平安，仅仅是把本该出现在餐盘里的它弄到了墙上，这么做本身就什么都不表现了吗？你把一个水果剥离了它的存在语境，它就变得特殊了，这种特殊性其实就是艺术的最初来源之一。一件物品从它的同类和它的日常功用里被拣选出来，变得特殊，这本身蕴含了很多东西，它表达了它作为平常之物不能表达或者没有机会表达的东西——它自身的独特性。

艺术品应该具有表现性，这是格式塔心理学派的美学家阿恩海姆提出的看法。当一个艺术家把作品拿出来示众，即使他并不清楚自己作品的意义，也总希望作品能够给观众带去些什么。他肯定不希望观众走到作品前，说"这里放了一只坛子"，然后转身离去。所以广义而言，艺术品都应该具有表现性。它可能不一定是隐喻，不一定有象征，也可以并不富含哲理或者情感。

不过隐喻和象征显然是很多艺术品的魅力所在。如今反对艺术品的隐喻和象征性的声音是强大的，但是在艺术中抛弃隐喻和象征，与要求艺术必须有隐喻和象征，恐怕是风格与潮流之争而已。隐喻和象征在艺术里的遭遇，与道德在艺术里的遭遇何其相似乃尔。艺术潮流也有点像政治潮流，它们出现的时候，一般而言都是极端的。

回到40年前，隐喻和象征在中国的艺术中曾经扮演着举足轻重的角色，一度成为表达时代先声的一种方式。梁小斌在《中国，我的钥匙丢了》这首诗里，表达了一个向往着开放社会的年轻人的心声。

中国，我的钥匙丢了

梁小斌（1980）

那是十多年前，
我沿着红色大街疯狂地奔跑，
我跑到了郊外的荒野上欢叫，
后来，我的钥匙丢了。
心灵，苦难的心灵，
不愿再流浪了，
我想回家，
打开抽屉、翻一翻我儿童时代的画片，
还看一看那夹在书页里的

翠绿的三叶草。
而且，
我还想打开书橱，
取出一本《海涅歌谣》，
……

读此诗，你难免会去思考"钥匙"的隐喻是什么。也许丢失的是青春，也许是浪漫，也许是别的什么东西。这首诗正是因为有其隐喻才颇具魅力。当然，在梁小斌写这首诗的时候，真正的开放社会还未到来，人们要表达自己的真实想法还需要东遮西掩，隐喻和象征在那个时候具有充分的必要性。那么在我们这个时代，如果用"我想从书橱里取出一本《海涅歌谣》"来表达我们对自由阅读和自由思想的渴望，就显得多此一举。此后的许多中国诗人在一个相对开放的社会里刻意玩弄隐喻，就给人矫情玄虚的感觉。然后就出现了"拒绝隐喻"这个主张。诗人于坚甚至就此写过一本书，书名就是《拒绝隐喻》。"拒绝隐喻"，就像我们说"回避崇高"一样，肯定是隐喻或者崇高被扭曲成了一种令人生厌的东西。既然隐喻使艺术作品具有了表现性，它至少应该是艺术家永远可以使用的一种手段，该避免的无非是它的被滥用而已。"中国，我的钥匙丢了"这一句慨叹，难道不比"我找不到生活的意义"这样的话语更有感染力？但是假如一个诗人并没有真情实悟，而是用隐喻充斥诗行呢？面对这样的作品，读者痛苦，甚至同行也痛苦。"你体内的雨声是金属的/鸟儿是一个看护妇/火星隔着世纪走向原点/一场盛宴……"这样的诗是可以用隐喻的机器制造出来的。

拒绝隐喻并不会让诗歌一劳永逸地摆脱了媚俗和矫情。如果一个诗人以绝对的零度视角叙述一切，并把这种态度作为优秀诗人的标志，我们也能发现这种艺术主张的造作。大厨写给采买的选购单是绝对零度的，装修工写给业主的采购单也是绝对零度的，如果诗歌以这种零度为优劣的标尺的话，那么和滥用隐喻就没有什么不同了——我们也可以称之为滥用零度。

在此，推荐两首当代诗歌：一首是运用隐喻的，一首是反隐喻的，在笔者看来都是好诗：

雨 水

侯四明

也许该唤醒一些死寂　除了春风
还应该有些春雨　像栖落的蝴蝶和燕子
应该有温情　让土地铁青的脸
松弛　草星星样眨眼
应该是一次重逢：哭或者拥抱
它们合二为一　有最酣畅的葬身
最最慰藉的地方　有了些潮汐
应该是还阳　是一些援军
应该有一些想法　茑萝一样起床
让阳光有了身影　要是灌木丛中
有了一只惊兔　叶片样跳跃
那不约而同　分明就是一场策划
雨水　微带怯懦的欢快
它应该打消了季节的狐疑　应该
有持手的灯　一直照进深处
那些残留的淫威　要丝丝缕缕撤离

飞

吴晨骏

两只鸽子
在红屋顶的房子上飞

曾经有十只鸽子

在红屋顶的房子上

飞，八只鸽子
在昨夜被毒死

老头说
他要杀死下毒人的全家

我的脸
在窗户后面阴沉着

两只鸽子
在红屋顶上降落

八只鸽子
被老头拎在手上

他说
他要杀死、杀死

下毒人的全家
我真想冲出窗户

飞——
和那两只鸽子一道

某些富含隐喻的诗歌对于读者的理解力、人生体验和阅读范围有比较多的要求。侯四明的这首诗，在不曾涉猎过较多的现代诗歌的读者看来，未必是一首值得称道的作品。但这并不意味着不懂这首诗的读者就在艺术品位上存在着某种缺憾。艺术与观众的关系，原本就在很大程度上是基于缘分的。对于一位观众而言，一件艺术品就是一段缘分，而且缘分也是一种相聚有时、失散有时的现象。比如我与"床前明月光"这样的句子的缘分早已结束，而与"应该/有持手的灯/一直照进深处"这样的句子的缘分才刚刚开始。这种看待艺术的态度，便是我在第三篇将要探讨的艺术的生态主义视角。

也许有的读者会认为吴晨骏的作品《飞》象征了什么、隐喻了什么，其实生活里如诗中所描写的情境比比皆是。假如我们不从象征或者隐喻的角度去理解这首诗，它依然可以说富有诗意。它和"明月松间照，清泉石上流"一样，与人类对这个世界的基本的审美感受有关。"清泉石上流""初日照高林"是优美的，而一个老人拎着鸽子说"杀死、杀死"，则是另一种诗意，它不必象征什么，它就是生活本身，弥漫着一种平庸却绝对的悲剧意味。

中国诗人于坚提出"拒绝隐喻"这个说法，是20世纪90年代的时候①②。稍前有诗人韩东等人提出类似的观念。在西方的艺术史上，一股解构隐喻的潮流出现得其实更早一些。古典主义、浪漫主义的艺术一般都是有隐喻的，甚至现实主义的作品也是具有隐喻的，但是到了现代主义艺术时期，拒绝隐喻，或者解构隐喻，蔚然成为一部分艺术家的追求。例如照相写实主义画家画一个苹果，把它描摹得比照片还要清晰。艺术家似乎就是要让观众凝视一下这个在此世真实存在过的苹果——你可能从来都没那么仔细地端详过一个苹果的细枝末节。就像一个老人把八只鸽子拎在手上对你说"杀死，杀死"，话音未落你已转过头去，后来你也只是把此事当成笑话一样讲给别人听。

法国的新小说家，比如罗伯·格里耶，就创作了很多"物本主义"小说，他不希望自己的小说承载隐喻。他希望我们在小说里死心塌地地观看这个物质世界：一朵海浪、一艘轮船、一个丢弃在地上的线头或者被压扁了的青蛙。为什么我们不能把对于这个世界的占有欲和先入为主的理解放在一边，做这个世界的冷峻的观察者？罗伯·格里耶在小说《窥视者》（1955）里是这么做的：

---

① 于坚：《从隐喻后退——一种作为方法的诗歌》，载《作家》1997年第3期，第68—73页。
② 邓程：《拒绝隐喻：新时期以来中国的后现代主义诗论》，载《星星月刊》2015年第3期，第6—19页。

仿佛所有的旅客都没有听见似的。

汽笛又响了一次，声音尖锐而悠长，接着又迅速地响了三次，猛烈得要震破耳膜——猛烈得没有目的，没有效果。像第一次汽笛声一样，谁也没有因此发出一声喊，因此后退一步；旅客们脸上的肌肉连动也没有动。

一排排固定的、平行的、紧张而且几乎带点焦急的视线，正在超过——或者说竭力企图越过——那一片还间隔在它们和它们的目标之间的逐渐缩小的空间，旅客们一个挨一个，以同样的姿势昂着头。轮船毫无声息地喷出最后一股烟；这股烟很浓，在人们的头上构成蘑菇状的羽饰，可是马上就消散了。

在这股烟的后面，离人群没多远的地方，站着一个对轮船靠岸漠不关心的旅客。汽笛声既没有引起他注意，也没有减弱其余旅客的兴奋。他和其他人一样站着，躯干和四肢都是僵直的；他的眼睛望着地面。

他经常听到人们向他说起这件事：二十五年前或者三十年前，他还是个孩子的时候，他有一只很大的硬纸盒子，原来是装鞋子的，他却用来收藏他所搜集的一股股小绳子。他并不是任何小绳子都收藏：质量低劣的他不要，用得太旧、走了样或者脱了线的不要；太短而又派不了什么用途的也不要。

他面前的这段小绳子一定符合他的需要。这是一条很好的小麻绳，一点儿没毛病，被人小心地卷成8字形，在打结的地方还密密地绕了几圈。它一定很长：起码有一公尺，甚至两公尺。一定是什么人把它卷起来留待将来使用，或者准备收藏，后来不小心遗落在那里的。

这段文字对于大部分读者而言可能没有多么引人入胜，甚至读起来有点枯燥。但是我们是否可以说，它也应当有它存在的价值？当你读过这段文字，有一天你站在码头上，你就可能想到小说里的这个场面，你很可能奇怪为何自己读过那么多描写过码头的小说，偏偏是这一段不知因为何种目的而写出来的文字让你念念不忘。那些庸常的事物，尖锐的汽笛、沉默的人群、被人遗失的无用之物，共同构成了一种特殊的诗意，一种自在，一种对宏大叙事的拒绝。

隐喻和象征给艺术品带来意味，但同时它们也使得某种原汁原味的东西遭到了遮蔽。这正如我们品尝韩国泡菜复杂的滋味时，也就不能同时品味到清蒸白菜的清香和那种泥土的气息。如果你愿意试着去了解毫无雕饰的新鲜白菜的那种混合着泥味的纯朴滋味，一定会念念不忘——尽管你未必会喜欢它。

在原汁原味和丰富多彩的象征与隐喻之外，艺术家还有一种使得作品具有表现力的方式：诉诸形式本身的多样性。艺术品的美感，可以主要地来自它的形式。此时，"形式为内容服务"的说法就不适用了。当然在很多时候，艺术的形式扮演的确实是内容的辅助者的角色。例如在《哈姆雷特》的开头，老国王的鬼魂赫然显现，一下子就抓住了观众们恐惧且好奇的内心，也把一种命运的恐怖性笼罩过来。假如这鬼魂等到剧情发展到中间才姗姗显现，或者到了真相大白的时候才横空出世，那么就其内容而言也未尝不可。而就抓住观众的内心而言，莎士比亚的做法是成功的。但是艺术的形式如果不扮演内容的辅助者的角色，甚至内容为了形式美而服务，也是如今艺术领域常见的情况。有一部分艺术的一部分欣赏者是把形式看得高于内容的。一些京剧的老观众可能最关注的是某个角色在剧情演绎到某个节点时那个角色的那一串精彩的动作，或者某个名角在演绎某个唱段时独特的表达方式。再比如，图15的齐白石的《葫芦与天牛》，就形式美而言，我们能说出几十种理由，但从内容上而言，恐怕只能说：这是长着两只葫芦的藤子和一只天牛。

图15 《葫芦与天牛》（齐白石，1949）

如果有人问：这两个葫芦象征了什么？莫不是"难得糊涂"？天牛又象征着什么？就有点暴殄天物了。当然有时候艺术家也未能免俗，会给自己的作品附会些许象征意义以博得更多观众的青睐。

就艺术而言，形式主义在多数语境下都不是贬义词。艺术可以为内容服务，也可以不为，这正如艺术可以为社会生活服务，也可以成为一个人审视或暂时脱离社会生活的一种存在方式。再稍微说远一点，艺术就像哲学和宗教，它是大的东西，生活、幸福、价值……这些是小于它的。

谈论一件艺术品，把内容和形式分开来看的二分的思路往往把艺术家最重要的用心给忽略了。我们有理由相信，齐白石在画葫芦的时候，他感受到了一种美，这种美来自它激发了我们记忆中的亲切感和安定感（毕竟这种植物是伴随着我们长大的），也来自齐白石所演绎的婉转的线条、浑然天成的形状、天牛柔和的触须和腿脚以及藤须轻绕葫芦那种亲和的感觉。这样的作品里，可以说形式也是内容，内容也是形式。《葫芦与天牛》表现的是齐白石心中的葫芦与天牛——如果说这幅画有什么内容的话，这就是它的内容了。

但是那种可以贬义地被称为"形式主义"的艺术也绝不罕见。所谓贬义的形式主义，乃有两层含义。一层是指在本应该聚焦于内容的时候却在形式方面兜圈子，另一层含义是在形式审美方面滥用形式。如果一个作者要表达某种内容——而不是在探索语言的形式美时——却因表达能力有限，去玩弄辞藻而使读者不知所云，这就是前一种形式主义。而在形式审美方面滥用形式，以掩盖其形式创造力方面的贫乏，在视觉艺术方面往往蔚为大观。鉴于人类视觉经验的敏感性，形状与颜色的细微变化都有可能扰动人心，这就给玩弄形式留下巨大的空间。我们可以把蒙娜丽莎的下巴窄化，把大卫的皮肤染成黑色，或者把梵高笔下扭曲的柏树改成塞尚《圣维克多山》那种刻板的笔触。这些都能给观众留下一些印象。对于这种缺乏创造性的形式主义，观众通常是比较宽容的。如今艺术品之所以陈列于我们眼前，并且被定义成优秀的作品，在相当多的情况下是因为它们傍上了资本市场这个大款，在金融权力的恣惠下骄纵。

滥用形式的另一种方式是把隐喻和象征也进行形式化的玩弄。这里所说的"玩弄"，指的不是抽离了深意的隐喻或象征游戏。一部灯谜大全，一本笑话全集，都可以是隐喻象征的游戏。他们和那些严肃地使用象征和隐喻的作品——例如艾略特的《荒原》或者歌德的《浮士德》——自然不可同日而语，但我们至少能体会到作者的良苦用心，以及感受到心智机巧之美。而那种毫无形式之美，却充满着故作高深、一本正经的隐喻和象征的艺术品，则是在使用艺术家这个身份进行蒙骗。

这种现状自然有其历史原因。在学院派把持美学标准的时代，作为个体的艺术家的自由度和创造性受到极大的抑制，观众也跟随在权威评论家的背后对作者品头论足。那个时代的形式主义是以形式的僵化为特征的。而在艺术领域的权威主义式微之后，这巨大的权力的相当一部分落到了艺术家身上。利用这种权力玩弄形式便成为一部分艺术家的生存之道。

作家张炜在小说里写到过一个情节：某艺术家画了一坨粪，粪上遍洒黄豆，旁边站了一只狗在朝着黄豆放屁。"奋斗等于狗屁"，就是这个画家要表达的意思。但它并不能给观众带来什么新东西，如果艺术家闲来无事，画上一幅送给朋友权作娱乐，而不是一本正经地挂在高处奉之为杰作，倒也无伤大雅。艺术家创造力有起伏，精力也有盛衰，本不难理解。不幸的是，艺术家本人可能并不一定会真诚地承认创造力的贫乏。

艺术作为一种现代的新宗教，它有重大而且广泛的影响力。而且如今的观众面对艺术比以往任何年代都更加谦逊，在自己无法领会的作品面前常常温和地坦言"我不懂"。观众对于创新和超出常规的东西有了更大的忍耐力和尊重。与此同时，艺术家是不是相应地也应该更加谦卑谨慎呢？齐白石到了晚年

图16 《抽象的绘画》（阿德·莱因哈特，1960）

还说自己并不会画画，这恐怕是实情——这与一个物理学家说自己对这个宇宙几乎一无所知同样真实。当艺术家认为自己找到了艺术的唯一法门，以那种唯吾独尊的姿态构建话语上的霸权，他作为艺术家的身份反倒值得怀疑。因为艺术的作用本是要打开人的视野，而不是关闭人的思想。

回到"拒绝隐喻"这个话题。对于隐喻的反抗，莱因哈特也许是最坚决的一位了。他甚至对形式美也是反对的。他希望艺术："没有线条和形象，没有形和构图，没有视觉、感觉和冲动，没有象征，没有装饰性、色彩或图画性。没有愉快和悲哀。"这体现了莱因哈特的信念："艺术就是艺术，除了艺术什么都不是。"他追求纯粹的艺术表达："艺术中的一个标准是个性和优美，准确和统一，抽象和本质。对于美的艺术来说，它是非呼吸的，非生命的，非内容，非空间，非时间的。"①

这种把艺术纯粹化的极端企图，其动力来自何处，是很耐人寻味的。中国的禅宗的发展也经历过类似于西方近现代艺术的精神阶段。禅宗到了烂熟时代②，尤其是烂熟时代后期，厕身于南宋富裕繁华的社会环境，机锋和文字禅一度蔚为风尚，一种原本深邃开阔的精神信仰变成了抖机灵的游戏。我们至今还会从唐代慧能的那句"菩提本无树，明镜亦非台"的偈语得到启发，而南宋的那些机锋与文字禅虽汗牛充栋，如今只能静静地躺在故纸堆里——当初它们也曾经喧嚣骚动过，折射着那个时代特有的轻浮。

至于艺术，出现一个烂熟时期，绝非不可能之事。这种时代，往往都祭出"纯粹"这面大旗，而且也经常是相对主义哲学盛行的时期。

笔者赞同莱因哈特以个人名义的艺术主张，反对他以艺术名义的艺术主张。假如把纯粹当成艺术的唯一标准，那么等待艺术的恐怕只有消亡。

但正如在数学发明"零"这个概念之前，这门学问无法走到一个更广阔的天地，莱因哈特的态度也许就是艺术风格学上的这个零，或者更确切地说是"零"字的众多写法之一。③

追求纯粹的艺术态度迟早要走到绝境上去。这个绝境也就是艺术的极限或者说原点。这个原点总有一天会被标识出来，没有莱因哈特，也会有——而且

---

① A. Reinhardt, *Art-as-art*: *The Selected Writings of Ad Reinhardt*, New York: Viking Press, 1975.
② [日] 忽滑谷快天：《中国禅学思想史》，朱谦之译，上海古籍出版社 2002 年版。
③ 因为这样的人物，我们还能举出马列维奇、弗朗西斯、克莱恩等多个例子。

也确实有——其他的艺术家们把它标识出来。

因此这又涉及另一个话题,即艺术家在艺术史上的显著度和他的艺术贡献之间是一回事吗?这或许可以把政治家在历史上的显著度和他的政治贡献的关系拿来粗略对比。在现代政治史上,希特勒的集权和扩张主义达到了空前的规模,但是说他对人类有很高的政治贡献,恐怕大谬不然。他的做法其实告诉我们"此路不通"。他的重要性不在于他做成了什么,而在于他所做之事的失败。不过,在莱因哈特走到"黑画"之前,他有一系列作品委实让人念念不忘。

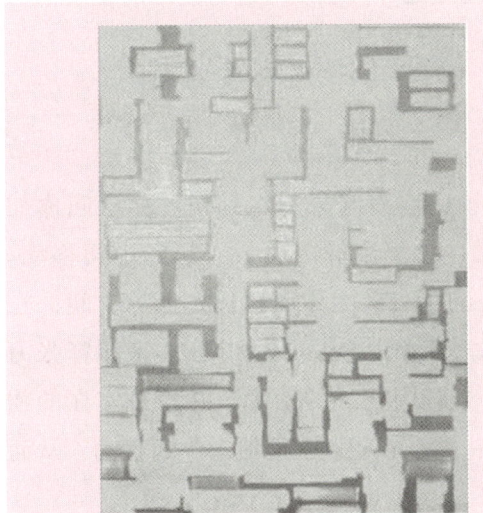

图17 《无题(黄色和白色)》
(阿德·莱因哈特,1950)

图18 《抽象绘画,蓝色》
(阿德·莱因哈特,1952)

当然,莱因哈特的黑画之所以进入艺术史,还在于它们是艺术家和观众之间发生的事件。这些事件并不仅仅是"一位画家涂黑了画布"那么简单。一位艺术家和一群观众走到一起,心照不宣地希望绘画艺术能够抵达纯粹之境,于是涂满黑色的画布构成了一种哀悼的气氛。这种事件还是很耐人寻味的。如果一个画家在北京这个地方搞一次展览,所有的画面涂的都是朱红色,也一定能抓住很多人的感受。一个在北京长大的年轻人说[①],在她小的时候,北京是

[①] 赵伊萌,2019年7月20日,竹居读书沙龙,机械工业出版社主办。

一个灰蒙蒙的城市,胡同里涂成朱红色的大门、故宫里红色的柱子,是她记忆里最欣喜的颜色。如今这座城市变得丰富多彩,外地来北京的游客,对其最深刻的印象依然是红色,因为那些被保留的最好的文化遗产,红色依然是其主旋律。既然红色又被称为"中国红",它的象征意义是丰富的。但如果这个把画布涂满红色的人不是画家的身份,观众恐怕未必愿意参与这样的事件,更有可能把这种行为看成一种胡闹。此种事件的核心不在于艺术家笔下所造之物的性质,而在于艺术家通过一种媒介与观众之间能否达成互动和沟通。这种互动的成功,反倒主要考验的是艺术家的造型能力之外及观众对造型艺术的理解能力之外的东西,所以从本质上来说它不再是造型艺术。

张力与平衡感

当你看到图 19 的时候,你大概会说,它看起来有点别扭。如果问你如何才能让它变得不太别扭,你大概会说,让那个椭圆朝长方形的中间移动。这是多数人看到此图时会有的体验。是的,当椭圆移动到长方形的中间,它看起来就比较稳定了(如图 20)。阿恩海姆就是用图 19 和图 20 来解释张力与平衡的。[①] 它只是由一个长方形和一个椭圆构成的图形,并不是实在的物体,但我们的内心仍然像对待真物实体一样,希望椭圆能够向中间移动,从而变得平衡一些。

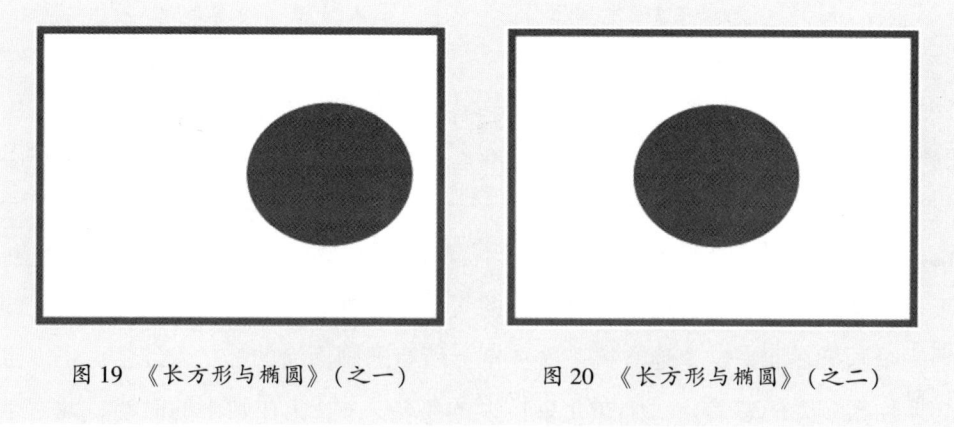

图 19 《长方形与椭圆》(之一)　　图 20 《长方形与椭圆》(之二)

---

① [美] 鲁道夫·阿恩海姆:《艺术与视知觉》,滕守尧译,四川人民出版社 2006 年版。

长方形和椭圆的不对称关系诱发的是观者内在的心理动力,或者叫张力。阿恩海姆告诉我们,张力不仅仅是一个物理过程,它还是一个心理过程,而且它可以纯粹是心理的,可以不由物理层面的力而引发。即使那只是一个圆和一个长方形,它们给人带来的感受,犹如有人把一只真实的茶杯搁到桌子边缘,让观者有一种不去纠正它就放心不下的感觉。

就传统的绘画而言,艺术家希望绘画的张力在画框的内部得到平衡。例如在图 21 的椭圆左侧安置两个小圆,整个画面就显得平衡了许多。

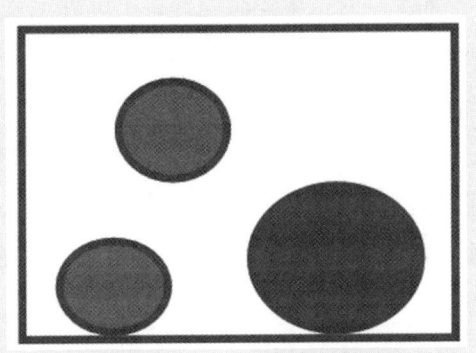

图 21 《长方形、椭圆与圆》

图 22 所示的齐白石的作品,在笔者看来是把张力和平衡感完美统一的典范之作。画面左边的那条丝瓜纵向放置,产生似乎会沿着逆时针方向倒下的趋

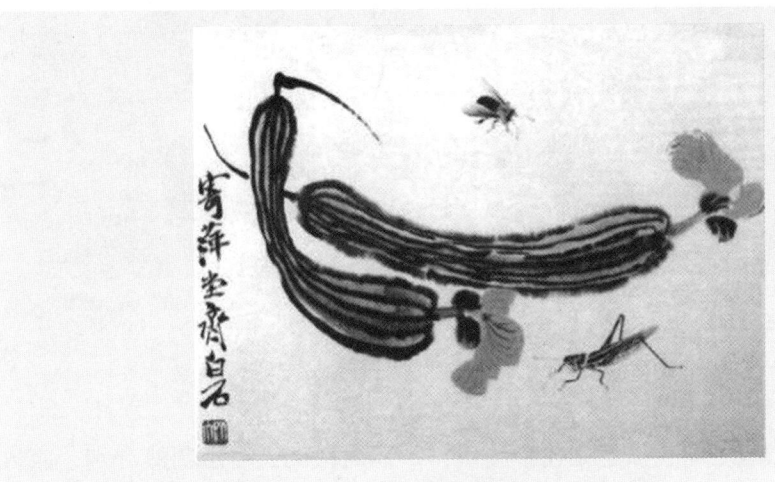

图 22 《丝瓜昆虫》(齐白石)

势。而横向放置的丝瓜给左边的丝瓜一个顺时针方向的吸引力,就使得左边的丝瓜的稳定性得以增加。左侧的丝瓜的瓜蒂部分朝右边偏斜,增加了它对于右边的丝瓜的抱持感。它的底部比上部大得多,使得画面的下部更为厚重稳定,同时也与横向放置的那根丝瓜的较为细小的根部形成对比,显得更有承载力。向右飞翔的蜜蜂,进一步把竖向放置的丝瓜的逆时针倒伏的感觉朝着顺时针方向牵引平衡。而在画面右下侧的蚱蜢朝着左边的方向爬过去的感觉,也起到了这种平衡作用。因此,一个逆时针旋转的强烈趋势,就通过这一系列的其他元素而平衡掉了。事实上,如果观赏这幅绘画的是一个国外观众,只接触过瓠瓜之类的在形状上与丝瓜类似,但分量上要沉重得多的瓜类,他恐怕仍然会觉得画面的平衡是岌岌可危的。对于中国观众,会觉得这个画面足够的稳定和谐,因为丝瓜是一种轻盈的物体,由蜜蜂、蚱蜢等元素参与其中保持平衡是绰绰有余了。

另外,两条丝瓜以黑色线条构成了画面中的主要气韵,黄色的丝瓜花则平衡了黑色的沉闷气质。画面的上部的振翅飞翔的蜜蜂、画面的下部的纤细的蚱蜢,都是画面中最精致的元素,它们与丝瓜和丝瓜花的粗线条的慵懒气质也构成了对比与平衡。

图23 《强劫留西帕斯的女儿》(鲁本斯,约1618年,巴洛克风格)

图24 《内战的预感》(达利,1936,超现实主义风格)

平衡感和张力之间应该达到何种妥协,不同时代的人看法判然有别。西方中世纪的艺术钟爱平衡感而缺乏张力,到了文艺复兴时期之后,这个情况迅速发生了改变①，到巴洛克时代，艺术家对于张力的追求达到了一个高峰。而在人类进入工业社会之后，现代主义和后现代主义艺术则对于张力的钟爱远胜于平衡感，以至于观众在这样的作品前经常深感不安。

图 25 这座后现代风格的建筑仿佛是开裂的，似乎随时会倒下去。窗子也开在奇怪的位置，大小不一，严重不对称。这不是一座让人看它第一眼就感到赏心悦目的建筑。但对于一个内心拥有足够安全感的人，那种开裂、摇摇欲坠的感觉会慢慢淡去。住进这样的房子里也许会对它日久生情，反而觉得那些普通的建筑过于中规中矩了。

图 25 《费城住宅》（罗伯特·文丘里）
(https://www.justeasy.cn/news/11238.html)

如果不是居住在这样的空间里，而是以它作为审美对象，这种错位的张力带来的审美感受会更有趣。下图是莫隐的油画作品《惑》，空间上的错位感所带来的张力是很生动的。这种错位，也恰恰是我们的记忆所具有的特点。

绘画作品作为欣赏对象、建筑作为居住之所，两者在功能上的殊异，影响了观众对它们的感受。在建筑面前，观众会产生居住其中的带入感，而不易把

---

① 在这之前的短暂的卡洛林文艺复兴（Carolingian Renaissance，公元 8 世纪末至 9 世纪），艺术在这方面也有着值得称道的突破，只是时间尚短，未能达到意大利文艺复兴的辉煌高度。

它们当成纯粹的欣赏对象。有些后现代建筑颠覆建筑的传统隐喻，即作为居住的场所，作为稳定、平衡与安适的来源，而是给人以相反的感受。例如美国的建筑设计大师弗兰克·盖里设计的一座医院（见图27），它给观者的第一印象是纠结扭曲的，充满着躁动感。然而此建筑对于居住于其中的人来说意味着什么，我们因为并非身临其境，也就不得而知。对于建筑的评价，居住于其中的人理当拥有更多的发言权。

图26 《惑》（莫隐，2016）

我们现在回头看中世纪的欧洲绘画作品，恐怕会觉得他们对于平衡感的过分追求有点愚不可及。图28是公元6世纪的一幅马赛克镶嵌画，画面里的东罗马帝国皇帝和随从们被描绘成同样的身高、同样的胖瘦，甚至衣服的褶皱方向都是相同的。这么做除了带给观众超稳定的感受，也显示了一种力量感和绝对的意志，容易让人联想到德国纳粹时期的那些用于公共宣传的艺术。而同一个时期的中国绘画艺术就远非这种气质。仅就平衡感而言，即使数百年后的南宋时期，工整细腻一度蔚为风尚，中国艺术家对于平衡感的把握也未曾发展到如此教条的地步。

图27 《克利夫兰诊所》(弗兰克·盖里,位于美国拉斯维加斯)
(http://www.ejdoo.com/news.php?id=3179)

图28 《东罗马帝国查士丁尼一世大帝及其随从》,(马赛克镶嵌画,
公元6世纪)

图29 《狩猎图》（公元6世纪，敦煌壁画）

第四节 抽象和简化

艺术应该是对现实的抽象和简化，这也是阿恩海姆的观点。但它肯定与当代艺术的有些做法相矛盾——有时候艺术家着意把生活中被艺术抽象和简化的那部分重新纳入艺术的视角，也就是把某些曾被简化的东西复杂化和细节化。但如果把这句话改成"艺术必然对现实有所抽象和简化"，即使在如今后现代主义滥觞的时代也经得起推敲。艺术品肯定不是现实本身，即便杜尚把小便池拿到展厅里的举动，也意味着他使它脱离了它本来的存在环境。

不过把"应该是对现实的抽象和简化"改成"对现实必然有所抽象和简化"，这句话的意思无非就是在说艺术不同于现实。

笔者认为，抽象和简化可以使艺术品符号化。要想撼动人的情绪，符号化可能是最有效的方式了。"如果我和你妈同时掉到水里，你先救谁？"一个妻子把复杂的生活简化成如此纯粹的情境，丈夫也就立刻陷入两难境地。而在生活中，每个丈夫面对的是无数选择，但恐怕没有哪个会重大到类如在生死瞬间决定伸手救老妈还是救老婆的程度。艺术家出于撼动人心的目的，难免要对这种简化充满热爱，欣赏者亦如是。而且，通过对生活的抽象和简化，艺术品不仅仅达到了撼动人心的作用，它们其实也可能因此而提高了我们对于生活的洞察能力。也许没有任何一个丈夫面临妈妈和妻子同时落进水里时的困境，但这个抽象出来的情境显然能让为人子和为人夫者对生活中类似的、但在程度上并没有这么激烈的情境有所反思。此种两难处境的较不激烈的形式在生活里可谓比比皆是。

　　康德曾说："大自然在它看起来像艺术品的时候是美的；艺术品在它看起来像大自然的时候是美的。"自然是无比复杂的，而人类的心灵总是有选择地从自然中抽取一部分，忽略掉别的部分，否则在纷繁复杂的世界里我们只能感到焦虑无助。在另一方面，如果艺术品与自然毫无关系，观众所能体验到的美感也会大打折扣。在康定斯基和吴冠中的抽象画里，观众总能看到阳光、山峦、植物等人世间的存在物。假如继续抽象下去，把那些让我们联想到太阳的形状改成方形，把代表山峦的三角画成麻花的形状，把荷花的红色一概涂成黑色，观众便失去对景物的联想，所见皆是纯粹的几何图形。

　　当然，并不是所有的观众对于较为纯粹的形状和颜色全都无动于衷，但从人类普遍的美感体验而言，大体有这种规律性：完全脱离生活的形状和颜色常常在激荡美感时显得乏力。不过音乐似乎是一个例外，舒伯特的小夜曲能够得到最为众多的听者的共鸣，似乎并不是因为它让人联想到人世间的其他声音——例如母亲安慰孩子的嗓音。贝多芬的《月光奏鸣曲》之优美动人，完全不必通过把它与月光联系起来方能领略到。

　　有趣的是，音乐让我们产生情感的联想，却不适合让我们产生对人世间其他声音的联想。我们能从声音里听出缱绻与决绝，或者不绝如缕的忧伤与欣慰，但我们并不太愿意把这些声音联想到现实中的溪流缠绵与江河滔滔，只能把它们看成有时候不可避免的附带的联想——如果我们反而要通过联想到这些真实存在的声音才能感动我们自身，就仿佛我们在听外语的语句时需要先翻译成母语再去理解它们的意思，意味着我们欣赏它们的能力还有待于发展。克里夫·贝尔对于音乐的这种纯粹性是大加赞叹的，他认为音乐是作为纯粹形式的艺术的杰出代表。[①] 不过音乐的所谓纯粹性恰恰因为它其实并不那么纯粹。人类与现实世界的连接最主要地通过视觉，与情感世界的连接最主要地通过声

---

① ［英］克里夫·贝尔：《艺术》，马钟元、周金环译，江苏教育出版社2005年版，第12—13页。

音。我们面对一片垃圾场，久之而无动于衷，却不会对邻居的装修钻头发出的日复一日的轰鸣变得习以为常。我们总是对声音所蕴含的情感保持着敏锐的觉察，这大约是人类作为一种并非处于食物链顶端的哺乳类动物经历数百万年演化出来的能力。

图30 《作曲7》（康定斯基，1923）

图31 《蓝色》（康定斯基，1925）

图32 《荷花》（吴冠中，1990）

　　抽象和简化的另一个审美意义是给观众留下了想象的空间。艺术家要表达自己的感受，但于观众而言，他们对原原本本地了解艺术家的这份感受的兴趣，远小于他们所期待的被感染和被打动。这就使得艺术家在面对观众的时候，不能不"犹抱琵琶半遮面"。有时候即便观众千呼万唤，艺术家也要掂量自己是否应该直抒胸臆。把琵琶拿开之后，美女也就一目了然，想象的空间也就被大大压缩了。所以留下想象的空间也意味着让艺术品和观众之间保有一定的张力，它的不完整唤起观众内心里对它的完整性的需求。当一个审美对象被遮住或缺少一部分的时候，观众内心就会自然地形成一个心理趋势：去想象另外那一半的面貌。这是格式塔心理学（gestalt psychology）提出的完型组织法则（laws of organization）所解释的现象。

　　抽象和简化，还意味着通过这种方式，艺术家可以把事物的某些显著属性呈现出来。我们看一些卡通人物，比如说政治人物的卡通画像，寥寥数笔，似乎比他本人的照片还像他自己。他的神采的精髓通过抽象的方式被勾勒出来了。抽象和简化就是做减法的过程，这减法能够抵达某些规律性和本质性，而具体和复杂化却可能让人迷失在现象和细节之中。然而把现象和本质对立起来的做法一度遭到存在主义哲学的激烈批判。我们抽象出来的东西是本质，还是另一些现象而已？宇宙的本质是物理学的那些深奥的公式，还是我们感官所接触到的这些有硬度、有形状、有颜色、有声音和有气味的一切呢？数学固然是对这个世界的抽象反映，我们的感官难道不是对于这个世界进行着抽象？当我们感觉到一把椅子木质靠背的温暖和铁质扶手的冰冷的时候，我们也是在把这椅子本身具有的无穷信息抽象成了有限的我们可以把握的感受。

所以也许我们不必说抽象把握住了本质，而可以说我们通过审美过程抽象出来的事物的那些显著特征，反映了我们对这些事物的经验的积累。这些经验也一定囿于我们认识事物的视角和习惯。譬如说到葫芦，我们自然会联想到轻盈、光洁、浑圆、干燥，但如若是一位植物学家，或者一位以葫芦为材质来制作工艺品的艺术家，我们对于葫芦的认识一定不是这四个形容词所能涵盖的。一个植物学家会从葫芦这种物体里抽象出植物学所感兴趣的东西，工艺品制作者会从葫芦里抽象出他的专业所感兴趣的属性，这些属性于我们而言通常是陌生的，但也必然是自成一体的。人类认识世界的方式是把复杂的事物抽象和简化成不同的侧面和层面，再把这些侧面和层面组合起来，建构成既非该事物本身，但又在相当大的程度上类似于那种事物的一种存在。我们是这样认识物质世界的，也是这样认识人性的。

例如当我们用"善良温婉"去概括一个女子、用"豁达开朗"去概括一个男子时，我们是把握住了这些人的性格本质了，还是仅仅把握住了他们呈现给我们的某一面呢？恐怕后者是一个更靠谱的看法。人性是复杂的——或许这才是人的本质，或者说复杂是一切事物的本质——但我们却只能先通过抽象和简化来认识世界。

就艺术而言，所谓抽象可以抵达本质，此本质经常指的是我们对于某种事物的熟悉的主观感受。我们平时接触到的葫芦，通常乃质地轻巧、光洁温暖之物。葫芦的"本质"是轻松的、包容的——但其实在藤子上生长着的葫芦是沉重且封闭的。齐白石笔下的长在藤子上的葫芦轻松巧妙，表现着我们熟悉的感受。

如今有不少艺术家在创作时故意反对抽象，让细节丰富到令人困惑的程度。我们对事物的细节穷究不舍的时候，可能经常感受不到美感，而是丑感。但在审丑的理念之下，拒绝抽象，拒绝唯美，拒绝隐喻，深入到事物的丰富细节里去，这种态度至少是值得尊重的。

现在我们对艺术的理解已经变得相当复杂了。

我们认识事物的另一种倾向，具体化和复杂化，或许不是美感的最好的来源。但是艺术的"功用"并不限于美感的唤起，它也时常推动我们对于这个世界的理解和洞察。我们可以在几个小时之内看完一部《蝴蝶夫人》，被这个设定在日本明治时代的"灰姑娘"和"白马王子"的故事所打动。但这故事其实也遮蔽了很多东西。一位日本歌伎和一个美国海军军官如果终成眷属，之后会有什么样的生活？这在《蝴蝶夫人》里是看不到的。如果杜十娘和书生百年好合，他们会活成什么样子？我们在冯梦龙的小说里是看不到的。

假如巧巧桑和平克尔顿真的生活在一起，那些文化上的、教育上的、种族上的差异给他们的生活带来的问题，恐怕需要一部长篇小说去描绘。假如巧巧桑和平克尔顿因为婚姻中的龃龉而去寻求心理咨询，一个咨询师仅仅告诉这两个人什么是灰姑娘情结恐怕是无济于事的，他需要了解两个人的生活和情感互动的细节，而且每一个层面（生理的、心理的、社会文化的）都需要巨细靡遗。如果这个心理咨询师要想从文学艺术里得到有益于工作的灵感，一部《蝴蝶夫人》能带给他的启发可能屈指可数，他需要一部长篇的《蝴蝶夫人》，他需要的是对生活的具体、复杂、细致入微的观察，也许一部《红楼梦》、一部《霍乱时期的爱情》、一部《飘》带给他的启发更为深厚一些。当然，阅读一部《红楼梦》，是很难让读者每个小时都洒一抔同情之泪的。

但即使一位创作长篇现实主义小说的作家，他对某个现象进行具体的了解，用复杂性的眼光去看待它的时候，依然不可能不借助于抽象和简化。如果一个长篇小说作家要写出一个 1900 年前后的日本少女和美国海军军官对性生活的不同理解，他肯定还是会抓住他们对于欲望和行为的不同看法，以及不同的表达方式，假如他为了具体而具体，乃至于在小说里记录下他们一个月内这些行为的时间地点和细节，犹如临床心理学家的工作记录或者人类学家的田野调查笔记，作为读者，恐怕会觉得深受冒犯，会觉得作家没有尽到他思考、选择和概括的责任。

抽象和简化是艺术活动里必需的工具，但是它们不是目的，具体化和复杂化亦如是。

于是我们可以发现艺术的魅力既来自抽象和简化，也可以来自具体化和复杂化，这在一定程度上取决于艺术的形式。就诗歌和绘画而言，抽象和简化似乎带来更大的感染力，就小说和戏剧而言，打动人心的经常是细节，而长篇小说尤其如此。

抽象和复杂化给观众带来的感受也是辩证的，抽象给观众带来的并不一定是更简单的感受，复杂化也并不一定给观众带来的是更丰富的感受。比较一下中国画的山水和照片里的山水。如果你把后者挂在墙上，你反而会觉得它少了什么东西，虽然它其实是多了。在照片里山上可能这儿有棵树，那儿有一汪水洼，草木水石的细节一清二楚，甚至比你自己的眼睛都捕捉得更加详细，但你还是会觉得它少了什么东西。它少了感染力，少了那种韵味，细节抑制住了你的联想。再比如齐白石在《葫芦与天牛》里表现的葫芦，如果增加它们的细节，让葫芦上每个斑点都纤毫毕现，添上被虫子啃咬过的痕迹，那么它的艺术魅力对许多观众而言非但没有增加，反而可能是减少了。齐白石只是画了两块形状神似葫芦的色斑，却让人百看不厌。

既然抽象和简化所抵达的本质是我们对事物的感知，而不是事物的"实相"，那么对同一事物抽象和简化的方式就会因人而异。下图是吴冠中的作品

图33 《春如线》（吴冠中，1994）

《春如线》。如果它在你眼中只是一堆杂乱的线条,那么你可能不太习惯这种表达方式。春天的藤子,红色、紫色、黄色的花瓣,绿色的叶子——春天给吴冠中的印象就是这种斑斓的色彩和丰富的线条,它们之间的关系也都那么妥帖。想象一下,在春天的时候,走到野外,看到这样的一幅景象,内心会不会满盛欢喜?

吴冠中在作品里抽象什么、简化什么,其实是经过了他非常精心的琢磨的。他会在野外长时间地观察风景,捕捉那些激动人心的线条和光影。如果他要画一片水稻田,他就站在田野前观察水田的轮廓,找到最具有代表性的元素。下图吴冠中画作的《水田》,线条屈指可数,但在表现力方面又是绰绰有余。这幅轻描淡写的《水田》有一种醉人的音乐感,你沿着不同的线索去看的时候仿佛打开了不同的乐章。"少"反而带来的是"更多",这就是抽象和简化的魅力所在。

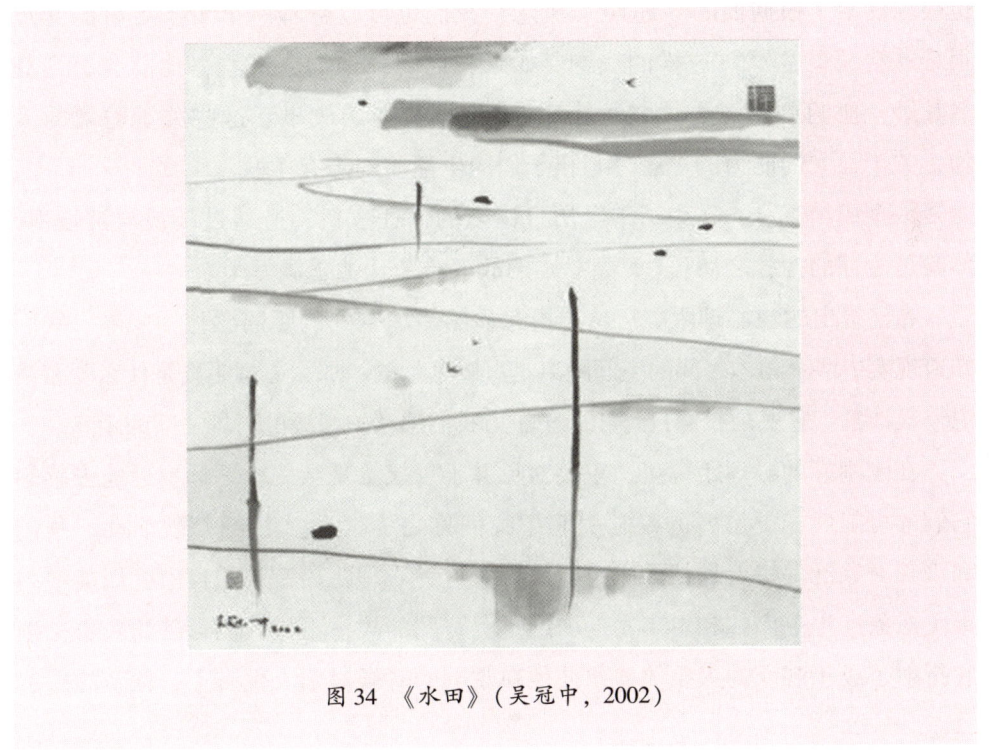

图34 《水田》(吴冠中,2002)

第五节　心理距离说、唤醒理论与间离效应

1912 年，瑞士语言学家布洛（Edward Bullough）在英国心理学杂志上发表了一篇论文《作为艺术的一个要素与美学原则的心理距离》。① 在这篇纯学术文章里他提出了审美的"心理距离"理论。他指出，观众对于艺术作品的欣赏之所以成为可能，乃是因为它们所展示出来的经验与观众自身的经验之间有一个恰当的距离。

布洛举例说，一个因妻子出轨而妒火中烧的丈夫绝不可能耐心欣赏《奥赛罗》，因为这时候个人的经验和剧中的故事所描述的经验过于接近了，导致"差距"。他还指出，如果这个距离太遥远，则会导致"超距"，那么欣赏过程也很难发生。根据他的"超距"概念，我们也可以解释一个少不更事的儿童很难欣赏《奥赛罗》这样的戏剧。如果我们勉强他们去观看，他们会感到莫名其妙。他们更愿意去读《柯南》、去看奥特曼的故事。这些关于聪敏的人物、关于强大的能力的主题才与孩子们的生活与幻想有关联。

一个成年观众，在生活中经历过诸多的信任危机，遭遇过歧视与被歧视，体验过生存的挣扎之后，《奥赛罗》的故事难免让他感慨万千。

布洛提出的"心理距离"这个概念显然是以空间的距离感作为隐喻。我们知道现实中两个物体之间的空间距离是可以度量的。那么心理距离是什么？布洛说得很抽象：它就是我们自身和那些作为我们感动的根源的对象之间的距离。

在刚刚好的心理距离里，审美对象并不仅仅给观众一个不远不近地去感知它们的可能性，更重要的是它引起了我们称之为"欣赏"的心理活动。我们和审美对象既保持着超然的距离，又因为这种心理距离带来的自由度而能够与审美对象产生更广阔和更丰富的联结。奥赛罗的故事不是我们自己的故事，但它折射了成年观众的人生体验，使他在观剧的时候对于人生有了一种新的感触

---

① E. Bullough, "'Psychical Distance' as a factor in art and as an aesthetic principle", *British Journal of Psychology*, 1912, No. 5, pp. 87–117.

和领悟，也从创作者的技法里看到了一个故事被如何出色地演绎出来。这和一个人对自己的朋友诉说自己的生活情况是大不相同的。此时诉说者与自己的生活没有距离，那个朋友也是在某种程度上卷入这个生活之中。艺术欣赏的过程不同于生活，反而与一个物理学家用逻辑去思考行星的运动规律的做法和体验更为接近一些。艺术审美是我们探究这个世界的一种方式，一种需要我们的人生经验作为材料的反思方式。牛顿把物理学称为"自然哲学"，这是对自然的存在采用逻辑和数学的工具进行哲思的一种过程，那么我们是不是可以把艺术审美称为心灵的一种哲思方式呢？

"心理距离"概念的提出有一定的时代背景。我们现在称布洛提出这个概念的那段时间为现代主义艺术时期。在印象派之后，艺术家倾向于表达自身的感受，而不是热衷于客观地去描摹自然界。那个时代有很多艺术流派对外物的真实的面貌毫无兴趣。布洛在"心理距离说"的基础上进一步提出，美没有一般性，美是没有本质的，无须追究美的客观因素，应从心理学角度去研究它，从美感效应上研究它。这个说法其实是对古希腊美学观念的反驳。为什么一个苹果是美的？古希腊的亚里士多德会说这个苹果具有美的特质。为什么一个人，比如说一个男性，他是健美的？因为健壮是自然中一个美的特性，人体验到了这个特性，故而产生了美感。但如今人们更愿意相信美纯粹是主观的。我们已经很习惯于这个说法了。但是在布洛提出"心理距离说"的那个时代，在20世纪初的英国，这算是一个新的观点。而在法国，艺术家们更早地迈出了这一步。如果你要去寻找美，不需要到自然界里去寻找，要到内心里去找。从梵高开始，甚至更早一点儿，从印象派开始这种态度就开始逐渐成为主流的美学观点。

在本书第一章谈到荣格的艺术观时，我们知道他认为好的艺术应该是脱离生活的艺术，这也是和当时主流的现代主义美学观相呼应的。不过，把艺术和生活的关系割裂开来，这种想法并不完全站得住脚。如果没有生活经验，感受是没法形成的。没有吃过梨子的人不会知道梨子是什么味道——尽管梨子的味道是主观的。再比如人和人之间的关系，如果没有人际经验，一些情感是不会产生的。当然，荣格的说法又有可靠的一面，我们的感受具有足够大的普遍性，如果一个艺术家把梨子的滋味描绘得精彩绝伦，他不一定必须是那个尝尽人间百千万种水果的人。而且，艺术家是要淋漓尽致地描摹现实还是言简意赅妙笔生花，全在乎他们自身的目的和偏好，并不该视为有高下精陋之分。

　　自然界是没有美的特质的，但是自然界是有特质的，而且它独立于人类而存在，那么人类的美感（丑感，或者一切感觉）与自然界特质之间的关系是偶然的吗？在自然界里，形状和颜色相似之物，往往具有相似的性质。当同样形状和颜色的物体聚集在一起时，我们就体验到美感，而且我们也有把相似之物聚集到一起的习惯。这是人类在漫长的进化过程中形成的对自然特性的一种天然审美偏好。对比下图中单独的一个柿子和一树柿子，我们能感受到，仅仅是数量的增加，使一个场面变得更丰富，美感的某一方面也就得以提升了。

图35　《无题1》（冯海飞，2018）

图36　《无题2》（冯海飞，2018）

如果在形状和颜色相同之物中掺杂差异巨大的他物，这种美感经常就被破坏。在费希纳的 16 种审美原则中，多样中的统一原则就是在概括这个现象。如果我们的美感与自然界的某种特征之间有着密切的连接，我们就不能安心地说"人的审美纯粹是主观的"，这就仿佛货币虽然只是一些纸张和数字，却是和价值相连，绝不可以随心所欲地发行。

唤醒理论

贝里尼的"唤醒理论"与"布洛的心理距离说"相比，在提出的时间上较为晚近一些。我们知道看一幅优美的绘画和去观看一部惊悚片的感觉是不一样的。前一种体验属于贝里尼概括的所谓"渐进性唤醒"，后一种体验则属于"亢奋性唤醒"。渐进性唤醒是美感逐渐增加，然后体验到愉悦感。

如果审美对象一开始给观众带来的是紧张和不舒服的感受，这类感受被解除时也是令人愉悦的，这就是亢奋式唤醒。喜欢蹦极或者乘坐过山车的人对此一定不陌生。一些惊悚片、哥特电影，把观众置于惶恐震惊的境地，而当危险获得解除、紧张得以松弛，欣慰欢喜之情便油然而生。

近些年，不少电影导演都喜欢在一部作品里把渐进式唤醒和亢奋性唤醒交揉在一起。电影《色戒》可以说是这方面的一个代表之作。它既有令人恐惧惊悚的一面，又有渐进的优美的那一面。把这两种感受放在一起又不违和，显示了该片导演拥有完美的艺术分寸感与节奏感。

观众对于把差异巨大的感受放到同一部作品里的做法的适应力也在迅速提升。

关于亢奋式唤醒，让笔者在这里讲述一段私人记忆。它产生于高三学习压力最大的时期。那是在寒假之后、春节之前，在一场大雪之中举行的连续几天的考试终于结束。放假的第一天，同学们回到校园来铲雪。雪霁后的天空碧蓝如洗，平日灰蒙蒙的校园突然变得银装素裹。被这样的景象包裹，笔者心头满溢着美好和欢喜。但是如果没有头几天紧张的考试，以及考完之后突然的放松，笔者对于那场大雪的记忆绝不会如此深刻。笔者经历过一场又一场大雪，多数都被遗忘殆尽。其实那次考试的结果如何，早已没有一丁点儿记忆。而这段期末回忆就像照片一般印在脑子里随时可以信手拈来。

确切地说，这个例子并不只是关于亢奋式唤醒的。笔者经历过一场又一场紧张的考试，之后的突然放松的体验自不待言，但竟至于多年以后仍念念不忘，还是绝无仅有。这段记忆之所以那么深刻，乃因一个美感刺激——晴雪——被结合进亢奋式的唤醒过程里。它在记忆里的显著性，既不是亢奋式唤醒能够单独实现的，也不是美好的雪景能独自实现的，而是两者结合在一起的时候产生了一加一大于二的效果。

间离效应

在影院推出越来越多的 3D、4D 电影的时代，在互联网技术的推动下，"身临其境"似乎已经成了审美体验的重要来源。而从感官刺激中抽离，从一定的心理距离反观体验，这种艺术主张在流行艺术里似乎越来越失去其主流的位置。在流行艺术的冲击下，如今谈起"心理距离""间离效应"这些概念，多少带有几分凭吊的意味。同样需要凭吊的是一些在这些手法上发展到极致的艺术类型。京剧就是一个例子。京剧《挑滑车》这样的故事，如果让电影导演来拍，大概会让庞然大车朝着高宠轰鸣而下，场面必定震撼人心，尤其是采用了 3D 技术之后。

图 37　京剧《挑滑车》剧照（洛钊摄，2017）
（http://blog.sina.com.cn/s/blog_58ef66f00102wr4x.html）

京剧艺术家本可以选择一些逼真的道具,而不是用一块方布来象征滑车。高宠胯下甚至连一匹纸马都没有。饰演高宠的演员,用大量的肢体语言去演绎铁车滚下山坡给他带来的力量冲击。他座下的骏马——他本人的两条腿——逐渐疲劳和绝望,每一辆冲下来的铁滑车带来的痛苦都有各自独特的身体语言来演绎。这是一个在象征层面上讲的故事。它与逼真的残忍保持了一定距离之后,观众能从一种更为抽象的层面上观照和反思英雄的处境,而不是去享受生理上的震撼。看《挑滑车》,观众联想到的是西西弗斯般的努力和失败,会领悟到它与人生的相似性——而不是被滚落的滑车吓得手心出汗,或者把自己朝着英雄认同,直到出了影院的瞬间才知道自己乃是凡夫俗子。

第六节 夸张与节制

如果一个画家能够逼真地模仿自然,哪怕那作品缺乏足够的表现力和想象力,依然可以令许多观众叹为观止。但是一段写景状物的散文,若是没有种种修辞之术,读者的感受往往味同嚼蜡。用语言去写景状物,在审美上很容易就与读者隔了一层。为了弥补隔此一层而导致的审美感染力的缺失,文学修辞经常就变得大有必要。

夸张是文学家所使用的众多修辞工具中的一件利器。假如一个作者想要传达石榴花盛开时动人的场面,他可以把它描写成"风翻一树火",但这种四平八稳的比喻效果欠佳。假如夸张地写成"一树石榴花红得绝望""大风掠过一树红得滚烫的石榴",倒更有可能感动读者。石榴花盛开,委实似火焰一般炽烈,可是单单一个"火"字,并不能向读者传递亮度和热度。"绝望"和"滚烫"这两个词更能映照出一个人看着石榴花时内心产生的热烈的感觉。所谓"夸张"的文字,在我们内心引起的审美感受,与我们身临其境所体验到的美感相比,往往并不显得更强烈一些。而那些"客观"的文字,却可能是摒弃了感受之后剩下的经验的残余。所以笔者认为,夸张首先是一种传达机制,它其实是把真情实感传递给了我们,它仿佛是一台收音机,把因为距离和屏障而衰减了的信号调回它本来的强度。"飞流直下三千尺"的描写看似夸张,而当我们站在瀑布之下，跌落的流水给我们带来的悠长雄浑的感受何止是来自三千尺之上的高度。

巴尔扎克的短篇小说《不为人知的杰作》里有句话："艺术是再现自然，而不是描摹自然。"这句话道出了写实与真实的差别。我们用客观的线条颜色去描摹自然的轮廓，却可能并没有再现自然给我们的心灵带来的震撼，甚至并不能再现自然本身的生命力（梵高的《向日葵》在折射一个挣扎的内心的同时，难道不可以看成一株向日葵自身生命的挣扎，那种挣扎只有那些与向日葵朝夕相处的人才能体验到？）所以从某种程度上来说，有时只有夸张才能较好地传达现实。

夸张也是一种表达机制。一个人抒发自己的情绪，说自己"愁肠寸断"，一个心怀怨恨的人，说恨不得把对方"食肉寝皮"，这些描述无疑是夸张的。但情绪的本质就是夸张的，一个无比伤心的人，在内心里感受到的自己就是"肝肠寸断"，而一个怀有深仇大恨的人，"食肉寝皮"可以是他内心的真实体验。各种未被满足的欲望都会以夸张的方式在内心里上演戏剧，艺术家有时候只是如实地描述了它们而已。

所以夸张可以不是对感受的夸大，而是在对心理现实的如实表达。不通过这种方式我们反而很难体验到这些心理现实。但是笔者并不认为艺术家不会在真实感受的基础上进行额外的夸大。这种额外的夸大也是日常生活的一部分——它们有时候让观者感到矫揉造作，有时候又令人满意。

美国学者维兰努亚·拉玛钱德朗（Ramachandran）提出"峰移"（peak shift）效应说，用来解释审美中的额外夸大现象。[①] 这是基于一种观察：当审美对象的某个特征能够给我们带来美感时，对这个特征加以夸张，就能更为强烈地唤起审美感受。例如，一个男人绷紧的肱二头肌会给人以力量之感，那么在绘画里把这块肌肉画得比实际的大一些，观众就体会到更强的力量感。相似的情况发生在女性的乳房和臀部——崇拜生殖力的史前人类，尤其会本能地会通过夸张这两个部位的比例来增强感染力。

[①] V. S. Ramachandran, *The Tell-tale Brain*: *Unlocking the Mystery of Human Nature*, London: Windmill books, 2012.

尽管图 38 这种对身体局部的夸张在现代艺术中并不鲜见，现代人并不想把生活也过得这么夸张。一个现代男子可能并不想找一位有着夸张体积的乳房和过分丰满臀部的女人做伴侣，一个女子也通常并不醉心于找到一位肌肉异常发达的男子嫁给他。这大概因为现代人对于生殖的崇拜已没有原始人类那么强烈，而对于伴侣在人性的其他方面的特征以及他的整体精神和生理面貌更加重视。这并不意味着人们对于这种局部的夸张特征已经变得无动于衷。那些在局部特征方面胜人一筹的对象，虽然往往不是人们在生活中选择的，却进入艺术品之列。人们对待艺术和对待生活的态度判然有别。艺术品之于生活，有几分像调料之于主食。艺术品是生活的调味品，它们可以在局部尽情夸张，而不必承担生活的责任。而且，有时候艺术家也处于类似于艺术品的这种处境。他们似乎是唯一一群被人们在心理上允许把生活过得比较夸张的人。

图 38 《威伦道夫的维纳斯》
（旧石器时代晚期，约公元前 28000—前 25000 年）

我们可以发现，所谓矫揉造作，乃是经常发生于这种情况下：把艺术中的实践拿到生活中来。一个失恋的女孩，可以在歌剧角色里纵声高唱咏叹调，引得观众唏嘘喟叹。但她若是在生活中以披发高歌的方式表达自己的痛苦，她周围的人怕是会觉得尴尬窘迫。

不过即使在艺术的场域，夸张依然可能失效，非但不能为作品增添感染力，反而给观众带来造作之感。如果一部关于英雄的电影，主人公胆大无畏、道德高尚、纯洁无瑕，现在的观众恐怕会觉得虚假无趣。只有最天真的观众才会相信世上有完美无缺的肉身凡胎之人。所以让人产生矫揉造作感的核心原因是虚假，不论这虚假是在艺术内部，还是在生活里。这个时候艺术家相信他在呈现某种真实的东西，而观众们却比艺术家更知道真相所在。还有一种矫揉造作发生于颇为类似的情况：观众感到艺术家虽然努力却没有天分，无能为力。一个演员在卖力地讲一个笑点全无的相声的时候带来的就是这种情况。

也有一些作品，在欣赏它们时观众也能受到触动，然而之后回想起来却发觉了艺术家的不真诚，观众感觉仿佛被高价推销了一件低劣的商品。

也有一种作品，它的夸张确实具备强烈的感染力量，但仅此而已，它们的作用只是为震惊而震惊。2018年出品的好莱坞电影《海王》里那几个庞然巨怪，在3D的效果下固然骇人听闻，但其夸张的背后并没有其他的东西所支撑。观众在这部电影里所能消费的，就是夸张本身。

在现代主义之前，"雅"与"俗"激烈对立的时代，夸张一度成为通俗艺术的标志性特征。夸张被认为是"俗"的一种特征，雅则意味着内敛和节制。唐宋的志怪小说、后来的白话、评书，西方中世纪的骑士文学，这些通俗的作品，往往夸张肆纵，作者对现实的剪裁和变形相对于风雅大家而言就远为任性和随意。雅的艺术则通过"意境"来获得感染力，在《诗经》、唐宋散文和诗歌里，这方面尤为突出。"呦呦鹿鸣，食野之苹""雨中山果落，灯下草虫鸣"，这些文字中几乎完全没有夸张的成分。为何这些平实的文字也一样震撼人心？那是因为，还有一种与夸张相反的审美机制：节制。

节制所要应对的，是观众内心饱含的冲之欲出的情绪。旷野上的呦呦鹿鸣，在秋夜窗外雨中跌落的果子，这是每一个童年时期在乡野中生活过的人最美好最浓烈的体验，它们就在心头蛰伏，并不需要夸张的文字去刻意传递，只消几个简单的关键词就可以召唤出这些最深厚的感情。就仿佛两个闺蜜在谈到多年前心仪的男孩子的时候，只消轻描淡写地一句"那个人"，于是心领神会，不胜唏嘘。

当然,适合于这种节制原则的,也包括创伤体验在文学叙事中的表达。鲁迅在《孔乙己》的结尾,写到这个人的结局时,采用的也是轻描淡写的语言:"孔乙己还欠十九个钱呢""大约孔乙己的确死了"。实际上,读到小说的后半部分,读者对于这个被侮辱和被损害的迂腐者充满了同情之感,此时作者的节制反而使得这份悲凉变得更为浓重了。

海明威是使用节制手法的高手。在《太阳照常升起》的结尾,杰克又见到勃莱特的时候,后者说:"我们要是能在一起该多好。"杰克回答:"这么想想不也很好吗?"

我们阅读整部小说所积郁的复杂的浓烈的情绪,就被这一句轻描淡写之语点燃了。

第七节 卢西安·弗洛伊德与审丑

1939 年,希特勒吞并了奥地利,开始迫害当地的犹太人。西格蒙特·弗洛伊德在这种危局下举家逃亡英国。他的孙子卢西安·弗洛伊德彼时 17 岁,逃亡后加入英国国籍。

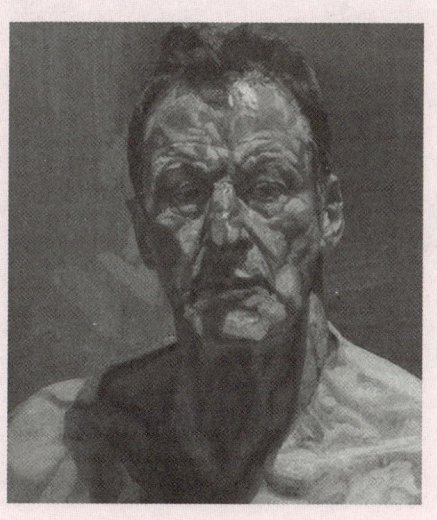

图 39 《自画像》(卢西安·弗洛伊德,1996)

上图是他的自画像,读者或许从他的神情里看出他并不是一个快乐的人。不太快乐的人的私生活,有的特别严谨,有的则特别随便。卢西安·弗洛伊德属于后者,而他的祖父西格蒙特·弗洛伊德是前者。

卢西安·弗洛伊德是个不快乐但又很风流的人,不论从"风流"的褒义和贬义上都如此。在他87岁的时候,英国一个流行杂志评选英国最会着装的男人,他和查尔斯王子等人榜上有名。可见他在87岁时仍然颇有魅力。那些活跃于20世纪后半叶的绘画大师,英年早逝者甚多,经常活不到普通人的平均年龄。而卢西安在同时代的画家里算是一个比较长寿者。他活到了89岁。

图40是他为英国女王伊丽莎白二世画的肖像。她跟他约了六年,才获得被画的机会,而且条件是她必须到他的工作室里来。在这幅肖像里,女王看上去是一个愁苦臃肿的寻常老妇人,猛一看确实不美,甚至比照片里坐在这位画家面前的女王本人还丑。

图40 《伊丽莎白二世》(卢西安·弗洛伊德,2000—2001)

但是如果你时不时看看这幅画,慢慢地你会发现它的笔触很有表现力,你反而会觉得那些写实风格的肖像作品平庸无奇,不能折射出一个女王的复杂内心以及描摹出她给我们留下的某种深刻的印象。

图41是卢西安·弗洛伊德在20世纪40年代末期的作品,我们可以发现他的画笔彼时仍然保有些许优美的成分。虽然女孩的姿势是紧张的,神情是忧郁的,但身体还算匀称,面容也算姣好。但是他笔下的人,后来越来越多地展现出它们"不美"的那一面。他画的是生活中司空见惯的身体的本来的模样——长得不漂亮,也少有修饰,被精神世界和物质世界双重折磨着。图42是他1948年创作的《绿叶与少女》。这个少女也算模样周正,但卢西安抓住的是她面色苍白、双目茫然的时刻。她穿着一个非常奇怪的,既像运动服又像毛衣的上衣,样式刻板晦暗。她头上的叶子也是神经质的,看上去是那么不安和扭曲,给人一种凌乱的感觉,正好可以烘托她眼睛里的失望和迷茫。卢西安·弗洛伊德愿意捕捉这类神态,它们并不美好,但它们本来就是生活的一部分。

图41 《女孩与猫》(卢西安·弗洛伊德,1947)

图42 《少女与绿叶》(卢西安·弗洛伊德,1948)

图43里是一个非常神经质的、消瘦的小伙子,从他的神情里我们能看出,他内心里有痛苦,有纠结。这双失神的眼睛,这个焦虑的人物,和文艺复兴时

期大师们笔下的神采飞扬的人物有云泥之别,和《蒙娜丽莎》这类的作品走着完全相反的路线。但这是我们在日常生活中熟悉的面孔:失望的、不快乐的、迷茫的、不安的。

图43 《室内在帕丁顿》(卢西安·弗洛伊德,1951)

假设你在展厅里,被卢西安的下面几幅作品围绕着,你会有何等感受?如果你参加一个聚会,周围的人都带着这样的一种表情出现在你面前,你会作何感想?如果是笔者,会觉得自己也变得有些神经质了。这样的场面,在我们的人生里也许并不罕见。而且有些人恰恰是长期生活在这样的环境里。也许你的孩子正是上中学小学的年龄,如果你居住在北京市海淀区,你被孩子的老师召唤到学校开家长会,在会上你周围至少有一半的面孔是这样的。可惜卢西安已经去世,否则他来中国画一幅《家长会》,也许可以像达·芬奇的《最后的晚餐》那样不朽。

图44 《阿里》(卢西安·弗洛伊德, 1974)

图45 《年轻画家》
(卢西安·弗洛伊德, 1958)

图46 《反思》(卢西安·
弗洛伊德, 1985)

卢西安作品里的人物是神经质的,似乎对这个世界很不信任,他本人的生活也是避世的,倾向于独来独往。他画中的人物大多不是外人,有的是他的妻子,有的是他的朋友。其中一个朋友在他的画室里坐了好多年,他才完成给他画的一幅肖像。在我们看起来构图挺简单的一幅作品,似乎一个下午就能画出来的东西,他却画了很久。他的很多作品都是躺在沙发上或者床上的苦病的躯体。他的艺术主题很难不让人联想到他的爷爷西格蒙特·弗洛伊德——这个精神分析大师一生坐在咨询室里倾听躺在椅上的人诉说那些焦虑的、抑郁的、失望的、紧张的感受。卢西安为这些感受赋予了形象。

卢西安·弗洛伊德有一幅名作,《沉睡的救济金管理员》。这幅画在2008年拍卖了一次,以三千多万美金成交,是当时在世的艺术家作品里最昂贵的一幅。画中那个发放失业救济的人,居然胖得惊天泣地。画家是想表达某种讽刺吗?卢西安并未对此做出过解释。讽刺或者隐喻似乎并不是他的风格。当然,他对于画家需要形成某种风格这样的想法也是嗤之以鼻的。

图47 《沉睡的救济金管理员》(卢西安·弗洛伊德,1995)

第八节 童年的神话:
再谈审美的双重表象原则

近现代文学史上有一个现象,从浪漫主义文学开始,很多关于儿童青少年时代的怀旧的故事涌现出来,童心被赋予了道德上和智力上的积极意义。儿童时期甚至被看成比成年期更优越的美好时代。英国浪漫主义诗人华兹华斯的一系列观点集中体现了这种态度。①② 而这在中世纪及以前的文坛是不可想象的。浪漫主义席卷欧洲的时候,也正是欧洲的工业化开始的时候,也许有整整一代或许两代的人,童年时期生活在宽松自然的前工业社会,却要伴随着工业化巨轮成长,并且被慢慢编织进它的钢筋铁骨之中。使这种情况更令人郁闷的是,当时欧洲的社会依然专制,工业化并没有真正改变这种政治面貌。

  浪漫主义之后,对儿童青少年阶段的美化似乎成了一种文学惯例。比如当今中国的青春电影,经常成为票房的主力。但是儿童青少年时代果然是个很美好的时期吗?如果我们认真地观察和理解孩子,恐怕就不会那么乐观。你会发现孩子们的生活里充满了恐惧和痛苦。我们听一听儿歌,尤其是孩子们真正喜欢的那些,有多少在抒发内心的幸福和快乐的呢?

  中国的孩子在他们生命的最有活力的时期,承受着远比成年人更重的负担。这负担主要是在学业方面。一个中国成年人可能一周几个晚上出去打打麻将、看电影,并不被看成不务正业。他会理所当然地认为八小时以外的时间里他有权享受生活。但如果一个孩子这么做,那就会被看作堕落的标志。中国的小学生在完成作业睡觉之前玩一会儿,家长都可能以一种非常焦虑的心态看着他,说"都小学了,你还整天只知道玩"。人类为了争取八小时工作制,进行过长期的抗争,但是孩子们不可能觉醒到站出来抗争的地步。他们在形成自我意识之前,就已经被纳入"文明"的巨网之中。如今一个五岁的孩子,肯定不可能在幼儿园里自发地去做一些自己想做的事情。人类进入工业化时代,需要在孩子们幼小的时候就认真训练他们的头脑,以便日后成为缜密的社会机器的一部分。这当然无可厚非。把他们培养成能够迅速地吸纳规则、快速地适应体制的人,可以使世界这台超大的机器运转得更精确更有效率。如果一个人不沿着这条路和他人一样走过,他的生存可能会变得很艰辛。

  中国古人把求学之路称为"十年寒窗苦",其实现在的学生,不论在学习时间上还是在科目内容上,负担都比古人远为沉重。古人并没有浩如烟海的学习资料,上课和考试的时间也不可能被精确到以分钟来计,而且也还没有把求

---

 ① 参见孟令新、靳瑞华:《华兹华斯的儿童观及其影响》,载《聊城大学学报(社会科学版)》,2010年第2期,第94—96页。
 ② 参见袁霜霜:《论华兹华斯的"童心"思想》,上海师范大学2015年硕士学位论文。

学的年龄提前到三四岁。

　　抛开工业时代给孩子带来的压力不谈，就孩子的心理发展而言，如果注意观察，你也可能会对"美好童年"这个结论感到怀疑。我们经常能够看到孩子们快乐的行状，那些在我们眼里习以为常之事，在他们看来却是瑰丽新奇。但是成人不容易觉察到孩子的心头充满的各种恐惧：妈妈是天使还是魔鬼、自己是不是他们亲生的、死亡之后还有没有来生、性的需求是不是可耻、能不能被同伴接纳、外星人会不会降临、成绩不好还有没有未来，他们时常遭遇这些问题的纠缠。当然随着时光的推移，多数可怕的、可耻的、可恨的事情都变得无关紧要。一个成年人淡忘掉这些痛苦之后，对于孩子的那些恐惧、羞耻、烦恼，那些他们自己曾经体验过的东西，会变得无知无觉。

　　不知有多少读者，在童年少年的时候从周围的成年人那里听到"童年是美好的"这种判断？我在读小学的时候，听到成年人说出此种羡慕之语，便给自己定下了一个任务：将来成人之后，要反驳一下成年人的这种刻板印象。现在这个愿望终于实现了——但是，我不得不承认：我已经很少记得少年时期的不美好的经历，能拿得出的反驳证据屈指可数。我现在与上一辈人的感觉类似：觉得孩子们挺快乐的。幸亏我在那个年龄的时候对这个主题给予了格外的注意，现在才没有完全地背叛那时的自己——虽然就感受而言早已背叛无疑。我之所以历经几十年还记得少年时的那个愿望，实则还有另一种原因：那时是八十年代，心理学知识开始流行起来，我因此意识到自己和成年人之间感受的差异乃是一种值得注意和研究的现象。如今我也确实发现了一些对比成年人和青少年的幸福感的研究。例如，高拉姆博什（Galambos）等人对一组约1000位加拿大青少年进行了七年（18—25岁）的跟踪调查，发现随着年龄的增加，个体的心理体验越来越好（更少的抑郁和更高的自尊）。[①] 2011年香港的一项快乐指数调查表明，2005至2011年，平均而言，香港30岁以下的年轻人的快乐感比30岁以上的人快乐感低，对生活环境的满意度也更低。[②] 香港学者类似的研究并不少见，结论也大同小异，但是考虑到香港作为一个竞争激烈的亚

---

① N L Galambos, E T Barker, H J Krahn, "Depression, self-esteem, and anger in emerging adulthood: seven-year trajectories", *Developmental Psychology*, 2006, Vol. 42, No. 2, pp. 350–365.
② 何泺生：《香港快乐指数调查》，岭南大学公共政策研究中心2011年版。

洲城市的特殊情况，我并不认为自己的假设得到了足够的证据。不过，有一点似乎是明确的：认为儿童比成人快乐，这个想法仅仅停留在坊间传说中，得不到心理咨询的临床经验和社会心理调查报告的支持。一个孩子的内心体验，是"小小少年，少少烦恼"，还是足踏风火轮的愤怒哪吒，成年人恐怕太容易偏向于判断为前者。

如今我从事临床心理学这个领域的研究，更为清楚地意识到，一个人很难做到站在别人的角度体察别人的痛苦和快乐，但是却容易觉得别人更快乐一些，这不仅在成年人判断儿童少年时如此，在成年人之间，儿童青少年之间亦是如此。鉴于此，我认为一部好的悲剧的最可贵之处在于：剧作家突破了自身的唯乐原则，看到了——也让观众看到了——他人的痛苦。

成年人觉得童年时期是美好的，除了因为我们忘掉了不好的记忆，也因为当我们面对孩子们的时候，对他们的痛苦也难以敏感地觉察到。[①] 当我们看到一个孩子在我们面前怯生生地不敢开口，或者念念不忘去年死去的宠物，我们很难意识到他内心的煎熬。他们在这些情况下体验到的焦虑和痛苦与我们求职时面对面试者、经历亲人的逝去等事情时在情绪上受到的冲击其实是可以同日而语的。虽然孩子们也有莫大的痛苦，但他们从痛苦中走出来的能力也比成年人强大。也许正因为如此，成年人才不惮把重担压在孩子们身上？

成年人通过遗忘而背叛了童年，对于历史，我们也在经历着同样的事情。人类那些最艰苦和最残酷的时代也都才过去不久，但是遗忘已发生得相当迅速。将来如果世界大同，未来之人会不会觉得人类在这么几千年的文明时间内，幸福美好才是主旋律呢？

[①] 精神分析的客体关系理论认为，孩子的成长，终究需要一两个成年人能够站在他们角度看世界，陪着他们发展。而一个原本与孩子站在不同视野里的人，如何突然会从孩子的角度去看世界了呢？有些研究发现，怀孕后的母亲，在催产素等激素水平改变的情况下，大脑的结构和功能在一定时期里会发生变化，变得对孩子的情感更加敏感，更擅长与孩子交流。近期一篇发表在 *Nature Neuroscience* 上的研究论文指出，女性怀孕后发生的脑部结构的改变，可以保持到孩子出生后两年。而且这种改变提高了母子交流的能力。该研究既支持了精神分析的客体关系理论对于孩子三岁之前的心理发展阶段的重要性的看法，也和民间"一孕傻三年"（这个"傻"字并不含贬义，主要体现在母亲把注意力投注到孩子身上，而在记忆力等方面有所下降）的说法很契合。（参见 E. Hoekzema, E. Barba-Müller, C. Pozzobon, M. Picado, F. Lucco, D. García-García, et al. "Pregnancy leads to long-lasting changes in human brain structure", *Nature Neuroscience*, No. 20, 2016, pp. 287-296. 更早的相关研究参见：P. J. Brunton, J. A. Russell, "The expectant brain: adapting for motherhood", *Nature Reviews Neuroscience*, Vol. 9, No. 1, 2008, pp. 11-25.

第三篇

审美的演化—生态主义视角

艺术作品表达了什么（what）？我们在前面的章节里说，它们表达了欲望和道德，表达了形式审美感受。艺术作品是如何（how）产生了艺术感染力？这涉及艺术家是怎么把这三者（欲望、道德和形式美）或者更多的因素结合在一起的。这是一种因人而异的经验性质的东西，但也有一些可概括的规律性——例如费希纳所归纳的审美原则。这些规律性也属于审美的形式层面的话题。①

除了"什么"（what）和"怎么"（how），还有一个美学话题：审美何为（why）？人类为什么（why）是一种有审美能力的生物？例如为何人类会聚集在一起，去看《哈姆雷特》的故事？

为什么审美趣味在人和人之间有天壤之别？我们为何遵守着共同的逻辑思维规则，却从来不可能在审美趣味上达成一致？

为什么审美趣味随着时代的不同，会发生天翻地覆的改变？为什么有些在当世备受赞誉的艺术品，过了那个时代，却又可能被视作最失败的尝试？而有些备受后人推崇的艺术品在它产生的时候却可能遭到一致的讨伐？

本篇旨在探讨"审美何为"这个话题，这番探讨基于一组包含两个方面的基本视角：（1）在时间上，审美趣味是人类演化的结果（这包括自然进化和文化演化），而且这个演化会继续下去。（2）在空间上，观众、审美对象（艺术品）和艺术家都是处于复杂的生态系统（生物的、社会的、文化的）中的元素，审美趣味需要放到这个生态系统中去理解。

鉴于在时间上的演变也是生态系统的基本特征，上述两个方面可以合称为"生态主义的视角"。但由于"生态"一词更多地被从空间性这个角度去理解，我认为把"演化"这个词与"生态"并置，称之为"演化—生态主义"，会对本篇将要表达的主旨与内容有更好的概括性。

---

① 在涉及"形式"这个概念时，我们会发现，形式既是审美感受的来源，又是艺术家展示审美对象所考虑的技术因素。甚至形式可以同时既是欣赏的对象，又是艺术家展示审美对象所依赖的技术因素。俗语说，"外行看热闹，内行看门道"。外行观众可以对于艺术家所使用的形式考虑毫无所知，依然从形式上和内容上受到审美触动，而同行则可能对一个艺术家的技术层面评头论足，乃至于忽略他作品所要获得的效果。这种差异，经常带来"外行"和"内行"交流的困境。这种困境一方面意味着作为"外行"的观众对于艺术的技术层面知之甚少，另一方面也意味着同行可能因敏感于作品的技术因素，而不能像一个外行观众那样全心全意地沉浸在艺术品带来的审美震撼中。这就仿佛一个优秀的大厨，恰恰有可能不能全心全意地体验到自己或者他人创造出的食物的美妙之处，而把注意力放在菜品的刀工与火候等技术与形式方面。

第一章 从传统的审美心理学到进化与生态的审美心理学

传统的审美心理学从形式和内容的层面探究审美心理，较多体现为共时性、个体化的视角，较为缺乏历时性和整体性的眼光。具体地说，传统的审美心理学一直未把审美趣味的历史变迁、人类审美能力的生物进化、美感和艺术创作的社会性、人与自然的互动导致的审美感受的变迁等内容放入审美心理学研究的中心视野。

心理学和美学研究的新进展，对审美心理学研究提出了新的挑战，也带来了新的契机。在这些新进展中，我认为最值得借鉴的是进化心理学和生态美学的方法和成果。进化心理学为审美心理学带来了历时性的、人与环境互动演变的眼光。生态美学则暗示我们应该用整体的观点来看待美感与艺术的发生规律。

第一节 从传统的审美心理学到进化视角的审美心理学

审美心理学是从心理机制的角度探究审美过程和艺术创造过程中的规律性的学科。传统的心理学各流派对审美过程和艺术创造过程进行了广泛而深入的归纳和阐释。在这些心理学分支中，心理物理学、认知心理学、精神分析、人本主义和后人本主义心理学对审美心理学的影响最为深远。

费希纳是心理物理学和实验审美心理学的奠基人,他通过对审美心理过程的研究,归纳了十六种审美原则。他的研究成为审美心理学的学科源头,更是对实验审美心理学有着奠基之功。

基于心理物理学和认知心理学的实验审美心理学,又被称作"科学美学",在20世纪发展迅速。例如,完形心理学家阿恩海姆系统地探讨了人类的感知觉过程与审美的关系,认为一件艺术品就是一个格式塔。他发现艺术品的艺术感染力在相当大的程度上取决于它在人的认知层面唤起的张力、表现性、平衡感等效果。再如,贝里尼和赫布在20世纪70年代初提出了最佳唤醒理论。贝里尼指出,审美愉悦可由"渐进性"唤醒和"亢奋性"唤醒两种形式获得。以上这些实验审美心理学家探究艺术品在人类的头脑中产生的主观形式与结构,揭示了一些审美规律,对艺术创作和艺术欣赏颇有启发。

精神分析流派的审美心理研究则更多地从内容的层面归纳审美和艺术创造的规律。弗洛伊德的经典精神分析把审美活动与潜意识的唤起与表达联系起来,尤其把艺术活动看作力比多(性动机)的升华。他用俄狄浦斯情结等概念解读艺术作品,开拓了对文学艺术作品进行深度分析的路径。荣格则进一步提出,人类的集体无意识是艺术创造灵感的来源,"幻觉"模式的艺术优于"心理"模式的艺术,前者源于人类的原始经验,后者来自人的生活经验和意识。精神分析的最新发展——客体关系和自体心理学的诸多理论——也为审美心理学提供了颇具新意的研究路径。例如,对格林童话《白雪公主》的阐释,客体关系和自体心理学不再依据弗洛伊德的乱伦焦虑理论,而是从客体关系、自恋需求等角度去理解。

人本主义和后人本主义心理学认为,对美感的追求是一种高层次的、成长性的需要,高峰体验是审美过程中的最高境界。在人本主义心理学的语境内对审美心理进行探讨,还涉及生命的意义、人的主体性、自我实现、理想自我和现实自我的冲突、命运、超越性等一系列存在主义主题。

概言之,传统的审美心理学主要从两个进路探究审美心理,其一,从形式的层面探究审美过程和艺术创造过程的普遍规律。实验心理学、完形心理学和现代认知心理学的学者主要是从这个角度进行研究,实验审美心理学是这个研究进路的集中体现。其二,精神分析、新精神分析、客体关系与自体心理学、人本主义和后人本主义心理学家们则是从内容或内涵的层面分析艺术作品的感染力和艺术创作的动机。就作品的内容感染力而言，又可以从欲望和道德两个方面及其相互关系去探索。

基于自然选择理论和现代遗传科学的进化心理学，认为人类的心理现象是生物适应的产物，因而从人类的生存适应的历史角度来理解人类心灵的发展和塑造过程。在150年前，达尔文在《物种起源》一书中已经提出把进化论作为心理学的理论基础的想法，但进化心理学的发展历经长期的停滞，在20世纪80年代才成为一门独立的心理学分支。从进化的角度去理解审美现象，更是直到晚近才兴盛起来。

一般认为，进化心理学作为一门学科，发轫于巴斯（Buss）对人类的择偶现象的一系列研究。[1] 也有学者认为，威尔逊的社会生物学研究[2]、西蒙的关于人类择偶现象的研究等是进化心理学的学科起点。[3] 目前进化心理学已是心理学的研究热点之一，众多学者对大量的心理现象从进化的视角进行探索，出现了进化认知心理学、进化社会心理学、进化发展心理学、进化人格心理学、进化临床心理学、进化文化心理学等众多的领域。

进化心理学对审美现象的研究，一直隶属于进化认知心理学、进化社会心理学、进化发展心理学和进化文化心理学等领域，还没有形成一个独立、统一的学科。但是进化心理学的研究，始终蕴含着对审美心理规律的揭示。例如，作为进化心理学学科起点的关于人类择偶现象的研究，揭示了人类选择异性伴侣的心理规律，同时也加深了我们对人类的性审美意识的理解。有些认知心理学家就特定的知觉领域进行了大量的研究，这些研究无意中回答了一些美学难题。例如，为什么对称的面孔更有吸引力[4]？

关于艺术的本质以及艺术与进化的关系，进化文化心理学提供了一些理论和研究证据。例如，在艺术创造的规律方面，进化心理学提出了"炫耀假

---

[1] ［美］巴斯：《进化心理学》，熊哲宏译，华东师范大学出版社2007年版。
[2] ［美］威尔逊：《论人性》，方展画、周丹译，浙江教育出版社1998年版。
[3] D. Symons, "The psychology of human mate preferences", *Behavioral and Brain Sciences*, No. 12, 1989, pp. 34 – 35.
[4] 参见：华沙：《看脸》，湖南文艺出版社2016年版。

设"。米勒认为，艺术是一种文化夸耀行为，男性通过这种行为增加自身对异性的吸引力。① 研究发现，人类的艺术创造力在成年早期达到高峰，之后发生明显的衰减②，这种年龄分布规律在一定程度上支持了炫耀假设。

审美心理学所归纳的审美认知规律，在进化论的语境下也获得了理论基础。平克（Pinker）认为，人类在自然选择过程中形成的对客观对象的感官愉悦能力，可以经由对艺术作品的欣赏而被激活。③ 换言之，艺术是作为自然的替代物和变异物来唤醒人类在自然进化中形成的适应性体验。人类在进化过程中形成的对不同性质的光线、色彩、质地、形状、味道的偏好和厌恶，成为审美体验和艺术体验的基础和内容。

笔者认为，在进化论的基础上审视审美心理，可以成为连接自然科学和美学这两个长期隔绝的学术领域的中介。以自然适应和进化的视角分析人类审美现象的规律，揭示美学中一些基本问题（例如，形式与内容的关系、雅俗之辩、再现与表现、优美和壮美的区别与联系等）的进化意义，目前学界尚未足够重视，但是进化心理学的研究成果已经为梳理这些美学问题提供了丰富的依据。以壮美（崇高）概念为例，康德曾指出："悲剧不同于喜剧，主要地就在于前者触动了崇高感。"心理学的近期研究发现，人类的动机是以二元对立的形式而存在的，超越、竞争的心理总是伴随着对失败的恐惧，因而人类经常处于"战"还是"逃"的矛盾情境中，也经常处于趋进和回避的两难处境里。莎士比亚悲剧《哈姆雷特》中主角面临的"to be or not to be"的困境之所以能够经久不衰地震撼和感染世人，或许正是由于它象征了人类最普遍的矛盾心理。

追溯到人类起源的特殊处境，我们能够发现，人类作为一种杂食性的灵长类动物，在自然生态中的序列仅仅居于中层，是捕食者，同时又是被捕食者。人类的竞争、掠夺和恐惧、回避共存的二元心理冲突状态，无疑会比居于生态

---

① G. F. Miller, "How mate choice shaped human nature: a review of sexual selection and human evolution", In C Crawford, D. Krebs, *Handbook of Evolutionary Psychology*, Mahwah, NJ: Erlbaum, 1998.
② D. K. Simonton "Age and creative productivity: nonlinear estimation of an information-processing model", *The International Journal of Aging and Hum Development*, Vol. 29, No. 1, 1989, pp. 23 – 37.
③ S. Pinker, *How the Mind Works*, New York: Norton, 1997, pp. 523 – 523.

系列顶端和低端的动物表现得更为激烈,因而这种二元对立于人类而言是一种永恒的焦虑源泉,也就顺理成章地成为艺术永恒的主题。因而在以崇高或壮美为特征的艺术作品中,超越性与自卑感、勇敢和懦弱、欲求和恐惧等二元对立心理表现得异常尖锐。

作为进化和适应的产物与机制,人类的神经活动可分为竞争性、战斗性的兴奋状态和愉悦性、游戏性的闲适状态两种类型。康德探讨的优美感与后一种状态有关。优美的艺术必然从人类这种状态下的生存内容里获得灵感。优美的艺术选择光滑、柔和、纤巧的对象,偏好和谐、温和的自然背景。这些对象之所以能够激发人的精神放松与闲适,是人类在自然生存适应中发展出的本能模式。例如,鹿、马、雉鸡等动物,给人带来安全感和放松感,成为优美艺术中永恒的描绘对象;而人类对于蛇蝎蝇蛆则存在天然的厌恶与恐惧,使得后一类生物在任何优美的艺术作品中都不会以正面的角色出现,人类后天的生活和审美经验都难以扭转这种先天的感受。当然,进化审美心理学不得不面临一个难题,那就是艺术作品给人带来的美感,在多大程度上是先天存留的感受和倾向、多大程度上是后天经验强化的结果;并且,先天潜质与后天经历是如何互动和融合的?对于这类问题的回答,需要把现代生物化学和遗传学的理论、技术引入进化视角的审美心理学的研究中来。

生态遗传学的共同进化理论,也可以为理解审美现象提供启示。例如,蝴蝶之所以发展出了色彩纷呈、图案瑰奇的羽翅,是它们与捕食者——某些鸟类——之间的生存抗衡中演化出来的。某些植物果实的颜色与味道,是它们在吸引某些动物作为种子传播者的进化过程中逐步形成的。某些花类的狭长喇叭形状,是它们与蜂鸟的尖喙的博弈中形成的。那么,人的先天审美趣味,如何放在共同进化的视角下去理解?人对于自然环境的审美趣味,如何受共同进化的影响?例如,人对于绿色植物的喜爱,对于天空的蓝色的喜爱,是一种与生俱来的、有利于生存适应的审美偏好吗?① 园艺家热衷于改变观赏花卉的花朵颜色,却少有改变叶色的热情,这是否反映了人类对绿色植物的先天偏好?在

---

① 最近有一项研究发现,儿童在绘画中更喜欢蓝色、紫色、绿色。[参见:宋莎莎、王玉馨《5—6岁学前儿童颜色选择偏好与适应性的关系研究》(待刊出)]

人类的故事、传说中一再出现的叙事模式，例如奋斗—成功—骄傲—溃败的经典情节，是经久不衰的艺术内容，也是人类生活中重复不爽的现实，那么人类的此种心理过程模式是否具有某种生态意义（例如，或许个体层面的失败反倒符合群体的福祉）？

第二节　生态视角对审美心理研究的启示

生态美学是生态学与美学结合的产物，是用生态的视角探究美学问题。关于生态美学的研究范围，仍存在很多分歧。笔者把当今的生态美学研究主要概括为三大领域：一是用生态的观点和方法研究审美现象和艺术创造过程；二是研究人与自然生态环境的互动中产生的审美话题（例如，天人合一感的本质，生态潜意识等）；三是强调生态化和整体意识的景观美学研究。此三者对于审美心理学都具有启发意义，但第一种生态美学，即以生态的观点和方法探究审美和艺术创造过程，对审美心理学尤有启发。

传统的审美心理学在分析艺术品的审美价值时，认为艺术品的某些特性（例如张力、平衡、表现力、故事情节等）是审美感受的源泉。这种思考方式忽视了艺术品、艺术家和观众之间的互动与共生关系，或者说，艺术的生态存在。一些现代和后现代艺术品不具备前现代和古代艺术所具有的那些"美的特性"，也不具备"丑的特性"，甚至于"一无所有"，但仍然成就了艺术史上的一个又一个事件。这体现了艺术的生态性。先锋艺术变成了艺术家和观众之间的一种共存关系，离开了观众，艺术家就失去了他被定义的可能性；而离开了艺术家，观众与艺术品之间就有可能分道扬镳。艺术品甚至可以成为艺术家和观众之间的一种无关紧要的媒介。先锋艺术鲜明地揭示了艺术的生态性。尤其重要的是，它也提醒我们重新以生态的视角去审视过去时代的艺术作品。或许《蒙娜丽莎》对于观众的吸引力也需要从达·芬奇的天才创造力和作品本身的特质之外去寻找答案。它之所以获得举世无双的地位，除了这个作品本身的杰出性，也与观众之间的相互暗示有关。没有《蒙娜丽莎》，另一件艺术品也许就会获得同样尊贵的艺术地位。也可以说，观众参与创造了《蒙娜丽莎》。

生态的观点是一种整体的观点，也是一种互动的观点。传统的美学比较忽视观众对于艺术家的反向作用。如果广义地理解共同进化理论，即我们把文化的演变也看成一种"进化"，那么我们就可以把艺术看成艺术家和观众之间互动的产物。① 在这种视角下，"杰出的"艺术品是众多"突变的"艺术品中侥幸得以存留并受到重视的。因此，艺术品本身的价值、艺术家的努力以及艺术家的天赋等在传统上用于解释艺术品的杰出性的理由，都不够充分。艺术品的杰出性在很大程度上来自于它们是否幸运地具备了某种在某个时代扣人心弦的特征，这往往不是艺术家能够凭借其天才充分地予以预期的。从这个视角，又可以说，在某种意义上，是《蒙娜丽莎》创造了达·芬奇。

采用生态的观点，艺术品的杰出，便是在一定的时空背景下的杰出，而不是它本身一定具有超越时空的绝对的"杰出性"。虽然有些艺术作品具有持久的生命力，另一些则短暂地受人推崇，那么是不是持久者比短暂者更杰出，在生态的视角下，这不是个应该被回答的问题。需要回答的是某个艺术品是如何与它的存在背景相互作用而产生了影响力的，以及它的魅力是如何显现、保持或者消失的。

人与自然环境的审美关系是生态美学研究的另一个主题。生态视角的审美心理学也应该探究与之有关的问题。例如，人与自然之间的联系是如何运作的，具有何种心理规律；中国文化中天人合一（或"神合感"）的观念与审美的关系；生态潜意识是否存在。对这些问题的探析，有可能成为生态视角的审美心理学研究的一些热点。人与自然环境的审美关系又需要从人类进化的角度去探究，因此它同时也是本章第一节提出的进化视角的审美心理学的研究主题。正如生态学与进化论的天然联系一样，生态视角的审美心理学与进化视角的审美心理学也必然存在交叉、互补与融合。

人对自然的审美感受，随着人类对自然的科学认识的深入而发生着改变。此种改变也应该是生态视角的审美心理学的研究题目。文艺复兴以降人类愈来

---

① 在此处，把艺术品的分配者，例如艺术商、出版者、管理者都放入"观众"这个概念里，但本篇第四章探讨审美的社会生态时，将会把艺术品的消费者（观众）与艺术品的分配者加以区分。

愈多地借助科学技术对自然界进行理性认识，自然界遭到了"祛魅"，一种建立在人类的投射心理机制上的自然审美意识逐渐失去了存在的依托。人类取譬于自然的文艺手段也遭到质疑。例如，古人用"虎毒不食子"来类比人类的亲情，用雄狮来代表力量和速度，用"鸦反哺，羊跪乳"来举扬孝道，都源于对自然的真实状况的误解，随着人类对自然的认识越来越广泛和深入，人类文化的合理性难以从其过去对自然现象的附会中找到支持。另外，科学技术使人类在生存方式上从自然中抽离出来，自然环境成了一种颇有距离感的审美对象，这使得自然界逐渐具有了另一种魅力。如果说古人眼中的自然符合壮美的、悲剧的原则，现代人眼中的自然则戴上了优美的神秘面纱。再有，科学技术的发展，为人类创造出了新的生存环境。人类对这种新环境的审美感知，也值得从审美心理的角度加以研究。例如，机器人、航天器等人工产物，为什么能够让人类产生浓厚的审美兴趣？为什么反倒是儿童（我们原以为他们更向往大自然）对于这些人造物更有好感？人类的早期经历与审美的可塑性有什么样的联系？为何儿童比成年人更适应人造的环境？人类是否会在心理上最终适应一种与自然大为不同的人为环境，还是始终渴望会以某种方式重返自然？这些话题也是生态审美心理学必然要面对的。

第三节　走向演化与生态视角的审美心理学

探讨艺术和审美的起源与价值，是人类自古及今不曾停止的思想工作领域。在19世纪之前，美学属于哲学的范畴。19世纪之后，以费希纳的研究为代表的科学美学的兴起，才使人们对艺术和审美的起源与价值的探讨落在了现代科学的知识谱系中。但可惜的是，尽管19世纪已经开启了进化论的滥觞，这个理论对美学研究迟至最近才发生重大影响。

以进化和生态的视角来研究审美现象，并把这两种视角结合起来，就可以形成一种整合的研究思路。

进化视角和生态视角是交叉融合的。例如，人与自然的审美关系，可以用生态的眼光去探究，但这种关系原本就是人类长期进化的产物，因此它又是审美的进化视角必然关注的领域。再如，人类的性审美心理是生物进化的产物，但两性关系的互动以及社会文化的发展又极大地改变了人类的性审美标准和模式，所以也必须用生态的视角去理解它。如果把进化的观念从以生物基因作为核心的自然进化扩展到"文化基因"的传承和演变（或曰"文化演化"），这两个视角在研究领域上就呈现出很高的重叠性和互补性。演化视角的审美心理学本质上是一种用历史的、历时性的观点看待审美现象。生态审美心理学本质上是以整体的、系统的、共时性的观点来看待审美。这两个视角结合起来，就有可能形成一门演化与生态审美心理学。

笔者认为，结合历时性（演化）和共时性（生态）两个角度探究审美，可以探究四类主题（见图1）。

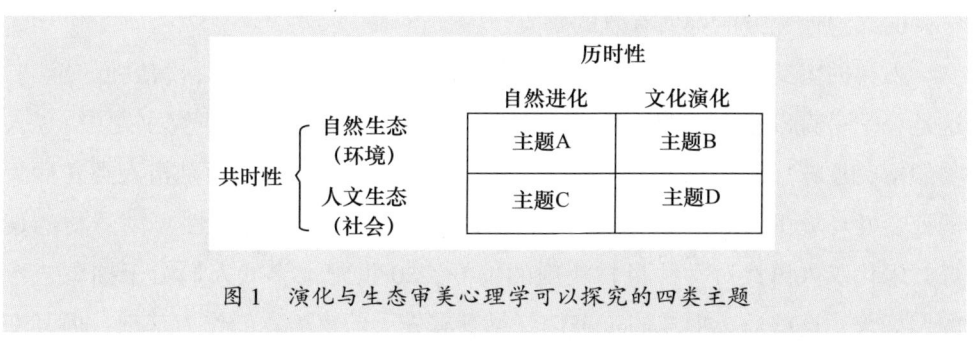

图1 演化与生态审美心理学可以探究的四类主题

人类的审美本能是如何在自然进化过程中发生的，以及自然作为审美对象是如何在人类的自然进化中发生的。对这个主题（主题A）的研究，需要遗传学、考古学、认知神经科学、进化心理学和生态学等多学科知识的综合。由此人类将对自己作为一个物种的审美本能有更为深入的认识。作为这个主题的延伸，我们还可以探究动物的审美本能。

主题B是关于自然与人文的相遇的。自然作为审美对象如何受到文化变迁的影响？人类的先天审美能力在社会文化变迁中的处境是怎样的？例如在文学艺术史中，大自然时而以被观察的"他者"的形式存在，时而被描写为家园与归宿，时而又成为被征服与被改造的对象，有时还成为被保护和被怜悯的对象。这些是演化与生态审美心理学应该探讨的话题。通过这种探讨，能够让我们对生态美学、对人与自然的关系问题，有更为深刻的理解。人类天然的审美——而不是审丑——的倾向也不断受到文化演化的挑战。例如，在后现代的艺术语境中，在"以丑为美"的艺术风尚下，人类的先天审美趋势与社会文化之间的张力变得格外突出。

　　人类审美能力的自然进化中，人的社会性互动如何影响了这个过程？这也是一个正在被积极探索的领域（主题C）。这个领域涉及道德、人际关系、性等方面的社会性，即人际互动性的审美能力在人的自然进化中的发展变化。进化心理学已经探讨了身体吸引力、艺术的炫耀功能等社会性的审美本能，但对于更加复杂的社会互动对人类审美本能的演化的影响仍然涉及不多。例如，人类在宗教仪式中大量使用艺术品——其感染力对于唤起人类的宗教情绪向来不可或缺——那么人类的审美能力是如何在进化过程中与宗教活动联系起来的？为何动物没有宗教崇拜活动，也没有宗教性质的审美活动？这些问题也需要多学科的共同探究方能得到有效的解答。

　　人类的审美趣味以及艺术品的价值如何受到文化变迁与时代精神的影响，这是一个一直以来受到最多重视的领域（主题D）。在这个研究主题中，"人类的审美趣味"不是上文涉及的"人类的先天审美能力"，而是指人类在后天的社会性环境中形成的审美偏好。例如，唐代汉人男性对女性丰满身材的偏好，宋代汉人男性对女性身材瘦削的偏好，20世纪上半叶人们对于抽象艺术的偏好等。这些后天形成的审美偏好尽管有先天的审美本能作为基础，但其变异性主要应该归因于社会文化的塑造。采用历时性与共时性的整合的观点来看待这些审美偏好，能够让我们从社会的和历史的角度看待艺术作品的魅力，而不是局限于从作品本身的特性来探究它们。虽然主题D方面的美学研究是以上提出的四个主题中迄今最为学界所重视的，但此方面的研究容易流于肤浅。我们很容易看到一个文艺评论家去分析一篇散文或者一首诗的时代背景，然后就认为抓住了一部作品的精神实质。但所谓时代乃是由多个层面所构成，时代精神和个体心理之间还有很多中间环节。而恰恰是这些中间环节，能够帮助我们理解作品的来龙去脉。例如，我们或许认可戴望舒的《雨巷》是当时压抑恐怖的政治环境的一个体现的说法，但是更为具体的，作者所处时代的爱情观、作者所处时代的诗歌审美观及作者彼时的人生和情感处境，都不可忽略地成为解释这首诗来源的更为贴切的线索。一件艺术品是一个复杂的环境的产物，我们不得不用复杂性的眼光去探究它。复杂性不仅体现在因素的多样性，更是体现在因素的多层次性。反过来说，审美和艺术也给这个世界增添了复杂性。

探究审美心理现象，在当今时代已经变得十分必要。正如韦尔施所说："现实中，越来越多的要素正在披上美学的外衣，现实作为一个整体，也愈益被我们视为一种美学的建构。"①人类面临的许多现实问题都与审美有关，我们正在经历一个"五色令人目盲，五音令人耳聋"②的时代。审美心理学研究将有助于我们对这个过度"审美化"的时代的反思。

心理学、生物学、生态学、遗传学等多种学科的发展，已经为审美心理学的研究奠定了现代科学的基础。强调复杂性，结合共时性与历时性视角的演化与生态审美心理学，应该可以成为一种可能。

笔者认为，演化与生态审美心理学的研究，应该整合理论研究、质性研究和定量研究方法。采用社会心理学的实验研究范式来探讨审美心理将大有可为。这个范式曾取得大量有价值的社会心理研究成果，例如米尔格拉姆的服从实验、斯坦福监狱实验、霍桑试验等研究结果深深地影响了人类对社会规律的认识。演化与生态审美心理学也探究心理过程在系统的、社会化的情境中的流变，如果能够把社会实验范式纳入审美研究中来，将有可能产生大量有价值的研究成果。

---

① ［德］韦尔施：《重构美学》，陆扬、张岩冰译，上海世纪出版集团2006年版，第3—4页。
② 老子：《道德经》，中国纺织出版社2007年版。

第二章　审美的自然进化视角

第一节　作为进化产物的审美功能

人类是有审美能力的，高等动物也有这种能力，并且我们也很难断定低等动物就没有。这种能力不是可有可无的。进化心理学提出，审美能力能够提高人类的适应性，它是作为一种生存的本质性的东西存在的。

王尔德说："你看不到任何东西，除非你看到它的美。"的确，如果你不感觉到它的美，你就不会去探究它，或者追求它；如果你感觉不到它的丑，你也会对它熟视无睹，你也无意去改变它或者逃避它。

人为什么会认为某些对象是美的，另外一些对象是不美的？进化心理学指出，人类这个物种是一个非常长的生物演化过程的产物，审美能力在进化中产生并发展，提高了人类的生存能力。审美不是一个单独的能力，它是和人的生存能力结合在一起的。

巴斯[①]研究人类择偶机制的进化解释，试图回答的是这样一些问题：为什么男性会喜欢年轻漂亮、身材比较好的女性？为什么女性会喜欢有社会地位、有财富、比较聪明、身体比较健康的男性？

在相当长的一段文学史上，当作家谈到爱情的时候，赞美的是一种我们并

---

① ［美］巴斯：《进化心理学》，熊哲宏译，华东师范大学出版社2007年版。

不常见的情怀。女性爱男性不是因为他的财富，不是因为他的地位，不是因为他的聪明才智，也不是因为他的长相英俊，是爱他这个人。男性爱一个女性，不是因为她美貌，而是因为她有德行。《呼啸山庄》等作品里宣扬的便是这种价值观。如果一个女性爱一个男性是因为财富、地位等的话，我们就会说这个女性比较势利。如果一个男性爱一个女性是因为她的长相，那么我们就会说这个男性比较轻浮。但是尽管艺术作品不断地在告诉我们不该如此，在现实中，不断地在发生的其实就是这类"势利"的故事。也许我们从道德角度上来说，从更高层次的价值观上来说，现实中的现象太不够崇高。但如果我们把目光投注到人类在进化过程中所经历的严苛的生存环境，我们大概就不会否认，如果我们的祖先不在乎这些"势利"的条件，他们的后代的数量恐怕会日益减缩，他们也就不会成为我们的祖先。为什么人类在做道德判断时经常会表现出很高的标准，但道德实践其实又放在了一个很低的水平上？因为很可能我们都不是在道德实践上很严格的祖先的后代。

人类显然对别人的道德要求远远超过对自己的道德要求。一群人围在一起看戏剧，往往就是在看一个虚拟的道德故事，整个观赏的过程就是一场道德的审判。这对于群体的生存也许事关重大，而不是我们以为的仅仅是一场娱乐。但是就人的审美本能而言，存在着一种深刻的矛盾性。当人们看着武松杀嫂的故事，上半身追随着武松义愤填膺，而下半身却在经历另一种感受。也许正是因为这种矛盾，才使得它比鲁智深拳打镇关西的故事有着更强大的感染力。

人类对于他所生存的物质的世界，也满怀审美情感。人们喜欢青山绿水、蓝天白云，喜欢沙滩，喜欢四季如春的地方。几乎没有人喜欢穷山恶水。几乎大家都不喜欢总是天气阴沉的地区。奥瑞安（Orians）等[1]进化心理学家认为，

---

[1] 见 G. H. Orians, & J. H. Heerwagen, "Evolved responses to landscapes", In J. Barkow, L. Cosmides, & J. Tooby (Eds.), *The Adapted Mind*, New York: Oxford University Press, 1992, pp. 555 – 579. 及 B. Ruso, L. Renninger, & K. Atzwanger, "Human habitat preference: a generative territory for evolutionary aesthetics research", In E. Voland & Grammer (Eds.), *Evolutionary Aesthetics*. Berlin: Springer Verlag, 2003, pp. 279 – 294. 及 S. Kaplan, "Environmental preference in a knowledge-seeking, knowledge-using organism", In J. Barkow, L. Cosmides, & J. Tooby (Eds), *The Adapted Mind*. New York: Oxford University Press, 1992, pp. 581 – 598.

人类对某些环境产生好感，对另一些环境产生负面的感受，这就是他们的天然本能。这些审美感受推动他们趋向于某种环境，愿意停留于某种环境。人类偏好的环境是有利于他们的生存和繁衍生息的。对某一种环境的向往与趋近，对另一种环境的厌恶与远离，能够提高人的生活质量和人口的数量。我们翻开地图，查看一下世界不同地区的人口数量，就能够发现这个规律——即使在当下人类已经掌握了很多技术手段大大改善了那些干旱苦寒之地生存的条件，这种规律依然显著。存在于基因里的审美偏好，不会被工具理性和工业技术完全说服。因此，我们就更不难理解，每当人类生活的环境恶化，他们就会向往一个"流着牛奶和蜂蜜的"美好的他乡。即使在环境尚可之时，人类对于环境的恶化的可能性也存有深切的忧虑。

人类对于食物的偏好，也是进化心理学家的关注点。人类喜欢高热量的食物，这对于生存的重要性自不待言。然则那些本身没有什么营养的香料，比如孜然、八角、茴香这些植物，人类为何嗜此不疲？一些进化心理学家提出[①]，这也是自然选择的结果。喜欢经过香料加工的食物的人，比不喜欢的人，更有可能存活下来，因为香料虽不能够给人带来营养，但它们可以杀灭细菌。同时，随着喜欢有香料的食物的人增多，在群居的情况下，不喜欢香料的人处境就会更为不利，甚至可能被群体的偏好所淘汰。（想象一下，在聚会中，如果有个朋友说他不吃葱、不吃蒜、不吃姜，他会被如何看待？）认为人类对香料的偏好有利于人类生存的这个观点叫香料的"抗菌假说"（antimicrobial hypothesis）[②]。

我们不妨更多地以进化的视角思考人类的天性。例如，为什么人类经常表现得比较势利（外显的或者深藏不露的）？因为不势利的人慢慢就被势利的人淘汰掉了。人类为什么不能在道德上更高尚一点？因为高尚的人有时候更容易处于不利的生存地位。当然这些说法过于简单化了。我们还是能够看到人类能

[①] 见 P. W. Sherman, & S. M. Flaxman, Protecting Ourselves from Food. American Scientist, No. 89, 2001, pp. 142 – 151. 及 P. W. Sherman, & G. A. Hash, "Why Vegetable Recipes are not Very Spicy", Evolution and Human Behavior 22, 2001, pp. 147 – 164.

[②] 见 P. W. Sherman, & S. M. Flaxman, Protecting Ourselves from Food. American Scientist, No. 89, 2001, pp. 142 – 151. 及 P. W. Sherman, & G. A. Hash, "Why Vegetable Recipes are not Very Spicy", Evolution and Human Behavior 22, 2001, pp. 147 – 164. 。

够做出高尚的行为，对势利之人口诛笔伐。如果一个群体中的个体只考虑自己，只顾钻营和搭便车，没有一丁点儿利他主义，这个群体一定会分崩离析，以及在与其他群体的竞争中惨遭淘汰。人类既势利又道德，既卑鄙又高尚，两种特征的相生相克，才是对人性较为完整的理解。在某种意义上，我们在上一篇所谈的"艺术与道德""艺术与欲望""艺术与形式"，可以分别看成人作为群体的人，作为关系的人（单个人与单个人的关系）和作为个体的人的人性在艺术中的体现。

以上所涉及的人类对于自然环境的审美、对于食物的偏好，都是具有生物适应性的审美能力，那么我们人类自古就具有的艺术创造能力是否也是进化的产物呢？它是不是也提高了人类的生存能力？人类在部落时代就知道把贝壳一个一个地打磨成好看的形状，然后用绳子串起来挂在脖子上——这么装饰自己有什么意义呢？米勒提出，艺术是有炫耀作用的。[①] 他认为艺术工作可以展示出一个人的内在的能力，因而也就能够吸引异性。沿着米勒的这个思路，我们可以假设：绘画、舞蹈、戏剧，也都可以承担米勒所说的这种艺术功能。例如，女性的舞蹈能力和偏爱舞蹈的天性（晴朗的夜晚我们走到广场上，一定会对男女对于舞蹈的偏好的差异感受至深）。男人虽然可能没有女人那么爱手舞足蹈，但却相当地喜欢看女人手舞足蹈。刘邦项羽相争之时，地方势力请这些豪强喝酒宴乐，一定会找来年轻美貌的女子载歌载舞。那时候没有电影，就只有舞蹈。不要以为这只是一种消遣而已。在这个过程中，项羽就喜欢上了虞姬，刘邦就喜欢上了戚姬——这可以说是此种活动的题中应有之义。你不难推测，通过舞蹈，一个女子的生殖能力就全面地展示出来了。身材、灵活性、精神状态、健康程度都可以显示出来。当然在历史上，戚姬和虞姬的下场都很悲惨，可以说死无葬身之地。这说明即使在那个时代，只有良好的生殖能力，要保证有效的生存恐怕是不够用的。戚姬算是最悲惨的一个女性，她被吕后砍掉了手脚，装在坛子里面，痛苦至死。汉朝并不是远古，但文明社会的政治，经常比野蛮社会的还要残酷。

[①] G. F. Miller, "How mate choice shaped human nature: a review of sexual selection and human evolution", In C. Crawford, D. Krebs, *Handbook of evolutionary psychology*. Mahwah, NJ: Erlbaum, 1998.

当然在远古时代，男人也经常是要舞蹈的。战争、狩猎、祭祀、婚丧嫁娶，几乎一切的重大活动都有舞蹈的参与，这种活动是他们与神明的交流方式。进入农业社会，舞蹈在社会生活中的地位显然急剧下降了。在工业化之后的社会，它更是沦为舞厅里的游戏。代替舞蹈在远古之民生活中的神圣性的，是农业社会里布道者滔滔不绝的宣讲，是工业社会中咨询室里的娓娓细语。在精神领域，人类越来越安静持重，甚至安静持重已经变成高贵身份的标志性特征。

让我们从审美的角度来分析一下刘邦和项羽的争斗。这两个人的竞争，在女性眼里，不是可以看成一场戏剧吗？虞姬死心塌地地跟着项羽，想必是被项羽的英雄气概所折服。戚姬对刘邦也应该是心同此理。在某种程度上，战争就是男性的表演艺术。在美国小说《飘》里，女主角斯嘉丽就说过一句话："男人喜欢战争。"有可能男性是喜欢战争的——至少在某个年龄阶段如此——如果没有战争，他们就打橄榄球，打电子游戏。

进化心理学的看法是：男性和女性之间以不同的方式相互炫耀展示，互为演员和观众。演员和观众之间当然不全是合作的关系，一定有相互的"欺骗"。为什么男性爱吹牛？为什么女性爱打扮？尽管先知和圣贤们竭力劝导人类谦卑朴实，只要我们走到街上，就能听到饭馆里男人们高谈阔论自吹自擂，看到商场里女人对琳琅满目的衣饰化妆品爱不释手。假如男人的"浮夸"和女人的"矫饰"毫无用处，它们早就在进化的过程里被消磨殆尽了。为了在与同性的竞争中胜出，两性可谓虚与委蛇，殚精竭虑。在这种竞争里，男人们恨不得要把自己塑造成天下第一强人；女人要把闺房变成个化学实验室，把身体打造成世间的圣殿。这种事情在宫廷里发展得格外登峰造极——原因自不待言——世间太多的浮夸和矫饰的手段是从宫廷传播到民间。两性的竞争、同性的竞争、代际的竞争、阶层的竞争，在宫廷里比世上任何其他地方更加白热化，更富有戏剧性，也经常地更加残酷。所以尽管宫廷剧深受诟病，但它们从不缺乏受众。即使在号称文明典范的美国，最受观众青睐的，依然是《权力的游戏》和《纸牌屋》这类"宫斗戏"。

审美本身是竞争的，男性和女性竞争，男性和男性为了女性而竞争，女性和女性为了男性而竞争，在这些竞争里两个性别一起发生着变化，所谓"共同进化"。共同进化不仅发生在审美竞争里，也发生在其他生存竞争里，比如狼和羊这一对捕食者和被捕食者在追逐与被追逐的生存竞争中都变得越来越迅速灵活。审美竞争当然亦复如是，竞争的双方必然始终发生着变化。

甚至在不同的物种之间，也存在着审美的竞争和共同的进化。人类和其他灵长类动物为什么喜欢苹果树上红色的苹果？红色的果实使得灵长类动物从一片绿色里很容易就辨认出来，苹果树的这种特征，有利于自身的繁衍。灵长类食用果肉时，种子得以进入灵长类动物的肠道，通过肠道把种子外面一层膜消化掉，最后种子被迁移到远处，粪便也成为很好的营养层。所以灵长类和苹果树是互惠的。苹果在未曾成熟的时候，种子尚未发育完善，就必须暂时躲避灵长类动物的目光，所以它们是绿色的，味道也酸涩不可口。

苹果之类的果树的进化过程就是一个审美竞争—合作过程。苹果这种果树在最初可能没有那么明显地和一类动物形成依赖关系，但是随着灵长类动物和这种水果之间的互动，果树与果树之间的竞争，逐渐这种果树的生存规律就形成了：果实青的时候是绿色，熟的时候红色，青的时候酸，熟的时候甜。一旦这些特质给它带来好处，没有这些特质就会是灾难性的了。那些不具有这些特点的果树就会被逐渐淘汰掉，或者不得不发展出其他生存优势。

同样是红色的果实，山楂却是一种带刺的植物，不利于灵长类动物攀摘。协助山楂完成繁殖任务的是鸟类，所以它的果实也比苹果小得多。山楂与樱桃、桑葚等主要靠鸟类传播的植物类似，它们的野生植物的果实即便成熟，味道也因过于酸而不适合灵长类食用，倒是适合味觉不灵敏的鸟类去吞咽。

至于橡树、核桃之类的坚果，灵长类和鸟类动物对于它们的繁殖有害无益。它们必须长得极为高大，不便于灵长类动物攀缘。这类树木的果实颜色必须不露锋芒，并且有阻碍灵长类和鸟类食用的硬壳。啮齿类动物才是此类乔木的繁殖助手。当松鼠之类的动物四处掩埋橡实的时候，既是为自己准备过冬的粮食，同时也是在帮助橡树播种。橡树必须产生大量的橡实，让每一只松鼠都像土豪一般仓廪殷实。

图2 《山楂树》(邢全超摄)

图3 《橡实》
(http://www.jj20.com/bz/jwxz/jwxz/23602_11.html)

蝴蝶和鸟类之间的共同进化是另一个例子。[①]蝴蝶的色彩悦人眼目,是人类在艺术作品里最喜欢描绘的形象之一。但是蝴蝶之所以变得色彩斑斓,与人类其实并无关系。早期的蝴蝶翅膀的颜色单调,我们现在还能看到的白蝴蝶,在彩色蝴蝶出现之前是最为常见的。蝴蝶是鸟类的食物。但是有一些蝴蝶变异出了身体毒素,以减少被鸟类的吞食。食蝶的鸟类于是被迫进化出更好的视觉辨别能力,以便根据蝴蝶羽翅的差别区分有毒和无毒的品种。有毒的蝴蝶则需要长得标新立异,让鸟类吃一堑长一智。而没有毒的蝴蝶,变异成与有毒的蝴蝶在色彩和花纹上比较接近,就能够以假乱真搭便车——在这种情况下,眼神和辨别力差的鸟类也会遭到淘汰。

食蝶鸟类的视觉越来越好,蝴蝶的翅膀也越来越复杂多样,这就是一个共同进化的关系史。鸟类因为和这个捕食对象的互动产生了审美的关系。相较于人类,某些鸟类是非常好的蝴蝶鉴别家。我们只能欣赏蝴蝶的斑斓色彩,但是我们不能对蝴蝶产生一种更加细腻全面的体验,不能区分有些蝴蝶的危险的美和有些蝴蝶温和的美。而某些鸟类来到西双版纳,大约就像宝玉在大观园里那样会有丰富的感受。

[①] 参见:R. H. Hagen, "The development and evolution of butterfly wing patterns", *Annals of the Entomological Society of America*, Vol. 85, No. 6, 1992, pp. 808–809.

概言之，不论动物还是人类，审美功能是共同进化的一种重要的条件，也是共同进化的后果。

虽然心理学在生物学的帮助下对人类的审美现象有了诸多可靠的解释，但仍然有大量与审美有关的现象的来龙去脉不得而知。例如，在第一篇里我们谈到的俄狄浦斯情结便是一例。幼儿在3—6岁之间对于异性父母产生的浓厚的情感，它发生的意义是什么？按照弗洛伊德的理解，这样一种情感的产生，是个体青春期之后与异性建立亲密关系的一种准备和预演。但这个说法依然流于假设而缺乏证据支持，而且他关于文明压抑了俄狄浦斯情结的说法并不准确。或许我们可以反过来思考，幼儿的俄狄浦斯情结产生的效果是把异性父母留在家庭里，这种感情巩固了家庭结构，让这个孩子获得了成长的资源。当然这依然只是一种假设而已。

类似的现象诸如青春期的叛逆、中年危机、老年的积攒欲，这些心理现象在人的生存中扮演了什么角色？也许我们可以假设青春期的叛逆是个体发展独立自我的过程，中年的危机乃是一个与后代传承有关的话题①，老年的积攒乃是与安全感和为后代提供生存资源有关的本能。② 这些假设似乎都颇有几分道理，但学界的研究成果还远不能让我们觉得找到了确切的答案。我们如今仍然主要地通过艺术家的眼光去观照这些现象。

艺术家很敏感地看到了世间万象，甚至承担了一定的道德探索、道德教化的功能，但在科学把某种现象比较彻底地解释清楚之前，艺术的道德教化功能经常显得捉襟见肘。例如，在发展心理学发现人格的成长是要经历许多

---

① 精神分析学家埃里克森（Eric Erikson）提出，中年人通过培养后代和在职业上获得进展来实现繁衍传承的需要，获得人生的意义感，这是与一个社会实现它自身的延续传递一致的动机，如果一个人在这方面发展得不顺利，可能会后悔于过往的决定和追求，体验到无用感。[参见：E. H. Erikson, & J. M. Erikson, *The life cycle completed* (Extended version). New York: W. W. Norton & Company, 1998.] 美国小说家约翰·厄普代克（John Updike）用他的"兔子系列"小说把埃里克森提出的这个繁衍对停滞的中年时期具象化了。读厄普代克的系列小说时，把它们与埃里克森的成人发展理论对照来看，会是一种颇具启发性的体验。

② 一些研究表明，独居的老年人更容易出现积攒倾向，积攒与生存焦虑之间可能存在相关性，积攒行为往往是一些老年人的价值感的来源。参见：(1) H. J. Kim, G., Steketee, R. O. Frost, "Hoarding by elderly people", *Health & Social Work*, Vol. 26, No. 3, 2001, pp. 176–184. (2) E. Andersen, S. Raffin-Bouchal, D. Marcy-Edwards, "Reasons to accumulate excess: older adults who hoard possessions", *Home Health Care Services Quarterly*, Vol. 27, No. 3, 2008, pp. 187–216.

不可逾越的阶段之前,社会对孩子的道德教育一般是把成年人的道德标准通过教条和寓言故事灌输给孩子。这种做法打乱了孩子的自然发展过程,往往欲速而不达,甚至适得其反。如今人们知道为孩子们量身定做贴近他们发展阶段的教育,而不再热衷于培养"小大人",这是基于发展和教育心理学的可靠的研究成果的。笔者认为,通过艺术与科学的交互影响,人类对于世界的理解能够得到最好的促进。

第二节 秩序感

作为人类,我们每天必须做的事情,概括起来不外乎两种:(1)满足基本的生理需求;(2)创造和保持事物的秩序。第一件事的重要性无须解释,而对于第二件事的必要性,可能有人不以为然。但是请想一想,当你早上起来,把上衣的扣子按照确定的方式扣好的时候,你的秩序感便开始支撑你的生存。我们用完早餐会把餐具洗涤干净分门别类地摆放起来。我们在工作中探索和维持着方法、技术、节奏,通过操纵物质世界来达成目标。倘若我们忽视秩序的创造和维持,生活瞬间就崩塌了。

我们时时刻刻都对秩序抱有偏好与执着,对失序怀有警惕与排斥之心。对秩序的审美偏好,是我们的生存能力之一。但我们需要进一步思考的是:当事物处于什么状态的时候,我们的内心会产生秩序感?

笔者认为,秩序感的最基本的形式,是对于"同类相近,异类相远"的状态的审美偏好。把同一类的东西放到一起,是动物界普遍具有的生存能力。当画家莫兰迪在作品里用几只瓶子表现这种感受的时候,他是把某种极其古老的生物本能当作艺术创造的母题。在他的作品里,我们可以发现,所谓

图4 《瓶子》
(莫兰迪,1957)

"同类"并不必须是物质层面的,相同的形状和颜色就可以带来这种感受,相同的高度也可以。把相似之物放在一起的偏好也必然反映在更抽象的层面上,例如心理和精神信仰方面。在超市里,水果和水果被放在一起,蔬菜和蔬菜被放在一起。如果有人把西红柿和红苹果放在一处,虽然其形状与颜色相似,总不免让人觉得违和。西红柿和大葱放在一起时反而令人安心。再比如人们倾向于因相似的爱好与信仰而聚集在一起。甚至一座城市,在某一片地区大学林立,另一片地方商厦云集,再有一片地方行政机构鳞次栉比,如果这些不同功能的城市区域混合在一起,即使未必有什么现实的不利之处,在人们内心里也不免产生混乱感。

秩序感还表现在事物和事物之间的关系方面。在塞尚的画面里,那些水果保持着或近或远的距离,一些堆叠在一起,另一些并置分散开来,它们维持住了令人放心的关系,既不是过于密集,又不是过于松散。

图5 《苹果和橘子》(保罗·塞尚,1900)

我们对于这个世界的秩序的认识,纯粹是一种主观感受吗?抑或世界本身就是有序的,人类只是在漫长的进化过程中发展出了感受世界的秩序的能力——就像我们的眼睛具有感受光线的能力?

写《秩序感:装饰艺术的心理学研究》这本书的英国学者贡布里希

（E. H. Gombrich）认真探讨了这个话题。①

贡布里希指出，我们的秩序感，其实是我们的感官在把握简单的物理过程中产生的美感。例如我们将两支干净的高脚玻璃葡萄酒杯互相敲击，发出的声音就清脆悦耳。要是它们被敲碎，那声音就听起来就撕心裂肺。前者清脆悦耳，乃因为两只玻璃杯互碰发出的声音频率比较单一，后者则是由各种不同的频率的声音无规律地混杂而成。我们的耳朵能够把握频率较为单一的声音，并由此产生悦耳的感受。进一步地，如果声音的频率按一定的规律性去组合，只要不过于复杂，我们能领会到几种声音之间的相互关系，领略到声音背后的秩序，也会感到韵律之美。而当杯子破碎之时，发出的声音的频率复杂且没有易于把握的规律性，我们体验到的就是嘈杂感。

贡布里希用一个最简单的例子来说明何种物理过程会带来秩序感：一粒石子投入一座风平浪静的水池，它激起的不断向四周扩展的波纹，在我们眼中便具有完美的秩序。物理法则在孤立的、简单的系统中发生作用时产生的效果，就是自然秩序产生的前提。我们的感官对这些基本的物理过程能够有所把握，这种把握是伴随着愉悦的。假如这座水池里杂草丛生，一粒石子激起的波纹就会是复杂缭乱的，很难在观者心中引发美感。

对于感官直觉而言，物质世界的面貌可以看成很多局部的成分各自发生变化汇合而成的一首交响乐。比如太阳系的面貌，便可以还原成太阳与每一颗行星的运动的叠加。一个观察者是以他最基本的秩序感受力为基础开始对周围世界的认识的。他能够对世界的复杂性把握到什么程度，与他的天赋和经验都有关系。一颗行星围绕着一颗恒星旋转的时候，路线是清晰明确的，多颗行星围绕着一颗行星旋转——例如太阳系的情况——的时候，它们的路线就显得比较复杂，但在长期观察太阳系的天文学家看来，这个局面依然有充分的秩序感。我们的直觉能力随着经验的提升与我们的逻辑能力的发展有类似的规律。在本来就有的逻辑能力上，我们可以建构出越来越复杂的逻辑思考，例如从知道 1 加 1 等于 2 到知道如何解答微分方程。那么我们也能从

---

① ［英］贡布里希：《秩序感：装饰艺术的心理学研究》，范景中、杨思梁、徐一维译，湖南科学技术出版社 2006 年版。

感知简单的秩序发展到能够感知越来越复杂的秩序。例如我们从能够感知一间整洁的空屋子的秩序发展到能感受一间放置了书柜并且书籍不断增加的书房的秩序。

在一个人眼中井然有序的事物，在另一个人眼中可能是凌乱不堪的。母亲们在帮孩子收拾房间的时候，经常会遭到孩子激烈的反对。在母亲们的眼里，孩子房间的东西经常以种种不可思议的方式混合起来。而这个孩子呢，却可能对自己的东西了如指掌。

如果一间书房遭到了洗劫，不同的物体之间的关系弄得一派混乱，但假如有一个具有超强的瞬时记忆和觉察能力的人，他的大脑能够跟踪每一个物体的来龙去脉，他在看着一间书房从原来的秩序演变成在我们眼中无序的场面时，就不会像我们感受的那么混乱，他会像我们看到三五个花瓣从樱花树上落下时那样，体验到的是复杂但仍然可以理解的秩序变化。另外，如果一个学者的按学科分门别类的书籍，被一个好心的保姆按照开本大小和厚薄轻重整理得秩序井然，这些书籍的主人体验到的却可能是令他绝望的混乱——虽然从物理角度来看它们是更为有序的。

在认识世界的过程中，人把握复杂秩序的能力通过他与世界的个性化的互动逐步得以提高，这就必然导致人和人之间在知识和审美趣味方面的差异。这种差异也带来了交流之难。另外，随着一个人欣赏复杂秩序的能力越来越强，为了得到同样的美感，对象物对大脑的刺激就需要越来越繁复激烈。一些古代的音乐，我们现在听起来会觉得过于单调。我们现在看十年前的侦探片，会觉得它们在情节上并不那么巧妙，从开头便能看穿结局故而对我们的认知能力构不成挑战。

给人和人之间的审美交流带来最大的困难的大概是作为个体的人对于复杂和简单的偏好经常处于变动之中。一个在探索宇宙的秩序的工作里体验到最大的意义感的物理学家，可能并不想在业余阅读一部小说时也希望作者对于人心的刻画幽深复杂。在学问上他殚精竭虑，在审美上他可能希望简单明了一些。反过来说，一个苦心孤诣的艺术家，在倾听物理学家讲量子理论之时，也多半希望对方言简意赅。他对于基本的数学推演可能毫无兴趣。

另外，直觉和逻辑是人把握世界秩序的两种天然的工具。① 艺术更多的是在使用前者，科学更多的是使用后者，这就使得科学和艺术的沟通经常处于坎坷之中。

第三节　变化感

我们把事物当作审美对象之时，它们的有序性能给我们带来审美愉悦感。而当人们自身被编织进秩序之网，并且不得不时刻关注自己在秩序中的位置，很多人可能会体验到心理上的莫大压力。陶渊明在宦海里沉浮多年，对轻松散逸的家乡田园如羁鸟怀念旧林。② 王维身居高位，却选择半官半隐。当一个人的思维自由活跃，富有创造性，他在一种已经完成了的秩序之中生活常常感到痛苦不堪。

人类除了有认识秩序、并按照秩序的要求去约束自己而获得生存之外，还有创造秩序、发展秩序的能力。这种创造性虽然与其认识现有秩序的能力有一定的关系，但更主要体现在通过引起变化而发现和建构更好的秩序。所以有创造力之人一定对于变化心驰神往。

观察孩子们的游戏，就能看到秩序感和变化感在其中分别占据的特殊地位。有两类玩具在孩子们的玩具库里总是历久弥新：弹珠和万花筒（在女孩那里，还要加上皮筋）。弹珠和皮筋在孩子们对于物理的、秩序的世界的认识和把握方面功不可没，万花筒则让孩子体验到变化的神奇。在没有玻璃、橡胶之类现代材料之前，孩子们本能地会通过加工天然的物品来制造此类玩具。

变化作为美感的源泉，也体现在文学传统里。不必说那些神奇诡谲的民间传说故事，在经典名著的丛林里，变化感也占据一席之地。古希腊神话里的众神不但擅长变化，也热衷于把凡人折腾得命途多舛。《西游记》里孙悟空有七

---

① 我们的两种自然本能，逻辑性的直觉性的，在康德晚年的著作里面都谈到。他认为这些都是先于对世界的认识就已经存在的。

② ［魏晋］陶渊明《归园田居·其一》：少无适俗韵/性本爱丘山/误落尘网中/一去三十年/羁鸟恋旧林/池鱼思故渊/开荒南野际/守拙归园田/方宅十余亩/草屋八九间/榆柳荫后檐/桃李罗堂前/暧暧远人村/依依墟里烟/狗吠深巷中/鸡鸣桑树颠/户庭无尘杂/虚室有余闲/久在樊笼里/复得返自然。

十二般变化，妖魔鬼怪和满天神佛亦是变化多端。《爱丽丝漫游奇境记》这部诞生于英国工业革命时代的作品，也承袭了世界文学的神话传统——"变化"是这个传统里最不可或缺的元素。

也许人们不认为魔术师们也可以位居艺术家之列，但这恐怕是艺术传统的偏见。或许因为艺术一直承载着道德教化的责任，如果一种表演的神奇变化里不蕴含一些道德寓意的话，很容易被视作娱乐而不会被传统的评论家们认真地从艺术的角度去看待。然而在形式美学滥觞的当下时代，魔术再被排除在艺术之外，就显得毫无道理。与之处境类似但稍好一些的是推理小说。当然，在影视、装置艺术等艺术形式中，魔术作为一种元素早已渗透其中。

艺术风格的变化，也是相关的一个话题。在艺术史上，好的艺术究竟应该是传承既往大师的风格，还是给艺术界创造新的形式与内容，这两种态度是矛盾且交织在一起的。很少有一种或者说没有任何一种艺术形式，会一直原封不动地保持下去，但也很少有一种横空出世的艺术形式在与既往的艺术传统几乎毫无瓜葛的情况下能迅速确立它在艺术界的地位。

变化感是人类的一种最基本的直觉能力。但变化也对人类的生存构成一定的威胁。我们对于变化的偏好占上风之时，往往是在觉知它的风险在我们的可控范围的时候。一朵花的盛开，一只果子的生成，在我们眼里赏心悦目。而一座房子的坍塌，一块面包的霉变，通常就不会被视作愉悦之事。秩序的崩溃——从井井有条变成混乱不堪——每每令人烦忧。当然，如果某种变化虽然破坏了秩序，但所被破坏的秩序又是属于敌人的，又要另当别论。①

流水是一种很特别的变化，当它在我们面前漫延开来，且对我们的生存不构成威胁时，便是一种诗意的铺排，令人目悦心迷。人们喜欢去海边，看涌动的潮流和变化多端的水线。似乎观看流水所体验到的快感，比看一池平静的水面上激起的完美的同心圆所感受的愉悦更为强烈。秩序虽带来愉悦，亦带来唯恐失序的紧张感，而流水带来的美感却是松弛人心的。我们跑到一个瀑布脚下待上半天而感到神清气爽，在一座秩序井然的高楼之下却很难获得这种体验。

---

① 但是我们能从儿童的行为里看到纯粹作为美感的秩序崩溃（无关乎他者的失败）。例如他们搭建起积木或者沙子的城堡，又以摧毁它为乐。

有一些人，对于从废墟里发现些微的秩序（例如考古者）和从繁杂的变化中偶尔把握住一点规律（例如探究物理规律的物理学家）而感到欣喜若狂。也有一些艺术家和观众对于这类体验情有独钟。

概言之，人类着迷于可控的、可理解的变化与可变化的秩序。而宇宙本身恰恰是由变化着的秩序所构成。这应该不是巧合，人性与宇宙的特性应该是紧密相连的。

图 6 是古雅典的波塞冬神庙遗址，这座古代的伟大建筑在天灾与人祸的作用下失去了它大部分的存在，只剩了几根精妙的柱子，但是这种残破给我们的想象力留下了莫大的空间。对于并不熟悉古希腊建筑史的游客而言，它在他们内心激发出来的想象更是肆无忌惮。它在两千多年前的原貌很可能是一座规规矩矩的四方建筑，秩序井然，完美却并不灵动。如今这残存的秩序给观者带来的审美感受是异常丰富的。它也符合尼采对于悲剧的定义：代表着秩序的日神精神与代表着想象力的酒神精神的结合。① 图 7 是位于塞浦路斯的阿婆罗神庙遗址，虽然仅剩了两根完美的柱子和一小段墙体，我们仍然能够感受到它曾经的气势。而且这残存的秩序似乎显示了一种更为坚定的不屈不挠的精神。

图 6　雅典，波塞冬神庙
（张黎黎摄，2019）

图 7　位于塞浦路斯的阿婆罗神庙遗址
（https://www.quanjing.com/
category/110002/26932.html）

---

① ［德］尼采：《悲剧的诞生》，孙周兴译，商务印书馆 2012 年版。

图 8 是一张照片，午夜时分一只垃圾箱旁边的场景。作为秩序的反面，垃圾是人们在构建和维持秩序的过程中被抛弃掉的物质。它们是最不可能作为审美对象被留在客厅里的，而是被认为应该尽快撤离人的世界。就算人们可以接受卢西安·弗洛伊德笔下的不美的面孔，人们对于垃圾堆这种混乱、肮脏的场面，也唯恐避之不及。一座不折不扣的垃圾堆（这张照片里的物品，是拾荒者把可回收之物取走之后丢弃下来的更为"无用"之物），真正站在艺术的对立面，它无序、破碎，没有抽象也没有象征，也没有耐人寻味的细节——至少对多数人而言是如此。它不可能进入大雅之堂，看似包容的先锋美术馆也不会接受它。它就是人们最想回避而且似乎也有理由回避的那种东西。它与莱因哈特的涂满黑色颜料的画布不同，后者因为追求纯粹之美而变得一无所有，但因为一无所有而带来一种宁静的感受，而站在这样的垃圾堆面前，人们会惊慌失措。然而它存在着，我们对它的感受也存在着。这种感受和蒙娜丽莎的微笑带来的体验同样永恒，只是我们不喜欢它。

图 8 《被拾荒者翻检后抛弃的垃圾》（訾非摄，2019）

第三章　审美的文化演化视角：时代精神

第一节　从神坛到人欲

在民间传说里，画家能妙笔生花，神笔马良可以画龙点睛，艺术作品能够与神秘力量相连接，带着观众走入另一个世界。这种对待艺术品的态度被学界称为"通神"。通神有一个非常久远的历史。中国人过年时贴在大门上的对联，丧事活动使用的人偶，宗教场所里的偶像，都载有通神的愿望。把艺术品作为通神的路径，是人类的萨满传统的一个重要组成部分，甚至在西方一神教传统下，中世纪艺术所承载的通神气质依然明显。

艺术品就是艺术品，它们与现实是两回事，也与诸神无关，这种看法在中国中世纪的知识分子阶层虽然已经成为共识，然则一旦到了民间，古老的萨满传统依然保持了巨大的影响力。即使在当下的时代，这种把某种现实之物与神秘世界相连接的倾向也不能说已被放逐到文化的边缘地带。

中国北宋时期，对艺术品的另一种看法一度占了上风：误识。① 一幅画中的人、物与现实中的人物越像，则被认为艺术家的水平越高。如果一个画家笔下的蝴蝶逼真到让别人误以为真，伸手去捉，那便是艺术造诣高超之人。宋徽宗用大量的时间仔细描画动物身上的毛发，热衷于逼真的写实主义，是当时艺

---

① 参见叶青：《应物传神：中国画写实传统研究》，江西人民出版社2004年版。

术风气的体现,也是这种艺术风气的推动者。通神意味着早期艺术的神秘主义倾向,误识则代表着中世纪中国艺术的现实主义倾向。而明代以后,中国绘画的写意倾向得到了巨大的发展,出现了郑板桥、八大山人、吴昌硕等追求"神似"和个性化的艺术家。这一时期,我们可以概括为中国古典艺术的浪漫主义/个人主义倾向。神秘主义—现实主义—浪漫主义/个人主义,这个流变的过程可类比于一个人的审美趣味随着年龄的变化。7岁之前,孩子们对童话与神话兴趣盎然,对于故事中发生的神奇魔幻之事经常深信不疑。而7岁之后,青春期之前,孩子到了"现实主义敏感期",转而对是否"真实"孜孜以求。他们会更喜欢素描和摄影。青春期之后,个体内在冲突变得蜩螗羹沸,他们醉心的艺术是情绪化的、主观的、华丽的、精彩的、激烈的和浓郁的。

欧洲的中世纪艺术与中国古典艺术也有类似的发展脉络。为了与上帝沟通,教堂中的绘画、雕塑以及教堂建筑本身,都是通神的媒介之物。艺术品与现实事物的相似性不是衡量艺术品的优劣的依据。在神圣性的推动下,中世纪的艺术讲究对称、平衡、稳定,而把那些有活力的、个人主义的、浪漫情调的、颂人的(而非颂神的)、肉欲的成分悉数排除。精神与肉体的敌对状态,是中世纪欧洲的精神特点,也是其艺术的特点。文艺复兴时期的艺术从通神的模式中走了出来,艺术家要用艺术作品反映现实世界中的事物。那个时候虽没有产生"现实主义"这个术语,艺术家在冥冥中遵循着这一项新原则。

不论欧洲还是中国,在中世纪后期,都出现了通俗文化的滥觞。宋代的勾栏,是民众听故事的地方,文人则把坊间的歌词改造成士大夫的艺术表达形式,艺术中的说教成分也在减少。在欧洲,骑士文学是游侠和封建主们的艺术,而当时的社会权力仍被宗教界把持。封建主虽有世俗的权力,但只属于社会的中层。他们对通俗艺术的欣赏和容忍,或许与他们对神权的反叛有关。骑士文学的主角,骑士们,行侠仗义,斩蛟龙,杀怪兽,救美女,忠君报国。但与中国的武侠有所不同的是,骑士文学的英雄们每每爱上贵妇人,被不可能的爱情所困扰,充满"矫揉造作"之情,但这份感情也成为骑士们奋斗的动力。[①] 而

[①] 徐丽云:《浪漫、理想、精神——浅析堂吉诃德式的爱情》,载《现代语文(学术综合版)》,2009年第6期,第121—123页。

中国的武侠对贵妇们兴趣阙如，这或许因为中国中世纪的一夫一妻多妾制和大男子主义，贵妇角色与爱情无甚关联。中式武侠的浪漫经历严肃而且规矩，他们做事的动机主要是忠君报国，而不是为了"伟大的爱情"。

除了武侠，中国还有许多关于书生的故事。中国的中世纪有科举制度，欧洲没有，所以对于中国人来说，通俗文化还多了一个领域，就是落魄书生的奋斗史。这种故事里就不吝啬爱情的戏份了。公子落难，小姐花园赠金，杜十娘怒沉百宝箱，书生们为了理想中的爱人，营营于科举，希望一朝登上天子之堂，成为国之栋梁。他们理想中的爱人，不是贵妇人，而是皇帝或贵族的女儿，是小姐。如果说弗洛伊德或许从骑士文学中看到了西方人的恋母情结的话，对于中国人，我们应该看到一种特殊的恋母情结。这是一种把对父亲的依赖和对母亲的依赖凝缩在一起的情结——书生情结。如果说恋母情结包含着对父亲的反叛和对抗，推而广之是对现有权力秩序的挑战，那么书生情结里更多的是对体制的表面的迎合和持久的隐忍。

第二节　从人文主义到巴洛克

欧洲文艺复兴时期的艺术，首先是从中世纪的神秘主义神学框架里摆脱出来。就像一个小学阶段的孩子，正在摆脱那种满心神话的状态的束缚，开始面对现实的挑战。现实主义是文艺复兴早期到盛期的精神内核。

学界大致把文艺复兴分成早期（约1342—1495）、盛期（约1495—1520）和晚期（约1520—1600）三个阶段。[①] 文艺复兴早期的艺术家，如曼特尼亚（1431—1506）、波提切利（1445—1510）等人开始注重透视、人体的比例和结构等技术层面的东西——这些在中世纪是被忽视甚至反对的——而在追求作品的精神崇高与庄严方面，还保有中世纪的影响。

---

① F. Hartt, *A History of Art*: *Painting*, *Sculpture*, *Architecture*, Prentice Hall, 1985, p. 601.

图9 《耶稣受难》（安德烈亚·曼特尼亚，1459）

图10 《春》（波提切利，约1478年）

文艺复兴盛期的代表人物，如达·芬奇（1452—1519），除了追求外在的真实，还希望作品能在一定程度上反映人物的内心世界，也希望作品在形式上具有感染力。到了拉斐尔（1483—1520）、米开朗基罗（1495—1564）、提香（1458—1576）的时候，他们开始牺牲艺术品的一部分外在真实性而追求艺术感染力。其后的艺术家，被称为"样式主义"（1520—1600）的，对艺术品的形式美就更加倚重。这种对形式美的过度要求，导致了另一种反叛，卡拉瓦乔

（1571—1610）就画出了难看的人体和病态的水果。他对现实中的阴暗面的关注，一方面是对文艺复兴后期的形式主义和主观主义倾向的背叛，另一方面，却又开创了另一个主观主义艺术风格：巴洛克。

推崇奇想与激情的巴洛克艺术，其最流行的时期通常被认为大约在公元1600年和1750年之间。"巴洛克"（Baroque）一词源于葡萄牙语（Barroco），指的是形状色泽怪异的珍珠。"珠圆玉润"是人类对于装饰品的天然追求，而Barroco给人的直观印象是丑的，巴洛克艺术在古典主义眼里就仿佛怪珍珠一样，色彩斑斓，复杂诡异，缺乏简洁均衡之美。17世纪的欧洲，绘画、建筑、雕塑、音乐和文学，往往体现了这种特点。绘画里的人物要用很复杂的线条来勾勒，配上复杂的装饰；建筑设计避免直线，似乎要用曲线修饰每一厘米，歌剧艺术尽显辉煌与奢华。17世纪初，在文艺复兴的发源地意大利，以及曾经的世界帝国西班牙，流行的是巴洛克文学。学者蒋承勇概括说："巴洛克文学在内容上偏向于写信念的危机和悲观颓丧的思想（生的苦闷、灵与肉之间的不可调和的矛盾，人生如梦的感慨，爱即是死的神秘玄思等），在艺术上刻意雕琢、追求怪异（奇特的比喻，夸张的意向，冷僻的典故，强烈的对比，各种各样修辞手段等）。"①

从文艺复兴向巴洛克的蜕变，也折射了意大利和西班牙的衰落。而英国和法国在17世纪正处在上升时期，英国的弥尔顿、法国的莫里哀等人开启了古典主义文学的滥觞，此两国在当时并没有成为巴洛克文学的繁衍之地。在他们之后的18世纪，是伟大的启蒙主义时期。可以说，每个伟大的时代开启之前，总会有伟大的文学作为先声。也许我们不能夸大文学对于时代的作用，认为是它召唤出了之后的时代，但"山雨欲来风满楼"，也许文学家敏感地觉察到了即将到来的时代。

从人文主义到巴洛克，是文艺复兴的历史，也可以说是人类艺术发展过程中不断重复的历史。艺术由对丰富的、健全的、成长性的人生的诉求，由对客观世界的关注，转移到对形式的过度追求与气质上的华丽甚至颓废，这似乎是艺术必然的发展过程，是一条灵魂—理性—欲望的路线。如果我们对比一下中国60年代的、80年代的和2000年后的电影，你就可以看到这样一条脉络：先是超我和主流意识形态对个体、个性的压抑，艺术作品中的崇高美好与现实的

---

① 蒋承勇：《世界文学史纲》，复旦大学出版社2002年版，第87页。

粗陋存在巨大反差，接着是八九十年代的人文主义、个人主义，启蒙主义，对人性的呼唤与回归。在这个时期，张艺谋的《大红灯笼高高挂》《菊豆》等电影是杰出的代表。而后来我们看到《满城尽带黄金甲》，其华丽铺张，情节之离奇与刻意，以及宿命的格调，与该导演早期的"人文主义的电影"判然有别。在各个层面上满足人的七情六欲，是张艺谋所主张的新艺术法则。这当然也是时代精神使然。从李安的《色·戒》中，你是否看到了那种"恨即是爱""爱就是死""善之与恶，相去几何"的尴尬主题？人性是复杂的、矛盾的、奇异的、主观的，巴洛克无疑看到了某个方面的真理。当时代精神是奢华与主观主义之时，艺术自然也就是巴洛克式的。

在艺术史上，人文主义—巴洛克—新古典主义/启蒙主义—浪漫主义—现实主义—现代主义，可以看成人类两种艺术倾向的轮回。人文主义、新古典主义/启蒙主义、现实主义往往出现在一个文明的上升时期（例如14—16世纪的意大利，18世纪的法国，19世纪的俄国，20世纪初的美国），巴洛克、浪漫主义、现代主义则出现在一个社会到达鼎盛并开始衰落的时期。

狭义的巴洛克风格当然是指17世纪的一种艺术潮流，而广义地说，巴洛克是一种盛世的艺术，更确切地说是由盛而衰的时代的艺术。它的特点是追求形式胜过内容，着眼主观而拒绝客观，举扬激情而放逐理智，模糊界限而非强调界限，悲观消极而不是满怀希望。概言之，巴洛克艺术离创业的品格远而离享乐的性格近，是守成者和感觉寻求者的艺术。但就创造力而言，巴洛克的奇思异想和对肉体本能的关注也为人们理解这个世界提供了新的视角。从广义的眼光来看，浪漫主义、现代主义与中唐以后的诗歌、汉赋、南宋词等都可以看成巴洛克的。笔者也把《红楼梦》这样的作品看作巴洛克式的。

第三节　从启蒙主义到浪漫主义、从批判现实主义到现代主义

文艺复兴时期的艺术家，从中世纪对神的赞颂转向对人的关注，这个过程是逐渐发生的。文艺复兴早期和盛期，人文主义的大师们虽然大胆地把人的身

体的形象放进神圣的场所,绘画的题材还是以宗教事件为主。即使描绘世俗生活,画中的人物也是饱满、俊美、气度不凡的,更接近于"按神的形象创造出来的"这个《圣经》视角。艺术家倾向于把目光投向"美"与"和谐"的事物而忽略"丑"与"不和谐"。绘画艺术基本上是忠实于客观现实的,少有夸张和变形,对主观世界的表现也是克制有加。但是到了文艺复兴后期,出现了样式主义。事实上,文艺复兴盛期的米开朗基罗在雕塑领域已经开始对人体进行一些不易察觉的变形(如下图的《大卫》)。样式主义的艺术家,如帕米贾尼诺(1503—1540)和布龙齐诺(1503—1572),更是有意改造人体的比例,以便达到特别的美感效果。然后巴洛克时代到来了,艺术家们明目张胆地用绘画宣泄激情,追求艺术品的灵动性,性与暴力的主题毫不掩饰。可以说,从均衡、稳定、理性、忠于客观现实、反映"美"与"和谐"的古典主义,走向了运动、变化、感性、反映主观感受的艺术风格,是文艺复兴运动的质变。

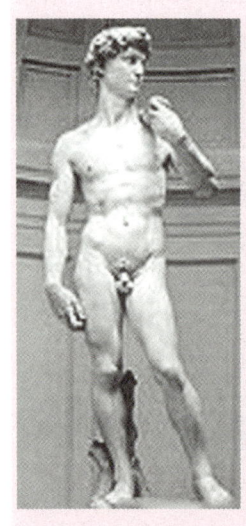  

图11 《大卫》(米开朗基罗,1501—1504)　　图12 《长颈圣母》(帕米贾尼诺,1535)　　图13 《托雷多的伊莲诺拉肖像》(布龙齐诺,1539)

巴洛克及其续貂的洛可可风格,在法国,一个新兴的王国,被改造成了新古典主义。确切地说,虽然法国人从巴洛克艺术得到启发,但他们更愿意从文艺复兴时期的大师那里得到灵感。在这个时期,哲学、科学和文学也得到空前发展，与新古典主义绘画相得益彰的是新古典主义文学和其后的启蒙文学。法国彼时作为一个新兴国家，从意大利继承的是理性与商业精神，在艺术风格上与意大利的奢靡风尚并不合拍。类似的情况也发生在其后英国崛起、其艺术精神深受法国影响之时。

德国的歌德是启蒙主义文学家的代表人物，而我们更为熟悉的，可能是英国启蒙文学作家笛福及其《鲁滨孙漂流记》。启蒙文学是入世的文学，对人性的看法总体上是乐观的，认为人类是在走向进步、文明。在启蒙主义者看来，科学和知识有如普罗米修斯的火炬。如果说文艺复兴的人文主义试图从古希腊找回文明的信心，启蒙主义则是把这种信心放在新科学和新方法上。启蒙主义是文艺复兴精神的延续，虽然这种精神在其诞生地的意大利已经衰落，却被法国接续起了火种。法国的这个火传角色到了大革命之后就基本上完结了。在大革命失败之后，浪漫主义的艺术潮流继之而起。同文艺复兴后期出现样式主义一样，在启蒙主义的辉煌时期，一种预示着浪漫主义潮流的艺术倾向也露出端倪，这就是18世纪中后期的感伤主义文学思潮。这股潮流一改启蒙主义作品对外部世界的关注，转而开掘作家的主观感受和个人情感。浪漫主义更是想要"恢复人的非理性，恢复丰富多彩的情感生活，让炽热的激情取代冷静的理性"①。

浪漫主义文学有一种中世纪骑士文学的气质，作家们想象力雄奇，语言夸张，情绪充沛，所描述的场面震撼人心。拜伦的《恰尔德哈罗德游记》是其中的代表之作。浪漫主义的文学作品多是主观激情想象的产物，作家的注意力聚焦于个人内心的世界。从启蒙主义到浪漫主义，我们再次看到了类似于从人文主义到巴洛克的一条由客观向主观的风格演变路径。

艺术的这两种倾向，被尼采用"日神精神"和"酒神精神"进行了概括。尼采举扬"酒神精神"的时候，是19世纪下半叶，而那时候的文艺潮流，恰恰可以算他所说的"日神精神"的。

浪漫主义的狂欢并不长久，到了19世纪30年代，批判现实主义作为浪漫主义的反叛横空出世。

批判现实主义的历史背景是：1830年的七月革命结束了法国波旁王朝的

---

① 蒋承勇：《世界文学史纲》，复旦大学出版社2002年版。

复辟统治，欧洲的工业革命也进入高潮，整个欧洲迈向现代化，资本主义取代了封建主义成为主流意识和制度形态。这时候工人阶级也走上了历史的舞台，无产阶级革命开始兴起，欧洲进入了前所未有的发展和动荡时期。这时期的欧洲艺术家关心社会现实与社会矛盾，关注社会风云的变换。巴尔扎克、托尔斯泰、陀思妥耶夫斯基、契诃夫、司汤达、狄更斯等杰出的文学家层出不穷。在绘画艺术上，代表人物当属米勒。正是从现实主义开始，捆干草、拾麦穗的农妇、休息的农夫、挤在三等车厢里的乡下人，才进入艺术的视野。以往的大师们，从波提切利到达维德，有谁能够把目光持久地落在这些"卑微"的生命之上？

19世纪的现实主义到了19世纪末，同以往任何一种现实主义（例如文艺复兴风格，以及后来的启蒙主义）的潮流一样，在其后期也发生着嬗变。文学上，是自然主义的兴起。作家仍然在描述社会现实，但主张以科学家的冷静客观和不动声色的态度来进行，代表人物是左拉和福楼拜。画家们则开创了一个至今仍然令我们心驰神往的风格——印象派。对客观世界的冷静的描绘，看上去是纯粹的，审美也更像是认知层面的。印象，无论是文学的自然主义还是莫奈、塞尚的印象主义，成为联结主观感受和客观世界的桥梁。艺术家发现可以不从社会宏大的结构和奔流不息的历史潮流中去寻找灵感和观照现实，愿意冷静地叙写几乎是生理、物理层面的世界。与此同时，浪漫主义并没有完全退出历史，它变身为唯美主义和前期象征主义。①

到19世纪末，有了印象主义、前期象征主义、唯美主义的前期准备，有了尼采、卡夫卡、塞尚与梵高等人的理论和实践，现代主义呼之欲出。有的学者把前期印象主义和后期印象主义分别看成现实主义的末梢和现代主义的开始。笔者深以为然。

后期印象主义绘画的代表人物是梵高、高更和塞尚，他们被认为是现代主义绘画的鼻祖。当然，最富有传奇色彩的始终是梵高。在文学领域，现代主义的祖师是卡夫卡。虽然梵高和卡夫卡这两个人的性格判若云泥，但有一点却惊

---

① 参见章宏伟：《西方现代派文学艺术辞典》，社会科学文献出版社1989年版及丰昀：《前后期象征主义诗歌的演变》，载《福建师范大学学报（哲学社会科学版）》1985年第3期，第88—93页。

人地相似：他们都是各自领域的圈外人，死前几乎没有作品发表。

现代主义艺术潮流在 20 世纪头 14 年狂飙猛进，但两次世界大战扰乱了它的进程，也给现实主义艺术以起死回生的机会。

第四节　20 世纪上半叶——现代主义与现实主义

20 世纪上半叶是文学艺术的迅速变革时期，没有一种艺术风格再如以往那样可以数十年独领风骚。20 世纪上半叶的特征是多种艺术风格同时出现，交相辉映，相互影响和渗透。

一般而言，早期印象派被看作现实主义艺术的延续，早期印象派艺术家注目于外在世界，这与现实主义的主张是一致的。但是印象派绘画所描绘的外在世界，与文艺复兴时期、启蒙主义时期和现实主义时期的艺术家所关注的外在世界又判然有别。后三者把主要的目光投向人的世界，而印象派关注的是大自然，如果他们画人，他们也不关心"人性"，而是人的"风景性"。而且，印象派关注的是自然界在人的主观视觉系统上形成的感受，抛弃了以往艺术中的故事性。感觉、感受，既是我们认识客观世界的源头，也是我们进行主观想象的源头。可以说，印象派很奇妙地处于客观与主观之间，给下一波主观主义的、属于"酒神精神"的艺术潮流开启了路径。

到了后期印象派，描绘外在世界的绘画技法便开始失去了它们的重要性，透视、素描、对光线的客观研究，似乎都不再是创造性的重要基础。文艺复兴开创的学院派绘画技法被后期印象主义的艺术家抛在一边。当然，这些艺术家多数也的确不是在学院中成长起来的，梵高和高更皆如此。

现代主义艺术的繁荣时期，是 20 世纪上半叶，其顶峰时期是 1900 年至 1920 年代，跨越第一次世界大战。这个时期出现了表现主义、超现实主义、野兽派、立体主义、未来主义、达达主义等。在文学上，出现了后期象征主义（艾略特）、表现主义（斯特林堡）、意识流（普鲁斯特）、存在主义（萨特、加缪）和未来主义等流派。

在同一时期，现实主义的文学再度兴起，出现了海明威、毛姆、罗曼·罗兰、劳伦斯、德莱塞等一大批重要的作家。因此，20世纪上半叶是现实主义与现代主义交织的时期。

20世纪上半叶，本来应是现代主义的高潮时期，后期印象派为现代主义铺平了道路，20世纪最初的十几年种种现代主义风格也雨后春笋般蓬勃出现。然而两次世界大战，让艺术家不能不重又认真面对现实世界。而到"二战"以后的冷战时期，随之出现的是荒诞派、黑色幽默、抽象绘画、波普艺术等艺术派别。它们被某些学者看作现代主义的延续，而另一些学者又把它们看成"后现代主义"。笔者倾向于前者。

第五节　从后期现代主义到后现代主义

在艺术史上，梵高、塞尚、高更、卡夫卡等人被认为是现代主义艺术的开创者，他们创作的高峰时期是1900年前后。之后的20世纪上半叶，尤其在欧美经济"大萧条"（20世纪30年代）之前，是现代主义的全盛时期。现代主义的主要流派基本上都在那时粉墨登场。

但是经济的萧条，以及第二次世界大战，使得众多艺术家回到了对现实的关注上来。已在19世纪末落潮的现实主义和自然主义文风重又回到人们的视野中。当然，现代主义风格也未因此落潮。这个时期，现实主义和现代主义风格是交织并存的。现实主义受了现代主义的影响，也对艺术的形式层面给予了更多的关注。现代主义也保有了一定的"入世"倾向。当然，20世纪上半叶的现实主义作家相对集中于美国——一个在当时正迅速崛起的大国。

20世纪下半叶是冷战的时代，社会主义阵营与资本主义阵营处于敌对但又势均力敌的平衡态。世界经济的高速发展和一体化，使得这一时期的社会状况与19世纪后半叶有相似之处。此时欧美文学、艺术中的现实主义不再是主流。"荒诞派""黑色幽默""魔幻现实主义""抽象表现主义""波普艺术"等后期现代主义风格在欧美出现并流行起来。它们与20世纪上半叶的现代主义有着继承关系。抽象表现主义可以说是康定斯基、蒙德里安等现代主义大师的艺术探索的直接继承和发展。从魔幻现实主义、黑色幽默、荒诞派和波普艺术上我们也能看到20世纪上半叶的"超现实主义""象征主义""达达主义"的影子。

不过,美国在20世纪下半叶所引领的后期现代主义与西欧在20世纪上半叶所引领的现代主义艺术还是大有差异。在笔者看来,首先,这个时期的艺术的现代主义与现实主义的界限更加模糊了。例如,魔幻现实主义小说主要是一种现代主义的风格,但称之为"现实主义",旨在把它和浪漫主义之类的主观主义的风格区分开来。把超自然的、魔幻的成分加入对现实生活的描摹,给读者不单带来思想上的启示,也造成审美上的深刻效果,但是魔幻所包裹着的内容又非常的现实。于是现实主义和现代主义的目标同时达到了①。

魔幻现实主义是用魔幻来加强我们对现实的理解,而肇始于法国的"新小说",则是通过对现实的"忠实""仔细"的描摹而达到一种主观的审美效果。"新小说"可以看成现实主义和自然主义的延续,但是新小说的代表人物,如罗伯·格里耶,已经从"人本主义"走到了"物本主义"。在他的笔下,那些曾被我们熟视无睹的物体被摆在了我们面前:桌子上的灰尘、地上的小水坑、卷成8字形的小麻绳、一只紧挨着一只的羊、被车辆压平了的青蛙……

这些细节琐碎之物与我们熟知的叙事现实大不一样。它们很难被我们编织进故事意义的框架,因而被以往的艺术家一再忽略。

在绘画方面,照相写实主义/超级写实主义也与文艺复兴、新古典主义/启蒙主义和现实主义有所不同。照相写实主义的作品比现实主义更"真实",甚至比照片还更加接近实物的细节,这种"逼真"的效果反而让你透过表面的客观和冷峻感受到作者独特的视角和态度。你会隐隐觉得,一定是内心里充满了难以抑制的奔放的情绪,才让这个画家把自己的情绪克制到滴水不漏。主观和客观的界限在照相写实主义作品里被打破了。

后现代主义几乎是和后期现代主义同时发展的。后现代主义是对现代主义的反叛,它主张解构宏大叙事,而现代主义是有某种一致的宏大追求的,例如追求自由、平等、博爱、创造性。也有人认为后现代主义是后期现代主义

---

① 其实,魔幻现实主义并不是一种新发明,中国的曹雪芹早在数百年前便使用了这个元素。而更早的,唐宋的传奇小说,其中大量的篇章也可以视作"魔幻现实主义"的风格。

(late modernism)的延续,或者认为后期现代主义(例如抽象表现主义、荒诞派、黑色幽默、照相写实主义等)本身就是后现代主义艺术风格。

的确,后期现代主义的艺术态度(如荒诞派、照相写实主义、新小说)与后现代艺术家反主流扬边缘,主张解构、零散化、相对主义的态度有一定的相似性。但是后期现代主义的艺术家和评论家们没有放弃对"更好的艺术"的追求。即使莱因哈特最后走到把一张画布涂满黑色的地步,他也要声称这个世界上应该有更纯粹的艺术。罗伯·格里耶反对小说聚焦于人心,反对人本主义,但转而主张"物本主义"。一个照相写实主义的画家,对于维持自身风格的热情,也与其他现代主义风格者一样高昂。而后现代主义的艺术家反对这种精英主义的心态。①

笔者认为,应该区分相对主义的后现代主义和演化—生态主义的后现代主义②,相对主义的后现代主义表面上与现代主义针锋相对,却有着相似的精神内核:相对主义执着于解构秩序,现代主义热衷于建立"优越"的秩序,它们都认为自己拥有了更为优越的、排他性的视角和主张。演化—生态主义的后现代主义则主张包容性的和整合的态度。③ 演化—生态主义的后现代主义一方

---

① 参见: E. Rosalind, R. E. Krauss, *The Originality of the Avant Garde and Other Modernist Myths*. The MIT Press, 1986, pp. 196 – 291. 及 F. Orton, & G. Pollock, *Avant-Gardes and Partisans Reviewed*, Manchester University Press, 1996.

② Kocur 和 Leung 曾提出,到20世纪80年代末,"后现代主义"这个哲学概念就失去了它的大部分批判性影响,1985年之后的西方艺术所呼应的不再是后现代主义思想,而是全球化(globalization)和新媒体的冲击。(参见: Z. Kocur, & S. Leung, *Theory in contemporary art since* 1985, Blackwell Publishing, 2005, pp. 2 – 3.)笔者认为这个判断颇有说服力,尤其把后现代主义视作一种对现代主义的反叛和解构的哲学时。不过,后现代主义从"反现代主义"发展到"非现代主义"阶段,才真正具备了"现代主义之后"的、属于自身的特征。全球化的时代,后现代主义这个术语似乎并没有过时。全球化、建设性后现代,这些概念指向一种更为包容的"反现代主义之后"的精神现象。笔者个人认为,用"演化—生态主义的后现代主义"来概括这个精神现象是比较合适的。

③ 但演化—生态主义并不是结构主义的复辟。结构主义强调整体对于局部而言具有逻辑上的优先性,故而要理解局部,首先要理解整体。演化—生态主义虽然也认为整体可以规定局部,但同时认为局部也决定了整体。而且演化—生态主义并不认为整体和局部的关系像结构主义者所认为的那样紧密。例如有些事物游离于整体之外,在另外一些时候与整体相遇,或者在某个时候解构某个结构。因此在演化—生态主义视角下事物之间的关系可以是松散的。结构主义也注重共时性,对于存在主义的历时性视角持有批判态度。而演化—生态主义认为共时性和历时性是不可分割的两个方面。共时性本身,乃是要放到历时性,即演化的历史中去,才有可能被清晰理解;反之,也只有理解了构成共时性的整体的局部元素之间的关系,才能摸清历时性的演化脉络。

面主张放弃高雅艺术（high art）与流行艺术（low art）的划分，提倡一种艺术表现手法上的杂食性，对于风格的统一和纯粹持有批判态度，同时也不反对建设性①，认为围绕着作者表达的目的或者观众欣赏的目的，还是应有相对更有效的表达方式和临时性的风格。艺术品如果只是"为了反叛而反叛，别无其他"，那么它就仍然还是后期现代主义或者相对主义的后现代主义的，在精神内核上，依然与现代主义没有本质区别。

现代主义艺术家认为自己提出的种种"主义"是一些正确的艺术途径，认为有"好的"和"坏的"艺术途径之分，找到"好的"表达方式是艺术家的价值所在。但沿着这种思路，每一种"主义"都会走到死胡同。与之相反，相对主义的后现代主义走到尽头时，则变成一切无不是艺术，这从另一个方向上也取消了艺术作为一种职业的必要性。这恰如把一切社会现象都看成政治，或者把一切社会现象都看成经济时，"政治"和"经济"这两个概念也都被消解殆尽。

演化—生态主义的后现代艺术对于现代主义过分注重形式的倾向有所反思。艺术的形式创新是不是艺术唯一重要的元素？是不是艺术的形式创新反而有时是艺术所要表达的内容或者生活的需求所决定的呢？一个艺术家要表现自己、表现生活，为何不可以看成与形式创新同样重要呢？笔者相信，一种内容由适合它的形式去表达就可以了，不必在形式、欲望和道德三者之中区分出哪一个元素是更为高雅艺术的特征。隐喻、象征、典雅、和谐、具象等艺术手法也不比照相写实、丑陋、混乱、抽象等手法过时。

演化—生态主义的后现代艺术不再重形式而轻内容，也不再纠结审美还是审丑是更好的艺术的特征，不再区分高雅艺术和大众艺术，而是把艺术界看成一个生态系统，把艺术界看成人类生存的大生态系统的一个子系统。这种生态主义不是以往那种只思考人与自然生态之间的关系的生态主义，而是用生态系统的眼光来看待整个世界和世界中的艺术。

---

① 在探讨后现代主义的建设性这方面，作者推荐以下文献：(1) 王洋：《建设性后现代主义思潮研究》，河北工业大学 2014 年硕士论文。(2) 曾繁仁：《建设性后现代思想与生态美学》，山东大学出版社 2013 年版。

第六节　艺术风格演变的内在与外在逻辑

文艺复兴以降，艺术的风格不断经历着令人眼花缭乱的嬗变。阿恩海姆认为，构成艺术风格的要素（例如线描—涂抹、封闭式—开放式构图等）也是处于波动之中的（见图14）[①]。例如，在某个时期里，艺术家倾向于大量地使用线条，热衷于勾勒轮廓，到了另一个时代，艺术家则喜欢使用色块涂抹来进行表达，线描/涂抹在绘画艺术中的地位就随着时间而波动。再比如在一个时期，艺术家在造型时倾向于采用封闭式的构图，而另一个时期画家愿意采用开放式的构图。再如，一个时期画家喜欢复杂丰富的构图，另一个时期则喜欢简洁清晰的构图。

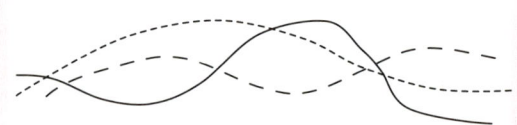

图14　阿恩海姆提出的艺术的基本构成要素的随时间的流变

一种艺术要素的波动与其他要素的波动之间是有相对的独立性的。例如线描的笔法流行的时期，也许碰到封闭式构图流行的时期，也许碰到开放式构图流行的时期，而不是线描笔法一定与封闭式构图同时出现，涂抹的笔法一定与开放式构图同时出现。那么这些波动着的要素相互组合，便构成某个时代的艺术风格。比如在当下，画家更倾向于简洁的、色块涂抹的和开放式的构图。

阿恩海姆的思路对于我们理解艺术风格的微观方面大有帮助，但是他似乎忽略了时代精神从宏观方面影响着微观技术层面的选择这个现象。例如，在情感激荡的时代，艺术家更有可能选择色彩的涂抹，它比线条更能表达激烈的感情，他们也更有可能选择复杂、开放的构图而不是封闭的构图。艺术的基本构

[①]　[美]阿恩海姆：《艺术心理学新论》，郭小平、翟灿译，商务印书馆1996年版，第368页。

成要素之间并不是毫不相关地各自孤立地发生波动。

观察文艺复兴至现代主义艺术之前的数百年，艺术有两种气质交替出现，甚至可以说是不断轮回的。尼采所说的"日神精神"和"酒神精神"大体上概括了这两种气质。笔者认为这两种精神是人的两种存在模式在艺术领域的表现：一种存在模式是客观地觉知外部的客观世界和内部的主观世界，通过应对和改造世界来获得生存与发展；另一种是表达主观的想象和体验。也有人把这两种传统称为"现实主义传统"和"浪漫主义传统"。不过此时这两个词不是狭义的浪漫主义（即18世纪晚期到19世纪初的浪漫主义风格）和现实主义（即19世纪30年代到20世纪早期的现实主义文艺运动），而是和客观性与主观性、日神精神与酒神精神在一个层面上的更为广义的概念。西方文艺复兴以来的艺术交替于日神精神（现实主义）与酒神精神（浪漫主义）之间，也对应着文艺复兴、启蒙主义、工业化（第二次工业革命、科技革命）这三件大事。

文艺复兴至现代主义之前的艺术风格变化，即文艺复兴—巴洛克—新古典主义—浪漫主义—现实主义这个演变过程，在气质上交替于日神精神与酒神精神之间，而且这种交替的频率在逐渐加快（见图15和图16）。文艺复兴是一个持续数百年的过程，巴洛克风格也持续了将近一个半世纪，及至浪漫主义和现实主义，则只能持续影响几十年而已。到20世纪，艺术的两种精神气质有着更为紧密的交叉结合，已经很难用谁占上风来看待了。

艺术潮流的精神气质交替，并不能概括文艺复兴以来艺术发展的全貌。因为艺术的表现手法变得越来越复杂，艺术风格之间的相互借鉴也越来越多，艺术界也越来越繁荣。

笔者把文艺复兴以来艺术的发展看成一个如图17所示的螺旋式上升的过程。在该图中，笔者把艺术气质（日神精神和酒神精神）比喻成两条从同一个根上生长出的藤子，它们此起彼伏，交替占领着有利于自己生长的角度，而且随着成长，这种交替变得越来越快。等到它们生长到顶端，双双变得枝繁叶茂而且交叉互动（有时又是激烈地冲突）乃至于难分彼此。①

---

① 笔者需要指出图17所示的双藤模型的一个不足之处：艺术的不同元素（在这个模型里以枝叶来象征）之间会发生结合与融合，而植物体的枝叶与枝叶之间虽然相互影响，通常不至于发生融合。所以笔者的这个模型应该被想象成一种特殊的、枝叶间可以发生融合嫁接的特殊的藤类生命体。

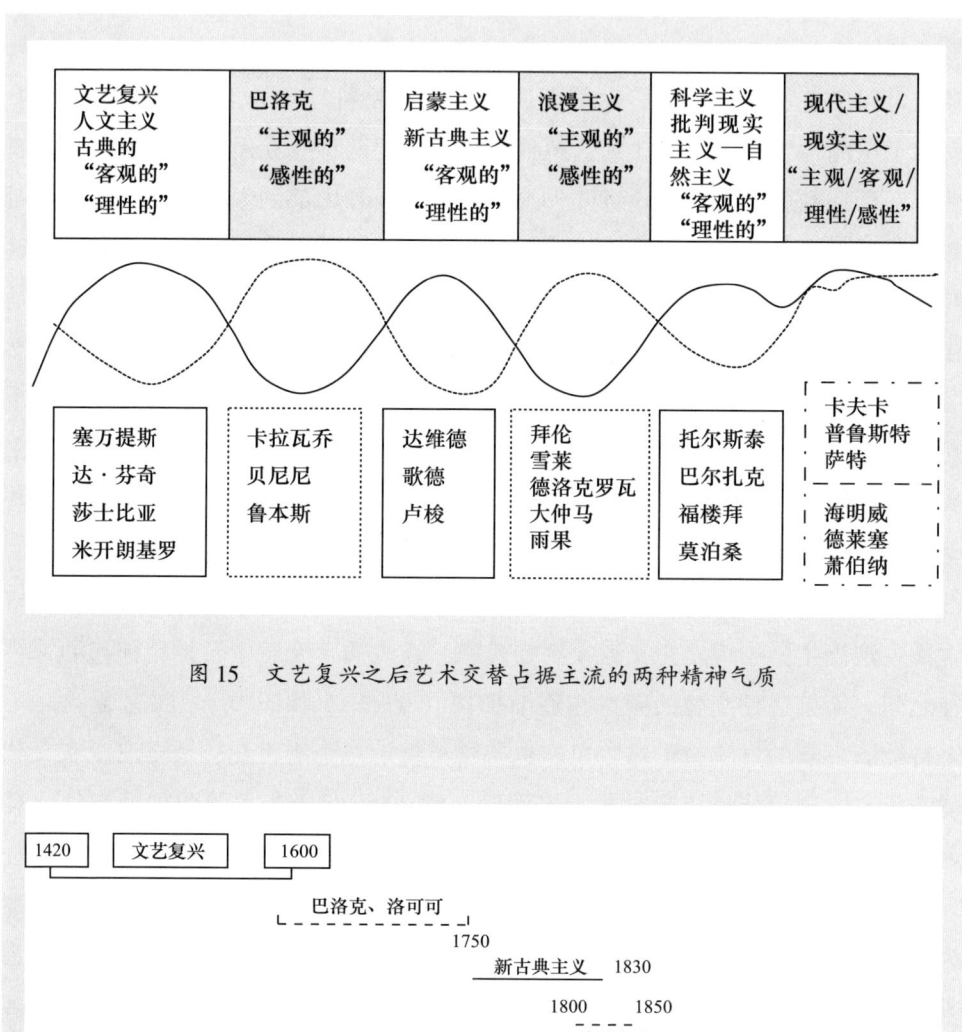

图 15 文艺复兴之后艺术交替占据主流的两种精神气质

图 16 文艺复兴之后艺术风格演变略图

图17　双藤模型：两种艺术精神的发展

日神精神与酒神精神的分裂与结合

  在尼采看来，好的艺术乃是能把日神精神和酒神精神结合起来的艺术。他认为悲剧实际上就是狄奥尼索斯精神和阿波罗精神的结合。在《悲剧的诞生》中，尼采称赞莎士比亚的悲剧《哈姆雷特》很好地融合了这两种精神。①②尼采还认为，音乐艺术是属于酒神精神的，而造型艺术属于日神精神的。这种把艺术形式与艺术气质等同来看的想法未免有失偏颇。例如梵高的绘画就很难放到尼采所言的日神精神的艺术之列，尽管它们显然属于造型艺术。

  笔者在此处想把尼采的日神精神与酒神精神两个概念用现代心理学的理论

---

① ［德］尼采：《悲剧的诞生》，孙周兴译，上海人民出版社2016年版。
② 在尼采后期，他对于莎士比亚戏剧多有微词，这与他对瓦格纳的音乐的态度的改变也是相似的。可参见缪羽龙：《"最现代的人"：尼采眼中的哈姆莱特》，载《齐齐哈尔大学学报（哲学社会科学版）》2016年第12期，第106—108页。

去分析。所谓日神精神，代表着在现实感支配下的对世界的探索。现实感是弗洛伊德提出的三成分人格结构里自我（ego）的功能。这种现实感既表现在人与外部世界的关系，也表现在人与内心世界的关系。所谓外部世界，既包括客观物质世界，也包括他人的内心世界。现实感支配下的人，能够相对客观地观察世界和自己的内心，并且按照现实原则行动。

酒神精神是在本能欲望的支配下表现出的情绪状态。情绪大致可分成悲观的和乐观的两种情绪，除此之外，情绪还包括愤怒这种不同于悲观情绪但和悲观情绪同属于消极情绪之列的情绪。于是我们可以大致用图18所示的二维模型来定义艺术的两种精神之间的关系。我们可以把日神精神这个维度视作现实感维度，它意味着对外在世界的观察（外观）和内在世界的观察（内视）这两个方面，把酒神精神这个维度视作情绪化维度，它包含着乐观情绪和悲观情绪这两种极端。①

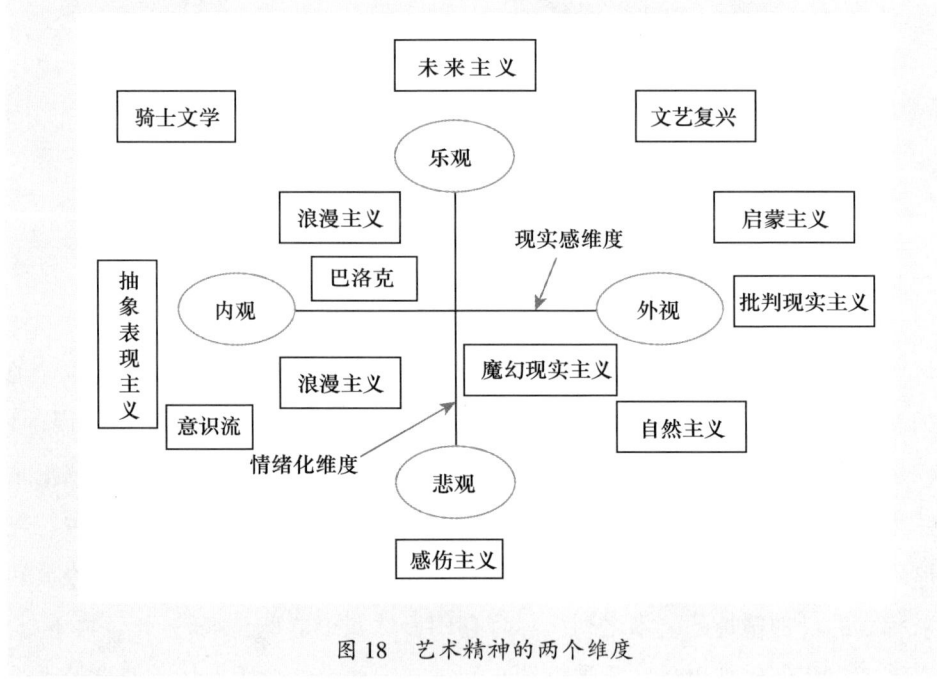

图18 艺术精神的两个维度

---

① 另外，我们能够发现，就现实感维度和情绪化维度的关系而言，乐观情绪往往与现实感维度的"外观"一极相联系，悲观情绪往往与现实感维度的"内视"一极相联系。一定程度的乐观会促使人去认识外在现实，一定程度的悲观会促使人去面对内在的真实。此两者，我们能从笛福与普鲁斯特的风格差异上，或者启蒙主义与意识流的不同里观察到。荣格对艺术的外倾和内倾的定义，与此种现象似乎可以一一对应。但是他把内外倾与酒神—日神精神对应起来，就显得有些错位了。

事实上，一个艺术家通常并不能像一个科学家那么客观地关注外部世界或者自己及他人的内心世界，同时也在多数情况下并不可能完全主观地表达情绪而丝毫不关心内在或外在世界的真实面貌。多数艺术家会选择把主观表达和客观观察结合起来的方式。文艺复兴以来的艺术界不论哪种精神占据主导时，大多不是一种精神消灭了另外一种精神的状态。

但是到了现代主义艺术风格时期，尤其是后期现代主义时期，这两种精神既有更为紧密和更为巧妙的融合（例如魔幻现实主义、黑色幽默），也有着相互的坚决对抗和分裂。例如，罗伯·格里耶主张的物本主义、克洛斯等人开创的照相写实主义，都把客观性强调到了极致，它们与抽象表现主义绘画、朋克音乐所推崇的精神似乎南辕北辙。但是在艺术领域，一切的风格似乎都有物极必反的规律性。照相写实主义（以及其后的分支——超级写实主义）看似客观，但由于它对于细节的孜孜不倦的关注而不得不忽视事物所存在的背景与历史，反而使得作品显示出浓郁的主观性。而抽象表现主义画家试图用线条和色块表达主观感受，那些脱离了具体事物的线条和色块却给我们展现了物理世界与人的主观世界的一致性。我们发现我们对于几何形状所体现的秩序，对于开放式的线条所体现的变化，怀有真挚的热爱。至于朋克音乐，一旦脱离人生背景而成为单纯的号叫，那种表现反倒像外科手术一样客观。

经过现代艺术中对现实感的追求和情绪化表达的整合与冲突，后现代境况下两种精神以多种状态相互影响、杂交、冲突与共存，构成了当代艺术复杂的风格生态景观。以这两个精神维度为基础，我们可以继续分析构成艺术风格元素的其他的成对的现象，例如，线描 vs 涂抹，写实 vs 写意，抽象 vs 移情，音乐艺术 vs 造型艺术。这些成对的概念与艺术的两种精神有关，但又并不是与它们有一一对应的关系。① 例如，一般而言，线描更适合描摹轮廓，表达理性和现实，色块涂抹更适合表达情感，但是我们能够发现，在齐白石和梵

---

① 沃尔夫林曾认为，线描的艺术和涂抹的艺术，分别代表着艺术的两种气质：客观、理性、边界清晰的、追求真实感的气质与主观、感性、超越边界的、追求运动感的气质。他认为文艺复兴时期的艺术家以线描的艺术为主，巴洛克及洛可可时期的艺术家则以涂抹的艺术为主。参见 ［瑞士］海因里希·沃尔夫林：《艺术风格学》，潘耀昌译，中国人民大学出版社 2004 年版。

高的绘画里，线条在情感方面的表现力丝毫不亚于色块。在塞尚笔下，不论线条还是色块都被用来表现事物之间的关系，体现秩序之美。写实更多地被认为更适合表现理性和现实，但正如上文所言，照相写实主义的作品由于把注意力放到观众很少聚焦的超乎寻常的细节上，体现的反倒是很主观的东西。

　　沃林格试图用抽象和移情这一对概念来对艺术风格进行二分。[①] 他认为，移情是一种"对象化了的自我欣赏"。荣格对此解释说：移情就是"预先设定对象是空洞的并且企图对它灌注生命"[②]。例如，我们走到大自然中，把一座山命名为"神女峰"——因为它的形状犹如美女曼妙的曲线。这就属于一种移情式的审美。米开朗基罗从山上凿下一块大理石，按照心中英俊有力的古代英雄的形象雕刻出《大卫》，这也可以归到沃林格所说的移情现象里去。如果我们看一座山，不是把我们内心的形象投射过去，而是愿意就它自身的独特性去欣赏它——例如我们看到一块大理石，愿意耐心观察它的纹理和质地——那么这就是抽象式的欣赏。沃林格说，抽象是外部世界在人心中引起激烈骚动的结果。确实，当我们离开惯常的视角，或者放弃移情，很可能被外部世界所震撼（想想我们把一只沙发搬开，或者到田野里翻开一块石头，能在它们下面看到什么）。如果我们愿意去看看事物本来的样子，不管它给我们带来多大的情感和认知上的挑战，这个过程就与选择性地注意外物、用内心原有的东西去给外物贴上标签以及刻意把外物改造成自己想要的样子等做法相比，更为辛苦和更可能把自己和他人置于不安的境地。抽象首先是一种直面现实的态度。由此抽象似乎可以看成一种日神精神。与之相对应，移情似乎可以看成一种酒神精神。但是把抽象和移情与日神精神和酒神精神一一对应也会导致自相矛盾的后果。当外部世界在一个艺术家内心引起激烈的骚动——即沃林格所说的那种抽象的心理过程被调动起来——他或许会诉诸理性与现实感（日神精神），但或许他的感性和激情（酒神精神）会被调动出来。这其实与他的艺术倾向和个人气质有关。

[①] ［德］沃林格：《抽象与移情》，王才勇译，金城出版社2019年版。
[②] ［瑞士］荣格：《心理学与文学》，冯川、苏克译，生活·读书·新知三联书店1987年版，第223页。

因此，完全离开了移情的抽象，以及完全离开了抽象的移情，都是不可想象的。当我们谈到抽象的艺术和移情的艺术，恐怕是在指这个艺术品的创作者所体现的突出的心理特点而已。这犹如说男女之别，若是我们简单地把男性定义为"进攻性的"、把女性定义为"承载性的"，我们就无法理解生活中的大部分现象——因为只要是生命体，它就不可能只单纯地是进攻性的或者承载性的。

另外，荣格不仅仅把抽象看成一种现实主义精神，而把似乎应该归于移情现象的心理过程——例如原始人对于自然的神化与恐惧——也归于抽象现象了。这有违沃林格的本意，恐怕也是把移情和抽象看成两个截然对立的概念所致。

朴素的时代、启蒙的时代、欲望的时代、停滞的时代

从中世纪末期的艺术风格到文艺复兴风格，再到巴洛克风格的转变，我们能看到艺术从表达信仰，到发现客观和现实的世界再到表达内在欲望的灵魂—理性—欲望路径。这样的变化是在数百年的时间里发生的。在巴洛克之后，欧洲的艺术在理性和欲望之间的交替变迁，或者说日神精神与酒神精神之间的更替演变，与启蒙的接力棒不断在欧洲的国家之间传承有关。这块大陆上一个又一个国家由朴素的时代进入启蒙的时代，直到整个欧洲变成一个相对完整的文明体。如果单看某个国家，例如西班牙或者荷兰，它们的黄金时代只能维持一个世纪左右，灵魂—理性—欲望的这个嬗变在一两个世纪的时间里就可以完成。但是欧洲作为一个整体来看，从文艺复兴到后工业时代，启蒙作为一种主旋律已经维持了 500—800 年的时间。如果我们回看更早的希腊—罗马文明，那么在公元前，地中海附近的文明就已经经历过从朴素的时代到启蒙的时代再到欲望的时代的变化，之后是一个相当漫长的停滞的时代。① 如果把时光回溯到更早的古埃及文明，我们也能够看到类似的周期性变化。文明的发展具有一

---

① 在这个漫长的停滞时代，拜占庭艺术当然有可圈可点之处，克里夫·贝尔甚至认为六世纪的拜占庭艺术是形式美的典范。但是艺术的一个局部层面的出众表现，终不能掩盖其在整体上的停滞局面。

种自相似性。① 由此推断,当欧洲走过近 800 年的上升阶段,会不会迎来一个文明周期的下半程,又一个停滞时代近在眼前?以往的停滞时代的一个共同特征便是艺术变得自我重复,创新被禁止——在历史上,这种时代才是更为常见的。人类最突出的特征并不是创新,而是自我重复。② 古埃及金字塔内的壁画的风格千年不变,欧洲中世纪的艺术也在很长一段时间里裹足不前。这种停滞是精神上的,而绝不是技术发展的停滞所导致的——相反,技术的停滞反倒应该归因于创新精神的消亡。

---

① 混沌学和系统论指出另外一种自相似性,即在不同尺度下的自相似性。例如,在地图上看到的海岸线,与我们站在海边看到的水岸交接处的曲折线条,有着相似的形状。一个家族(例如《红楼梦》里的贾府)的组织方式和兴衰过程,与一个朝廷的组织方式和兴衰过程也有相似之处,甚至与一种文明(比如秦代到清朝的大一统华夏文明)的组织方式和兴衰过程也有相似之处,后者有着远大于前者的时间尺度和空间尺度,但却有着很显著的相似性。这是因为在很长一段历史里,国家从家族扩展而来,文明由国家扩展而来。在不同尺度下的相似性,是复杂的、演化的系统所具有的特点。朴素的时代、启蒙的时代、欲望的时代、停滞的时代可以是数千年文明大尺度上的回归波动,也可以是一块大陆以千年为时间单位的波动,或者一个国家在数百年尺度上的文明波动。也可以是一个家族的百年兴衰,或某个人在几十年生命周期里的变化过程。但是,自相似性虽然概括了系统演变的一个规律性,但不同尺度的系统之间的差异性也不容忽略。笔者并不认为以过去的文明史去推断文明的未来走向是一种可靠的方式,但它至少是我们理解文明发展包括艺术发展中那种强劲的回归力量的一个视角。

② 弗洛伊德在生命的后期,用"死本能"和"强迫性重复"这些概念已经表达了这层意思。(参见[奥]弗洛伊德:《弗洛伊德后期著作选》,林尘、张唤民、陈伟奇译,上海译文出版社 1986 年版,第 22 页。)

第四章　审美的社会生态

艺术品乃艺术家所创造，为观众所欣赏。艺术家和观众又生活在社会之中。艺术家、艺术品、观众、社会这四种元素构成一个共生共存的生态系统。要理解艺术品在世上的遭遇，就必须把它们放到这个生态系统里去看待。这正如我们必须把文字和单词放进句子和段落里去理解。

艺术家、艺术品、观众、社会，这四种元素之间存在着互动和张力，它们也各自与自身构成张力关系。在我看来，要想理解艺术审美，对这些关系的理解与对艺术品本身的特征的理解同样重要。在考察波普艺术、观念艺术、事件艺术等后期现代主义风格的时候，探究这些关系甚至比探究艺术品本身更有启发性。

另外，艺术市场作为艺术品的分配者，也可以被单独看成一种势力，它与另外四种元素的互动过程对于我们理解艺术品及艺术家在此世的遭遇也至关重要。①

第一节　文化菱形与艺术界

在艺术家（作者）、艺术品、社会、观众（消费者）这四个元素之间，存在着复杂的相互关系。为了概括这些关系，葛瑞斯伍德提出了"文化菱形"

---

① 把艺术品的分配者单独拿出来作为一个重要因素去看待，是艺术社会学家维多利亚·亚历山大（Victoria Alexander）提出的看法。参见［英］维多利亚·亚历山大：《艺术社会学》，章浩、沈杨译，江苏美术出版社2017年版。

这个概念①。葛瑞斯伍德认为，要想全面地理解艺术，必须同时考虑这四个元素，以及这四个元素之间的六种关系。不过葛瑞斯伍德并没有对这些关系进行细致的研究。很显然，它们分别属于不同的学科和研究领域，并不是单个的研究者能够凭一己之力完成的。

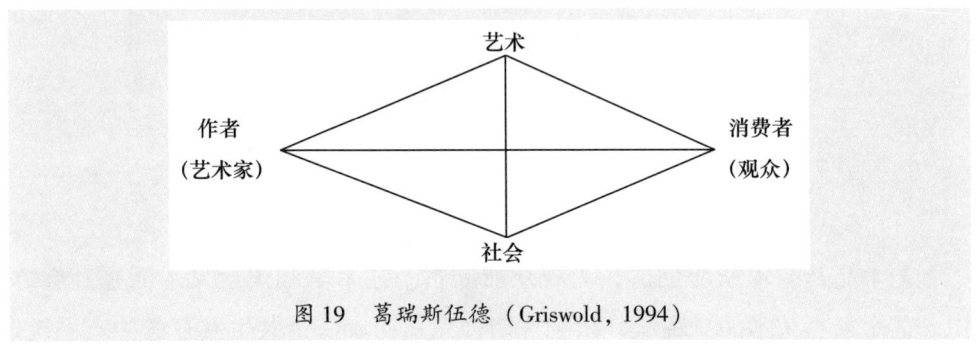

图 19　葛瑞斯伍德（Griswold, 1994）

艺术社会学家维多利亚·亚历山大对葛瑞斯伍德的文化菱形模型做了修改，她认为，葛瑞斯伍德的模型对艺术分配者（例如艺术品商业机构）的作用的重视不够。亚历山大建立了如图 20 的模型，她把艺术分配者放入了文化菱形的中间位置。亚历山大对于文化菱形模型的修订是基于她对消费社会里艺术品的处境的颇有洞察力的了解。如今艺术分配者掌握了越来越多的影响力，具有比艺术家和观众更强大的组织力（这种组织力还可能包括政府的权力），在艺术品和观众之间起到了显著的筛选和引导作用。

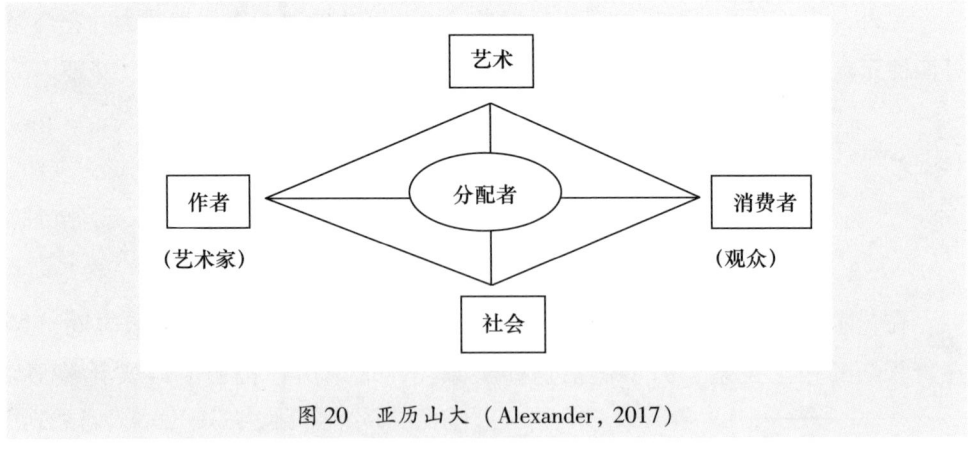

图 20　亚历山大（Alexander, 2017）

---

① W. Griswold, *Cultures and Societies in a Changing World*, California: Pine Forge Press, 1994.

不过这个经过修订的模型仍然有可改进之处。例如，艺术品和消费者之间，也经常存在着艺术分配者这个中介。

把艺术现象从复杂系统的视角去理解，是如今诸多学者不约而同的思路。这个视角可以追溯到贝克（Becker）所提出的"艺术界"这个概念。[1][2] 贝克颇有启发地把艺术看成一种"集体活动"（collective action），认为艺术界（例如某个国家或者地区的摇滚音乐圈或者好莱坞的电影圈）构成了一个个艺术品生产体系。艺术品的特质，受这个体系作为一个整体的力量所塑造，而不仅仅是艺术家本人的艺术个性的体现。一件艺术品脱离了作者之手，它在艺术界流传，然后流传到艺术界之外的更大的世界，那么它的命运，是不能完全用作者的才华来解释的。一件作品如果在艺术界乃至在社会上落到了一个合适的生态位而成为经典，它的创造者一定与有荣焉，但它在一定程度上是由与作者无关的因素所造就的。"是《蒙娜丽莎》创造了达·芬奇，而不是达·芬奇创造了《蒙娜丽莎》"这个说法体现的就是这样一种视角。这是对"伟大的作者创造了伟大的艺术"这个传统视角的补充。

笔者把艺术家和艺术品在社会中的境况概括成图21的模型。图中的大圆，代表了影响着艺术品和艺术家的命运的诸种力量，它们包括艺术界、作为个体或者群体的观众、艺术界之外的各种对艺术构成影响力的因素等。我们不妨把艺术品和艺术家比喻成被各种力量顶起的气球，把艺术界等各种力量比喻成在沙滩上顶气球的人群。各种力量选择哪些气球、用什么的力度把它们顶起，源自复杂的、瞬息万变的因素。一个观察者永远都不可能对这个过程有全面的把握。但是最后终究会有一些气球高高飘在空中而没有落地。而我们在多大程度上可以把它们的幸存归因于作品本身的魅力，在多大程度上把它们看成复杂的、不确定的力量的博弈与合作的结果，恐怕不会有明确的答案。但有了这么一种视角，至少让我们在理解艺术品的遭遇时有一种相对客观的而不是盲目崇拜的眼光。虽然艺术品会被艺术市场定一个身价，也可能被放在艺术史上的某个位置，但它们如何抵达这个位置，其真相恐怕远不是艺术史家的三言两语所能还原。

---

[1] H. S. Becker, "Art as collective action". *American Sociological Review*, Vol. 39, No. 6, 1974, pp. 767-777.

[2] H. S. Becker, *Art Worlds*, Los Angeles, CA: University of California Press, 1982.

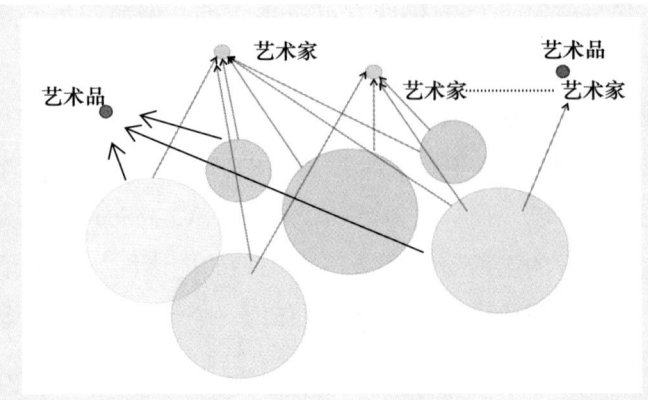

图21 沙滩气球模型：在诸种力量影响下的艺术品和艺术家

而且艺术品在艺术市场上的身价，与它在艺术史上的位置，也是可以相对独立地看待。在观众眼中，一件艺术品的审美价值，也受了自己个人的喜好和他人以及权威的观点的影响。一件艺术品在市场上的价格颇有点像股票，会因为种种因素而发生涨跌。一个富有资产的收藏者在拍卖会上拿出更多的钱去拍下一幅作品，就带动了某个艺术家所有艺术品的价格的提升，这种出自金钱的力量对于艺术品，甚至对于观众的审美感受都会产生影响。

最后，笔者也试图把文化菱形扩展成图22的一个陀螺形模型。在这个模型里，艺术分配者在艺术家与艺术品、艺术品与观众、观众与社会、社会与艺术家之间的中介作用被反映了出来。艺术品、艺术家、观众、社会、分配者与其自身的张力关系也被标示了出来。

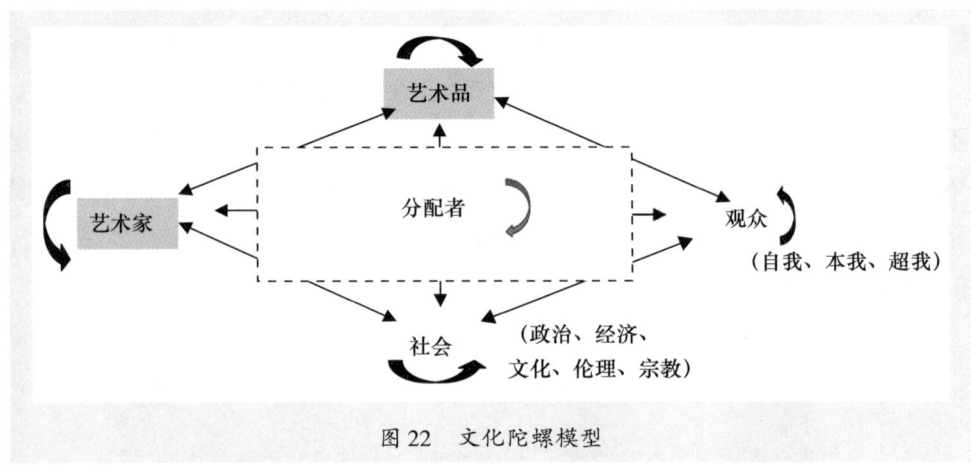

图22 文化陀螺模型

第二节　艺术与时代/社会的张力关系

在中世纪，不论中外，艺术主要是为主流的社会意识形态服务。例如在中国民间流行的侠义小说张扬的是忠君、爱国、忠贞、义气、勇敢、仁义、智慧，欧洲的骑士文学也莫不如此。更为"高雅"的人士的艺术则只是在表现手法上比它们更成熟更委婉而已。当然，民间艺术始终存在一种潜流，以大胆表现被压抑了的内容（性、攻击性、对社会秩序的反叛）为特点。但"高雅"人士致力于对它们进行改造，消减其过于直露的成分，使它们成为"高雅艺术"的脚本。故而在人类相当长的历史时期内，艺术与主流社会之间的矛盾并不尖锐。

但如果我们追溯到中国的先秦时期，或者西方希腊文明的黄金时代，我们仍然能够看到艺术和社会/时代精神之间的紧张关系。《诗经》里的文字所表达的对君王的愤怒很直截了当，古希腊的悲剧更不必说。但这种紧张关系在中世纪被极大地弱化了。

而从文艺复兴开始，艺术与社会秩序之间的关系重新变得紧张起来，它甚至成了推动社会变革的一种力量，艺术家也从过去的"匠人"而摇身一变成为最富有革命精神之人。

文艺复兴时期的艺术家热衷于观察人性、反映人性、张扬人性，这与当时欧洲神权统治的社会文化是存在冲突的。尽管当时的艺术家往往是受到权贵（金主）的资助进行创作，他们中的佼佼者，如米开朗基罗、达·芬奇等人，在夹缝中驰骋自己的想象，坚持对人性的赞美与挖掘。

启蒙主义之后，艺术与社会间的关系格外紧张，艺术有时变成了革命的先导，有时变成革命的手段，更多的时候，艺术是革命的同情者。从文艺复兴到现代主义，艺术的总体特点是入世的、革命的、反抗的。直到后现代主义兴起后，艺术看上去似乎四分五裂，甚至被认为已经走到了终点。①

---

① ［美］阿瑟·丹托：《艺术的终结》，欧阳英译，江苏人民出版社2001年版。

大体上，文艺复兴时期（1312—1616）的艺术张扬人权，反对神权，站在个体和世俗的封建政权这一边，是欧洲由神权的社会向封建的社会转型期的精神体现。启蒙主义时期（18世纪），新古典主义艺术和启蒙文学则代表了欧洲新兴的资产阶级同封建主义的对抗与反叛。19世纪至20世纪初的现实主义与现代主义，则是以新兴的工人阶级反对资产阶级的统治为特点的。

在后现代境况下，西方艺术试图躲避以往它所承载的宏大叙事，这使得它站在现代主义的对立面，反思和解构现代主义。不过从现实意义上来说，在后工业社会，艺术家也确实越来越难以承担他们过去所承担的社会角色。艺术家们对于其他领域的了解程度有限，他们的反思的深度也难免不足。这种不足早在现代主义甚至浪漫主义时代就已经显露出来。而在信息爆炸的后工业社会则表现得分外明显。面对经济危机、政治困局、宗教难题、伦理困境，艺术家能提供切实有效的出路吗？在这个复杂的时代，"诗人何为"？

那么艺术家会不会又退回到他们在中世纪所扮演的工匠的角色？他们是否可以仅仅满足于为这个时代提供装饰性的审美体验？如今的艺术家对观念的偏爱，也许可以看成他们对这个信息爆炸的时代的一种回应。艺术家需要把更多的精力放在理解这个复杂的社会上，才不至于在思想层面表现得过于天真。

在后现代境况下，还出现了另一种情况：从事工程、经济、政治等工作的人士，以及从事自然科学、社会科学和哲学研究的学者尝试艺术创作。而且这种做法并不是"客串"和"玩票"，而是因他们在本领域的专业性，他们创作的艺术作品具有了坚实的知识基础。比如，写《三体》的刘慈欣就属于这种情况。其实这种跨界式的创作，在更早的时代已经开始出现，存在主义哲学家萨特就是一个例子。

第三节 艺术与其自身的张力关系

有的艺术引领时代精神，有的艺术跟随时代的精神，有的则站在时代精神的反面，有时候艺术把自己同时代孤立开来，有时候艺术仅仅针对自身做出反叛。

　　无论在内容还是形式方面，艺术都必须不断发生变化才能免于沦为陈词滥调。评价艺术品的一个重要准则是作品的原创性。从某种意义上说，艺术就是它自己的敌人。新的艺术往往是对老艺术的变形和反叛。然而长远来看，艺术又在一定层面上是轮回的。艺术的反叛，是儿子对父亲的反叛，艺术的轮回，是孙子对祖父的崇拜与精神回归。艺术史上，文艺复兴—巴洛克—新古典主义/启蒙主义—浪漫主义—现实主义—现代主义，便是一个不断反抗又不断轮回的过程。这种轮回首先是精神气质上的回归，而不论在形式上还是内容上新的艺术风格与其试图回归的旧风格之间都会有巨大的差异。浪漫主义是对新古典主义/启蒙主义的反叛，它在精神气质上与巴洛克更接近，但是浪漫主义者所怀有的救世激情，是巴洛克时期的艺术家们罕有的。

　　文艺复兴时期模仿自然的艺术倾向可以说是现实主义的艺术气质在漫长的中世纪之后的复活。但最彻底的现实主义意味着艺术家的视线不能盯在"唯美"的事物之上，而是连那些被我们本能地忽略、总想转眼不看的角落也要被认真地纳入艺术视野。文艺复兴和古希腊的现实主义并未达到这么彻底的地步。

　　艺术领域所主张的回归很少是原教旨般的对前人的亦步亦趋。而在人的政治和宗教诉求方面，复辟却是一种常见现象：忠于一本书、一个姓氏、一片土地，类似的热情在艺术领域里是至为罕见的。人类似乎对于艺术家们网开一面，不要求他们必须严格恪守或者一丝不苟地回归某种传统——至少在文艺复兴之后多数主流文明是这种态度。

　　因此也可以说，同一类艺术精神之间也存在张力关系。这种张力关系在很大程度上因为文化与社会在不断地变得更加复杂，即使精神上有回归，艺术背后的技术因素和形式因素也会越来越精妙，观众的思维和感受也变得越来越复杂。维多利亚时代的保守风气绝不是回到了中世纪的传统生活方式。中世纪的壁画上那种刻板的对称，在19世纪后期英国维多利亚时代的学院派古典主义绘画里并没有重现。

　　不过就政治和宗教而言，即使现实并不能复辟到过往的时代，在口号的层面却要喊得比较极端，"回到……的时代""重归……"是比较容易出现的句式。在艺术史上，拉斐尔前派就是少有的以这种口号为旗帜的艺术革新群体。但在实践中拉斐尔前派的艺术尝试仍然不是一种复辟。

另外，浪漫主义和现实主义虽然看似遥远，但在同一个艺术家身上，这两种倾向未必像我们以为的那样格格不入。卡拉瓦乔把文艺复兴的现实主义发展到了极致，但又开创了渲染情绪的巴洛克倾向。后期印象派的梵高，他的作品深入到现实的缝隙里，一间茅屋、一双破靴子，都可以成为主题。他的绘画生涯其实也是从模仿现实主义的大师米勒开始的。而他的作品又是极具主观性和表现性的，每一幅作品都可以视作他那痛苦、不安定和热烈的内心的外化。

第四节　艺术品和观众、艺术家与观众的张力关系

观众面对艺术品，会受到艺术家所表达出来的意思的影响（有时甚至因为艺术家和观众具有相似的心灵面貌，出现一拍即合的共振状态）。但是观众也会不可避免地把属于自己而并非艺术家本意的——有意识的或无意识的——理解附加于其上，产生所谓的"误读"①。这两种情况往往同时存在并互相影响。

另外，艺术家所表达出来的东西和观众的心灵发生互动，也可能生长出新的心理感受，它们既非艺术家的本意，亦非观众在接触到一件艺术品之前所曾体验。在这种情况下，欣赏艺术便是一种生成过程——通过艺术欣赏，我们的内心发生了结构性的变化，我们不再是碰到那个艺术品之前的那个我们——但这种感受又是纯个人的，甚至可以与艺术家的体验并无直接关系。

共振、误读、生成，如果这三种情况在对同一件作品的欣赏中皆有所发生，观众的体验是最为丰富难忘的。

笔者童年时期曾在山区居住一段时间，秋天每逢下雨，便有山果被雨水裹

---

① 参见：H. Bloom, *The Anxiety of Influence, A Theory of Poetry*. New York: Oxford University Press, 1973. 及 H. Bloom, *A Map of Misreading*, New York: Oxford University Press, 1975.

挟者令人惋惜地跌落到地上。秋天的晚上总有虫子在窗外安慰人心地唧唧鸣叫,它们也会扑进屋内的灯光里,给人一种陪伴般的温暖。这样的经验在笔者回到城里之后就渐渐淡忘了,直到后来读到王维的诗句"雨中山果落,灯下草虫鸣",猛然深受触动。王维把这些场景用简洁的语句融合在一起,它们把笔者的经验激活了,加以纯化,变成某种晶莹剔透的东西。它在笔者内心形成的感受,既不是王维的,也不完全是笔者的山居经验,它是一种新的东西。在读到"雨中山果落,灯下草虫鸣"之后,任何一个秋天,我都会想到这两句诗,对于时间流逝的觉察、对于因其短暂而更加弥足珍贵的生命之美、对于从平常生活中满溢出来的艺术气息,从而使我有了更加敏锐的觉察。

艺术欣赏是一个复杂的过程,单纯地说一件艺术品反映了什么,或者说艺术品让观众发现了他们自己的什么,都未能概括艺术欣赏的全貌。

艺术家与观众的张力关系

艺术家与观众之间,是一对存在着多种可能性的关系。有的艺术家一味地迎合观众,有的艺术家则一味地给观众设置欣赏上的障碍,竭力挫败他们,当然更多的艺术家的态度处于两者之间。艺术家所采取的态度,除了他们的性格气质使然,还受到诸如商业利益、政治气候等一系列因素的影响。

观众们对于艺术家的态度也多种多样,它甚至还与艺术的类型有关。当下的时代,观众对于画家的敬畏多于对音乐人的。他们似乎普遍认为画家乃承担着传达深刻意义的使命,但音乐则是被用来打动和取悦他们的。当然一般而言,音乐比绘画更具有激动人心的效果——至少从平均意义上来说是这样。人们对于画家的态度经常是敬而远之,对音乐人的态度则是近距离的追捧。前者使绘画保持了一定的神性,后者更多地体现了人性。绘画和音乐在社会生态里发展出的不同处境,可以以演化—生态主义的视角去理解。这仿佛犬科与豹科动物虽然同属猛兽,在被纳入人的社会里,因为种种原因走向了不同的生态位。后者演变成了门前的护卫,保有了一定的进攻性,前者则驯化成了卧室里的宠臣。当然,绘画的遭遇还与它的后继者——电影——的产生有关。就视觉艺术而言,流动的画面以及完整的故事比静止的造型更有可能激动人。这使得电影艺术承载了更多的"通俗"功能。

在如今的时代，小说艺术甚至也在相当的程度上沦落成了电影艺术的脚本的角色。托尔斯泰曾认为，小说艺术意味着作家通过文本把自己的体验传达给读者。① 这个情况已经今非昔比，许多小说提供的是故事框架，而通过电影艺术传达给读者的更多的是导演们的体验。

然而如今互联网迅猛发展的时代，导演们也不能高枕无忧了。将来的电影艺术，作品和观众之间的互动性可能会进一步升级。交互式电影（或曰互动电影）或许会占领主要的票房市场。电影甚至可能直接成为现实生活的一部分。例如，观众们是不是可以通过互动式电影，就生活中的主要议题参与意见，预测未来的可能性？例如就英国脱欧在百年以后会有什么后果这个议题，也许一场以此为主题的、由公众参与的互动式电影可以给人很多启发。以前人们要用政治和战争手段才能解决的问题，若是通过参与式的虚拟活动就得以解决，岂不善哉？

第五节　艺术家与自身作品的张力关系、观众与观众的张力关系

被世人推崇的艺术作品，未必是它们的创作者引以为豪的。艺术家同其他职业者一样，也可能不断地试图超越自己。艺术家有时会对自己的作品失望——不论它们多么受人推崇——或者不愿重复自己，希望突破既有的成就。

艺术家的作品在尘世的境遇，也会反过来对艺术家构成影响。他们也许因世人对其作品的推崇而愿意保持或者因世人的诟病而抛弃某种风格与主题，也许因为世人的批评反而变得格外坚持自己的主张，也许因为世人对其某种风格的推崇而故意改弦更张，也许他根本无视世人的意见，这些都有赖于艺术家的性格和生存现实。

---

① ［俄］列夫·托尔斯泰：《艺术论》，见伍蠡甫、胡经之主编：《西方文艺理论名著选编（中卷）》，北京大学出版社2003年版。

所以，欣赏艺术作品，如果对艺术家的境遇和心路历程有所了解，能更为贴切地理解某些作品为什么是那个样子——尽管这并不是观众欣赏艺术作品所必须做的功课。

艺术家对自己早年的作品感到不满者甚众——尽管这与艺术家在艺术才能上的提高有关，但也与艺术家随着年龄的增加导致的心态和趣味上的改变有关。中年以后的艺术家"老来情味浅"，激情委顿是一种可以理解的现象。但此时如果否认年少时的激情，就难免会毫无必要地"悔其少作"。如果一个中老年艺术家对年轻人处处"鄙心陋之"，那么他对于自己早年的东西，多半会过分苛责，认为"未穷宏达之旨"①。但是这份不满到底是站在一个更高的层次俯视自己，还是心灵老化接受不了更富有创造性和更有活力的东西？以中老年人常有的优势地位，难免倾向于自以为乃是前一种状况。

但是笔者在此并非主张激情青春的艺术好于平和恬淡的艺术。一个艺术家到了老年，也许可以不必回头阅读自己年轻时期的作品，但以为自己的风格变化乃是战胜了年轻时的鄙陋，恐怕也不大可靠。

除了年龄，艺术家自身情绪的变化、外在际遇的变化，也可能带来风格的改变。这种因为境遇而改变的风格，虽然经常地被艺术家看作是对自己的超越，但观众们经常并不买账。钱钟书先生晚年呕心沥血写出的《管锥编》，远没有他在年轻的时候创作的《围城》受欢迎，如果仅仅把这个现象归因到读者的浅薄，恐怕对于读者而言是不公平的。因为如果没有《围城》，《管锥编》会更加无人问津。不论《管锥编》有多么伟大，《围城》给读者带来的精神上的营养与审美上的愉悦都令人叹为观止，且是《管锥编》不可替代的。

一个艺术家重复自己、故步自封，固然会落入陈词滥调，他为了超越自身而做的努力如若失于真诚，也一样地有可能落入陈腐和俗套。

观众与观众的张力关系

我们和他人对同一件艺术作品的评价产生分歧，是经常发生的事情。如果你喜欢梵高的《向日葵》所表现的火热之情，而你的朋友认为那幅画疯疯癫

---

① 李白：《大鹏赋·并序》，见《李太白全集》，中华书局1998年版。

癫的，也许你会因此大失所望。也许你喜欢莫奈的睡莲和雷诺阿的风景，而另一个人说不定会认为它们不过是小资情调而已。

但是且慢，你的那个朋友不喜欢《向日葵》，他喜欢什么样的作品？如果他喜欢王维笔下的雪松和茅屋，或者宋徽宗笔下的花鸟，你可以问问他王维的作品给他带来什么体验，宋徽宗的花鸟给他带来什么感受。或许你因此发现，他喜欢平静、细致的东西，而不是奔放热烈——当然在梵高的作品而言也可以说有些疯狂——的事物。那个觉得印象派绘画是小资情调的人，为什么会有这种想法？他为何觉得"小资情调"是个应该受到贬低的艺术品位？也许他是受了朋友们的影响，也许他恰好喜欢批判性的、"虐心"的作品。

在笔者看来，观众和观众在审美趣味上的差异，根本不必上升到谁高谁低这个层面上去。我们通过对审美差异的觉察和分析，能够更好地理解他人和自己，这本身就是一件很有意思的事。

与这个话题有关的还有观众与自己在审美趣味上的张力关系。或许某个人当下并不喜欢梵高的绘画、不喜欢普鲁斯特的小说，但是十年以后，或许他会改变想法。也许他那时觉得自己以往推崇的作品反而平庸无奇。但是倘若此人以时间的先后来判断艺术品位的高低，认为他现在的艺术品位高于过往，这未必是一种可靠的思路。我们能够承认一个人随着年龄增加，在科学的领域有可能失去创造性和敏感性，也应该承认年龄也许会消磨掉一个人的艺术敏感力——或者更确切地说，对于某些艺术形式的敏感力。当然他在另一些艺术领域的敏感性也有可能是提升的。

笔者15—20岁之间的时候钟爱印象派绘画，而在更早的时候喜欢的是更为写实的东西，26岁以后才真正能够欣赏梵高、达利等人的作品，后来齐白石的绘画最令我愉悦，同时也稍稍喜欢康定斯基。现在，笔者会在吴冠中、塞尚等人的画作前驻足良久。不同的年龄段，人的关注点不同，人的情绪状态也很不一样，于是艺术趣味也随之发生着变化。

另外，一个人钟爱某类作品的理由经常并非全在于他个人，不喜欢某类作品的原因亦复如此。审美趣味是可以像饮食习惯那样被培养和诱导的。如果一个人的性格如果比较随和顺从，他的审美趣味可能不与当下的风尚相抵悟。一个性格叛逆之人，则可能故意选择小众的风格去推崇。所以观众与观众之间的艺术品位之争，有时是性格冲突的延伸，甚至也可以说是一种与身份认同有关的现象。

第六节　水的风格与石的风格：东西艺术比较

　　走入一座传统的中国汉族民居，尤其是社会精英阶层的房舍内部，现代人会觉得那是一种非常不适于居住的地方。其客厅，在西方被称作"living room"的所在，不论桌椅板凳，还是挂在墙上的被一副对联框住的青松白鹤图，线条都生硬笔直，只有茶壶茶杯之类的器物可有几分温柔的曲线。中国文化设定的精英阶层的形象是"刚正不阿"，客厅里这种充满了直线的氛围当然恰如其分。但是虽然家私陈设秩序肃然，主人与客人必须一团和气，保持左右逢源的姿态，因为"外圆内方"才是君子的标配。所以，他端起的茶碗也必须浑圆细腻、肚大宽容，与宾客间的气氛相辅相成。

　　走出客厅，庭院里的假山湖石则极力避免任何生硬笔直的线条，抛弃能唤起人的秩序感的任何形状。种有荷花的水池绝对不可设计成完美的圆形，秋冬的断梗残荷要比夏天热烈富贵的莲花更被认为有观赏价值。若有一汪湖水，跨过湖水的小桥断不可笔直地把它对称地一分为二——那是要让雅者笑掉大牙的。概言之，中国传统社会的精英阶层的庭院，以水的流动性作为美感的最高追求。即便是皇家园林（以颐和园、圆明园为代表）亦采纳此种美学原则。

　　西方的近代园林正好相反，水要被石头限制在完整规则的形状内。即便有喷泉，其形其状也必须规矩对称。原本率性自由的流水居然被操纵得森然有序。这样一种做法与中国园林把石头也朝水的形状去改造的尝试可谓迥异其趣。

图 23　苏州怡园

(http：//dp. pconline. com. cn/photo/list_1843625. html)

图 24　英国霍华德城堡

(https：//cn. toursforfun. com/default/nid‑2166. html? currency = eur)

图 25　颐和园一角

(http://dp.pconline.com.cn/dphoto/list_3520096.html)

下图是奥地利的美泉宫。这座夏宫始建于 1696—1780 年。从这些照片上我们可以看到，此宫内外，藤蔓、花草、树木、湖水、走廊，一切景观都遭受几何学的认真修理，处处显示出一丝不苟的气质。在这样的宫殿里生活，一个东方人恐怕会觉得拘谨不安。也许嫁入此宫的茜茜公主（1837—1898）之所以郁闷烦恼[1]，以至于罹患神经症[2][3]，乃至冒着被刺杀的风险四处旅行，在一定程度上也许要拜这一丝不苟的环境所赐。

传统的中国园林和西方近代园林的风格差异，也许是两种精神的外显的结果。东方及至近代，人民的生存主要以努力适应两千年不变的既定秩序为主。艺术在某种程度上，是在超稳定的秩序之外寻求自由的呼吸，所以在艺术趣味上表现为对于秩序的解构，寻求禅意的栖居。

---

[1] W. Vandereycken, R. Vandeth, "The anorectic empress-elisabeth-of-austria", *History Today*, Vol. 46, No. 4, 1996, 12 – 19.

[2] D. Mumford "From fasting saints to anorexic girls", *European Eating Disorders Review*, 1995, Vol. 3, No. 2, 1995, pp. 123 – 124.

[3] W. Vandereycken, T. Abatzi The anorectic life of Empress Elisabeth of Austria (1837 – 1898). Slenderness cult of the Habsburg family. *Der Nervenarzt*, Vol. 67, No. 7, 1996, p. 608.

文艺复兴之后的西方，在相当长的一段历史时期里努力在构建新的秩序并在整个世界推而广之。他们反倒对秩序心驰神往，在自己的居住之地也尽可能地体现这种精神气质。

图26　奥地利美泉宫（胡涌摄，2019）

及至 19 世纪末，工业文明进一步把人类个体编织到细密精致的社会网络中，此时西方人开始意识到，他们创造的庞大秩序，已经转而变成他们自身的囚笼。所以先锋的艺术家对于规范和规则抱有愈来愈浓重的敌意，我们从印象派—表现主义—抽象表现主义这一支里越来越清晰地看到此种态度。如此态度反倒与中世纪以降的中国文人的艺术趣味日益相似起来。莫奈、梵高、塞尚、波洛克与王维、八大山人、吴昌硕、齐白石的距离，远小于他与达·芬奇、达维德和米勒的距离。后期现代主义、后现代艺术与禅宗的距离，远远小于它和希腊—希伯来艺术传统的距离。西方的现代主义、后现代主义艺术在风格上似乎是更加"东方的"，而不是"西方的"。

图 27 《薰衣草之雾》（波洛克，1950）

所谓时移世易，"反者道之动"，如今中国变成了一个颇有活力的工业社会，努力成为一个富裕国度。中国的富翁们热衷于大理石和巴洛克风格，把自家的豪宅修成城堡和宫殿，建筑和装饰上的后现代主义在他们眼里是莫名其妙的。先锋艺术对于他们而言也只是拍卖会上的数字而不是他们发自肺腑的共鸣体验。而此时西方的建筑师们却在考虑如何把居住之地和大自然最完美地契合起来。西方艺术趣味的"东方化"历时已久，因此如今再笼统地对比所谓东方式审美趣味或者西方式审美趣味，就显得有点时空错位了。

第四篇

结语 艺术作为生活的疗愈者和创造者

在远古朴素的时代，艺术作为生活的疗愈者和创造者的角色是至高无上的。人们相信艺术与神灵相通，疾病可以通过艺术来获得疗愈，艰难的抉择可以借助艺术来找到可靠的依据，复杂的欲望可以经由艺术获得表达。艺术的神性在一神教的中世纪仍然得到了一定的保留。但是启蒙的时代到来之后，艺术的这种通神之力就遭到质疑。有趣的是，当艺术走下神坛之后，它转而又是启蒙的一份强劲动力，它自身也得到了解放，艺术遂成为文化基因里最活跃的因素之一。在每一个开放的时代，艺术的勃兴和复兴都是其后的伟大时代的先导，并且参与了生活的方方面面的改造。

人类的发展是生物基因和文化基因变异的产物。文化基因的改变，艺术居功甚伟。如今艺术作为生活的疗愈者和创造者的角色不再基于它传统的通神之力，而要基于它入世（贴近世界去了解世界）和出世（与世界保持距离，成为它的观察者）的能力。但不可否认的是，人作为一种"古生物"，基因中的萨满精神难免驱使一些人继续渴望艺术的神奇魔力。在表达性艺术治疗和创造力等领域里，存在着大量对艺术的不切实际的期待。如今金钱的力量也前所未有地高举艺术成果。而与此同时，科技力量的迅猛发展又使得艺术的社会推动价值遭到前所未有的贬低，甚至经常被视作无足轻重的花边和陪衬。可以说，艺术正是在这两种日趋分裂的极端力量下努力维持着尊严和存在的合理性。

第一章 表达性艺术治疗

表达性艺术治疗，或曰表达性心理治疗，是通过艺术作为媒介激活、体验和分析感受，从而产生心理治疗的作用。这包括个体亲自实践艺术活动或者对他人的艺术作品进行欣赏与思考。心理咨询界认为这些过程能够激发心灵成长，保持心理健康，以及治疗心理疾患。表达性心理治疗是在心理学专业理论指导下的表达、欣赏和心灵转化过程。

但是关于艺术表达和艺术欣赏是否可以疗愈人心，坊间一直流传着两种相互矛盾的看法。一种看法是，艺术天赋本身就与精神的失衡有关，最有创造性的艺术家多有家族性的精神疾病史，艺术家自己的精神状态也通常处于失衡的边缘。他们会举出莫扎特、梵高、李贺、拜伦、海明威、伍尔夫等人的例子。

另一种看法认为，艺术乃修身养性之道，艺术创作具有极佳的疗愈作用，艺术家往往心态平和，体健寿高。这样的例子也不胜枚举，比如达·芬奇、巴赫、歌德、托尔斯泰、罗曼·罗兰、巴金、齐白石、吴冠中……

心理学与精神医学的研究者们也对这个问题颇感兴趣。德国学者贾德（Adele Juda）早在1927—1943年间以德语国家近代（1650年至1900年）294位天才（113位艺术家、181位科学家）为研究对象，探究精神异常与创造力的关系。[①] 这项颇具规模的研究，结果仍旧有点自相矛盾。以该研究所考查

[①] A. Juda. "The relationship between highest mental capacity and psychic abnomalities". *The American Journal of Psychiatry*, Vol. 106, No. 4, 1949, pp. 296–307.

的113位艺术家为例，三分之二的艺术天才并没有出现精神病患，此结果似乎并不支持"天才必疯癫"的传说。但同时该研究也发现，天才及其家庭成员确实比其他人更有可能出现精神疾患，尤其是诗人和音乐家。德语杰出诗人中的近半数和超过三分之一的德语音乐家出现过精神反常。相比之下，建筑家、雕塑家则多数精神健康。画家则介于两者之间，平均的精神健康状况比诗人好，但比建筑家和雕塑家略差。五分之四的德语画家的精神是健康的。

美国的精神病学家贾米森（Kay R. Jamison）在20世纪90年代出版了一本著作，《感动于火：躁郁障碍与艺术天赋》（*Touched with Fire: Manic-depressive Illness and the Artistic Temperament*）[1]。这本书详尽地探讨了躁郁障碍与艺术天赋之间的关系。除了与贾德在精神医学诊断术语上有所差别（贾米森所采用的是最新的诊断标准，对于精神分裂和躁郁障碍的区分更加准确）以及研究对象从德语人群转向了以英语人群为主，贾米森的研究结果与贾德基本上是一致的。

多数研究者，包括贾米森和贾德，都把研究的目标人群集中在近现代艺术家人群。但最近有一项研究关注了文艺复兴及之后两百年（1200—1900年）的艺术家人群。它发现，艺术家与同时期的天主教主教相比，平均寿命略低几岁，但也在60岁以上，远高于当时人们的平均寿命。[2] 考虑到艺术家的生活条件本来就比主教们差得多，艺术家们较高的平均寿命更是显得令人印象深刻。[3] 由于这项研究所关注的艺术家群体不包括诗人、作家和音乐家，而是画家和雕塑家，研究的结果与贾德和贾米森等人的成果并不矛盾。

综合一系列的研究结果，我们大致能够得到这样的初步推论：艺术和精神

---

[1] K. R. Jamison, *Touched with Fire: Manic-depressive Illness and the Artistic Tempeprament*, New York: Free Press, 1996.

[2] M. P. Carrieri, D. Serraino, "Longevity of popes and artists between the 13th and the 19th century," *International Journal of Epidemiology*, Vol. 34, No. 6, 2005, pp. 1435 – 1436.

[3] "艺术家"是迟至18世纪才出现的概念，在文艺复兴时期，从事艺术活动的主要是画家和雕塑家，他们在社会上的地位属于工匠阶层，并不具备如今艺术家所拥有的崇高的地位以及对审美趣味的解释权。参见刘伟冬：《意大利文艺复兴时期艺术家的社会状况》，载《艺苑》（美术版），1994年第1期。

疾患之间的关系，与艺术的形式有关，也与艺术家生活的年代有关。与激情有关的艺术形式、崇尚艺术激情的年代，艺术家容易出现精神失衡和短寿。中国人那句古话——情深不寿——也许是前人基于对生活的观察而得出的准确印象。

这些研究表明，从事诗歌、音乐等与激情有关的艺术形式的艺术家，其寿命比之于从事雕塑、文学等相对来说不那么需要激情的艺术形式的艺术家，更容易出现精神失衡和短寿。绘画在激情方面介于音乐和雕塑之间，画家的精神失衡比雕塑家更容易发生，比音乐家更少发生，也就无足为怪了。

笔者发现，近现代以来的小说家里，短篇小说家通常比长篇小说家短寿。最著名的短篇小说家，如卡夫卡、欧·亨利、契诃夫、莫泊桑、鲁迅等人，寿命分别是41岁、48岁、44岁、43岁、55岁。……而最著名的长篇小说家，长寿者所在多有，例如托尔斯泰、雨果、巴金、马尔克斯、福克纳，分别是82岁、83岁、101岁、87岁、65岁。而且这些长篇小说家的代表作，都是在他们45岁以前完成的，并非中年以后从短篇小说作者转型为长篇小说家。

长篇小说家里也有一些例外的短寿者，例如法国的巴尔扎克和普鲁斯特，都只活到了51岁。但是阅读过普鲁斯特的读者应该能够发现，他不是那种传统意义上的长篇小说家。他也许是第一个以诗歌的激情来写长篇小说的作者。他的《追忆似水年华》在文字规模上相当于长篇小说，但读起来其实是一首浩瀚的长诗。所以他的情况似乎又在支持"情深不寿"这个说法。说到诗人，如果我们列出近代那些最著名的名字，会发现他们的寿命又不及同时代的短篇小说家。当然，对比不同文体作者的寿命，要控制年代、国家、风格等不同变量，以上例子，只是一个粗略的印象。这个印象倒是与贾米森、贾德等人的研究结果毫不相违。

笔者还有一个观察，虽然20世纪之前，相当多的近代诗人，尤其是浪漫主义时期的诗人出现精神失衡、自杀和早逝等现象，到了20世纪，西方诗人的精神健康状况反而大为改善，"疯癫艺术家"的看法越来越多地指向原本相对平和的画家，至于音乐家，则表现得更容易英年早逝了。"二战"以后，一个又一个杰出的音乐人意外去世，组成了一个长长的名单：埃尔维斯·普雷斯利、卡伦·卡朋特、皇后乐队主唱弗雷迪·莫库里、黑人歌手惠特妮·休斯顿、迈克尔·杰克逊、林肯公园的主唱查斯特·贝宁顿，他们去世时的年龄分别是42岁、33岁、45岁、49岁、51岁、41岁①。

就绘画艺术而言，现代主义风格的艺术家们，有相当多的人英年早逝。被认为是现代主义风格的始作俑者的后印象派的三位杰出画家，梵高、高更和塞尚，只有塞尚有一个相对正常的寿命——67岁去世——而梵高37岁自杀离世，高更55岁去世。如果与数百年前被称为"文艺复兴三杰"的达·芬奇、米开朗基罗、拉斐尔相比（他们分别是67岁、88岁和36岁去世），都没有显示出寿命方面的优势。也就是说，经过了三百多年的物质发展，普通百姓的平均寿命大大提高了，而杰出的绘画艺术家的健康状况似乎还要更差一些。这似乎依然在验证"情深不寿"这句老话。另外，从达·芬奇到拉斐尔，艺术风格也在变化，朝着更为激情的方向嬗变，或许正是文艺复兴后期的艺术风潮选择了比较富有激情的并且英年早逝的拉斐尔。比较一下梵高和塞尚，同样是形式美的追求者，一个钟爱的是通过画面表达激荡的内心，另一个是用形状和色块表现事物带给观者的感受，两人的心态也是很不一样的。不过，后印象派之后，画家们的精神健康状况各有不同，有生命周期比较短暂，也有尽享天年者。从梵高到戈尔基（Gorky）到波洛克，从塞尚到蒙德里安到莱因哈特，我们能看到激情的艺术家和平静的艺术家活出了非常不同的生命轨迹。

---

① 小说《在路上》的作者，47岁去世的杰克·凯鲁亚克（Jack Kerouac，1922—1969），有句话广为人知："永远年轻，永远热泪盈眶。"（Forever youthful, forever weeping）他去世前的高风险行为以及突然的身故，或许在对抗一种现实：一个人终究要受身体的生物规律所限，"永远年轻"仍然只是一个美好愿望。最近一些研究指出，不但女性从45岁开始进入更年期，男性其实也可能在同样的时间经历类似的过程：激素水平下降，情绪容易波动，抑郁疲劳，欲望下降等。美国的临床心理学家杰伊特·戴蒙德（Jed Diamond）在20世纪90年代末出版的 *Male Menopause* 一书（J. Diamond, Male Menopause. Naperville, IL: Sourcebooks Inc., 1997.）激起了研究男性更年期的广泛兴趣。其后的研究者确实发现男性中年之后激素水平下降带来的一系列身心问题，但是否男性具有与女性相似的45岁这个年龄转折点，证据依然比较模糊（参见：A. Morales, P. W. Jeremy, H. Carson, C. C. Carson, *Andropause: a misnomer for a true clinical entity*", *The Journal of Urology*, Vol. 716, No. 3, 2000, pp. 705-712.）也许男性的这个过渡时期并没有那么准时准确，但是也有另外一种可能，即创造性的天才在年轻时的激素水平高于常人（或许男女皆然），而到中年之后发生显著的衰退，出现比其他人更明显的转变期。另外，世界卫生组织（WHO）虽然没有承认男性更年期的存在，却很有意思地把45岁定义成中年期的开始。这个年龄很可能是一个人的心态由激情而理性的转折点。某个艺术家也许无法承受少有激情、乏有灵感的生活，或者认为自己已经完成了自己作为艺术家的使命，从而有意无意地选择早早地离开人世，这似乎不是没有可能性。

第四篇　结语　艺术作为生活的疗愈者和创造者

图 1　《肝是鸡冠》（戈尔基，1944）

在人群中总有一部分天生情绪波涛汹涌之人，在拜伦和雪莱的时代，他们就会去做诗人，而在"二战"以后的欧美，他们就会成为摇滚乐手。在浪漫主义的时代，诗歌承担着唤起观众激情的功能，但是到了 20 世纪，这件事主要是由流行乐手去承担了。20 世纪以后，欧美的诗歌艺术反而更加推崇一种淡定、平和、远距离、零度的写作风格，诗坛忽然成为一个相对平和的地方。或许这是因为诗歌艺术在它与流行音乐的竞争中败下阵来——表达激情，音乐当然是更为合适的媒介——所以转而去开拓其他的疆域了。至少一批最富有激情的年轻人所选择的艺术表达形式不再是诗歌而是音乐。

鉴于以上所及的情况，在探究艺术的疗愈功能时，我们就不能简单地说，艺术有疗愈功能，而是说，在某些情况下艺术才有疗愈功能。艺术在社会中扮演着很多种角色，就像语言，它可以把人引向不同的场域。

艺术是否具有疗愈功能，恐怕有赖于艺术能否给艺术实践者带来内心的平衡，以及艺术实践者是否愿意把艺术活动作为一种平衡内心的方式。① 这并不

---

① 关于艺术为何具有疗愈功能，近来一些研究者致力于较为系统的探索。例如，2012 年《艺术疗法》杂志发表了一批聚焦于艺术疗法的疗效因子的研究报告（参见 L. Kapitan,"Does art therapy work? identifying the active ingredients of art therapy efficacy," *Art Therapy*, 2012, Vol. 29, No. 2, pp. 48 –49 等论文）

意味着在艺术疗愈活动中人们只应该感受积极、愉快、乐观的情绪,如果艺术活动给创作者内心积累的愤怒和悲伤以宣泄与平衡的机会,也应该是艺术疗愈功能的一种体现——临床心理治疗之所以有效,也很大程度上与求助者在治疗情境中能够体察和表达负面情绪有关。因此,我并不认为梵高那样的艺术家必然像有些传说中所认为的那样是由于从事艺术而"走火入魔"。正如谈话治疗的疗愈功能的有限性,艺术的疗愈功能也一定是有限的,对于重性精神疾病的治疗,任何一种心理疗法都不能取代药物和其他生物疗法。

如果一位艺术家通过绘画或者是其他的艺术媒介表达自己接近失衡的精神状态,在观众那里得到了共鸣与追捧,这个艺术家委实可能沉溺在此种状态之中。但梵高并非如此,他生前并未得到公众和学院的承认,只有一幅画(《红色葡萄园》)得以卖出,而且是在他弟弟的安排之下才有了买主。梵高的死亡,应该是因为精神疾患没有得到有效的治疗所致。事实上,对于躁郁症等重性精神障碍的有效治疗,直到20世纪末才真正实现。

图2 《红色葡萄园》(梵高,1888)

艺术活动也许是某些人类个体在精神上的最后的避难所,没有这项工作,也许他们会更快地失去精神上的平衡。甚至,我们如今称之患有精神障碍的某些个体,若在另一个时代,在另一种生活方式下,有没有可能是适应良好的?例如,精神医学上称之为"注意力缺陷多动障碍"(ADHD)的孩子,在工业化社会的环境下,从事有指令的学习和操作时,自然是极端地不能适应。但他们天马行空的性格,在任侠与骑士的时代,会不会反而如鱼得水?美国心理学家博尼·克拉蒙德(Bonnie Cramond)发现,ADHD 和创造力是高度相关的。[1] 这个看法得到越来越多的证据支持。[2][3] 一些艺术疗法的从业者也发现,通过艺术活动,ADHD 者的心理状况能够得到明显改善。[4] 也许具有 ADHD 倾向的个体本不适合学校环境,应该给他们更多的从事创造性工作的机会。

艺术对个体的心理健康的疗愈功能,在相当程度上源自它帮助个体进入稳定、平和的状态的作用。许多艺术治疗实践就是基于这种假设来进行的,在采用艺术方法辅助重性精神病患的治疗时尤其如此。不同的艺术媒介都可以在经过合适的改造后具备心理安抚的功能。例如音乐治疗师制作放松音乐以用于引导放松和冥想。最近的一项研究表明,低情绪唤起的古典音乐在放松效果上并不低于精心制作的放松音乐,尤其对于中老年人(50 岁—80 岁)而言如此。[5]

概言之,艺术活动包含了情感的激活、表达、宣泄、安抚等多种元素。其中情感的安抚对于心理健康的益处基本上无可争议,但其他元素的心理疗愈效果,以及如何把它们恰到好处地结合进心理治疗的整体框架中,尚有待更多研究。

当然,笔者并不认为艺术家的成败应该用心理健康水平和生理寿命去评

---

[1] B. Cramond, "Attention-deficit hyperactivity disorder and creativity — what is the connection?" *Journal of Creative Behavior*, Vol. 28, No. 3, 1994, pp. 193–210.

[2] A. Abraham, S. Windmann, R. Siefen, I. Daum, O. Güntürkün, "Creative thinking in adolescents with Attention Deficit Hyperactivity Disorder (ADHD)," *Child Neuropsychology*, No. 12, 2006, 111–123.

[3] G. Gonzalez-Carpio, J. Serrano, & M. Nieto, "Creativity in children with Attention Deficit Hyperactivity Disorder (ADHD)," *Psychology*, No. 8, 2017, pp. 319–334.

[4] H. L. Bartoe, *Art Therapy and Children with ADHD: A Survey of Art Therapists*, Dissertations & Theses-Gradworks, 2014.

[5] G. Lee-Harris, R. Timmers, N. Humberstone, & D. Blackburn, "Music for relaxation: a comparison across two age groups," *Journal of Music Therapy*, Vol. 55, No. 4, 2018, pp. 439–462.

判。很显然,艺术的价值不是以艺术家本人的幸福感作为度量标准的。一件艺术品不能疗愈它的创作者,却对一个社会具有疗愈作用,这样的例子比比皆是。艺术家作为社会的疗愈者和创造力激发者的身份,对于艺术家本人的身心健康有时候反而可能是有害的。那么临床心理工作者为艺术家提供心理疗愈时,是否应该使用表达性艺术治疗的技术,这也是一个有趣的、尚未得到充分探究的问题。

图3　北京回龙观医院(精神疾患专科医院)艺术治疗室一角

第二章　艺术作为世界的创造者

　　文艺复兴之后，艺术复活为世间最强劲的变革力量之一，它与科学、信仰等其他因素共同创造了近现代文明。艺术参与塑造欲望、改善道德、创造新的生活方式。艺术家在这些事业上表现出前所未有的主动和热情，同时其承担的责任也前所未有之重大。而在那之前的中世纪，艺术家只不过是为信仰润色的工匠角色罢了。

　　与艺术家的主动性相得益彰的，是观众在艺术创造过程中的重要性和主动性。例如莎士比亚这样的杰出艺术家的出现，就与大众的选择息息相关。文艺复兴后期的莎士比亚是一位剧院老板，也是演员和剧作家，彼时戏剧是大众兴趣的焦点。莎翁在那样的环境下脱颖而出，改编和创作了大量的作品，成为后世之经典。所以可以说，是观众参与选择并造就了莎士比亚。19世纪上半叶，英国处于高速工业化的时期，新闻媒体也相当发达，人们喜欢看报纸、读小说，在这种氛围下，狄更斯这位发表现实主义风格连载小说的"写手"大受欢迎。一位文学大师就是这样开始"出道"的。如今这个网络的时代，我们能发现许多最优秀的作家从文学网站上开始为人所知。

　　文艺复兴以降，艺术家和观众之间的互动与互择，构成了一道重要的人文景观。乃至于当下的时代，观众作为艺术风格的选择者和塑造者的地位高到前所未有。如今观众自身的状态，他们的艺术趣味，恐怕比艺术家的天分对于艺术的走向有着更大的决定作用。那么如今这个被称为"消费主义"的时代，观众会对艺术形成一种什么样的选择力量？

肖鹰略带悲观地指出："流行文化的消费主义操作，通过过剩形象的生产、倾销，以单向度的感性刺激和欲望满足压抑或取代了审美活动的创造性感受和体验。审美活动因此变成了纯粹机械性的他律的感觉活动。"①

诚哉斯言，如果观众对艺术品的选择是基于它们是否能够带来及时的、大量的、容易的满足，那么艺术的衰落也就在所难免了。

早在艺术家是为信仰而润色的工匠角色的时候，人的审美活动也是单向度的、他律的感受活动，彼时被激荡的是信仰和道德主义的情绪。文艺复兴使得艺术成为一种独立的力量，它与构成社会的其他因素（宗教信仰、科学实践、商业活动等）形成张力的关系。那么在消费主义社会，艺术的这种独立性会不会再次丧失？这委实值得警惕。一个具有整体感的社会，它的每一个成分，应当具有足够的独立性。这正如人体的器官，在它承担起自己独特的作用的时候，才可以保证整个有机体的生存。除了独立性，一个器官与其他器官之间也应该具有合作性。如果在一个高度复杂的社会，艺术一旦放弃了自己所承担的重要功能，其导致的后果恐怕要比那种不够分化的纯朴社会严重。

如今艺术与社会的其他要素之间的关系变得更加复杂和微妙了，将来也许依旧如此。在中世纪，信仰压抑了艺术的自由度，也抑制了科学精神，而在文艺复兴时期，科学与艺术获得了空前的独立性，它们之间的联盟也算紧密，许多艺术家同时是科学家和工程师。但如今的时代，除了在技术层面上科学与艺术发生着合作，在思维方式上它们似乎前所未有地相互排斥。艺术认为科学太过刻板，而科学认为艺术不着边际。同时信仰在面对科学和艺术的时候，依然保持着高高在上的姿态，对于科学的成就、艺术的风潮，都坚决地做着局外人。科学和艺术转而与商业过从甚密，金钱资本在艺术面前掌握了前所未有的话语权，它似乎开始拥有了过去宗教对于艺术的宗主地位，在艺术品的分配方面呼风唤雨。这种对于艺术的独立性的忧虑是杞人忧天，还是合情合理，不妨留给读者去评判。

将来，艺术会走向哪里，艺术会与社会的其他要素一起把生活引向何方？这种问题也许根本无法回答。丹托在《艺术的终结》一书里说："试想一下，

---

① 肖鹰：《中西艺术导论》，北京大学出版社2005年版，第300—301页。

在 1865 年,为了预言后印象主义绘画,或是迟至 1910 年,为了预告仅仅在五年后出现的如杜尚《断臂之前》这样的作品,从这种问题会产生怎样的情况。"①

未来的人们比我们现在更聪明、拥有更丰富的信息、具备更开阔的视野,他们将要创造出来的生活,超出我们的想象(不论更好还是更坏)。但是正如有些过去的人类的预言——例如在天上飞,或者潜入海底——后来确实得到实现,将来在艺术领域,有些事情也必定会发生。比如,不论是艺术家还是观众,恐怕都会有这种愿望:能够有效地表达内心的感受。在科技进一步发展之后,人的感受传递给他人的方式就会经由更为直接和准确的媒介的帮助,这些媒介甚至会比影视和互联网更有效率。在那种情况下,必定会有与那种新媒体相适应的新的艺术形式出现。

人类和动物的一个区别是,人类有着远为丰富的想象力,经常活在幻想里。人类的诸多生活方式是经由幻想而变成现实的。然则人类也深受其想象力之害,有太多的时候迷失在想象力所构建出来的理论、主义和计划的迷雾里,以至于把生存推向灾难的境地。那么在将来,人们是不是会通过参与艺术活动,例如用交互电影这种方式来模拟我们集体想象出来的生活,以考察它们的可行性与价值,而不是凭着一腔热情去构建乌托邦?

另外,只要人类一息尚存,艺术就是文化的中坚力量,欲望、道德与形式感等话题会被它继续探索下去。艺术作为构建精神家园的一种媒介,肯定不会过时。② 但是艺术家们恐怕要直面一种挑战:在一个分工越来越精细、信息越来越浩瀚的社会,艺术如果不把自己限于渲染和装饰的角色,而是在构建精神家园的事业上有自己举足轻重的贡献——就像文艺复兴、启蒙主义和工业革命时期它所表现的那样——那么艺术和艺术家们如今的优越地位反倒可能是一种障碍。同样的情况在科学界也能被看到——如今科学家们可以轻描淡写地以

---

① [美]阿瑟·丹托:《艺术的终结》,欧阳英译,江苏人民出版社 2001 年版,第 75 页。
② 肖鹰先生在《中西艺术导论》一书的结尾处写过一段意味深长的话:"在最高的层次上,文化应当被理解为人的精神家园……家园对于个体的意义,在于把栖居的整体感(归宿感)赋予个体……现代文化运动的一个基本目标……是重建文化的整体感,重建精神家园……"(参见肖鹰:《中西艺术导论》,北京大学出版社 2005 年版,第 301 页。)

"你们不懂科学"而为自己缺乏创意、浅尝辄止的研究找到借口。

艺术与科学都是作为信仰的奴婢而发展出来的，它们都曾经被赋予最艰苦的工作，因此对心灵和世界的深邃有着最直接的认识。就科学和艺术而言，最好的时代似乎既不是它们低伏在尘土里的时代，也不是它们登上豪华的殿堂的时代，而是为了自己的独立性挣扎复兴的时代。

也许艺术会有一次新的复兴，就像启蒙主义、工业革命、信息革命给艺术所带来的新刺激一样。但也许它会经历一个长期的停滞、一个新的中世纪，几百年或者上千年保持着低创造性的状态。笔者并不想妄揣未来，但是艺术的未来也就只有有限的那么几种可能性。

参考文献

一、中文参考文献

1. 《戴望舒诗全集》，现代出版社 2015 年版。

2. 冯川：《文学与心理学》，四川人民出版社 2003 年版。

3. 华沙：《看脸》，湖南文艺出版社 2016 年版。

4. 蒋承勇：《世界文学史纲》，复旦大学出版社 2002 年版，第 87 页。

5. 老子：《道德经》，中国纺织出版社 2007 年版。

6. 李白：《大鹏赋·并序》，见《李太白全集》，中华书局 1998 年版。

7. 李泽厚：《美学三书》，商务印书馆 2006 年版。

8. 《孟子》，段雪莲、陈玉潇译，北京联合出版公司 2015 年版。

9. 童庆炳、程正民主编：《文艺心理学教程》，高等教育出版社 2003 年版。

10. 肖鹰：《中西艺术导论》，北京大学出版社 2005 年版，第 300—301 页。

11. 叶朗：《美学原理》，北京大学出版社 2009 年版。

12. 叶青：《应物传神：中国画写实传统研究》，江西人民出版社 2004 年版。

13. 章宏伟：《西方现代派文学艺术辞典》，社会科学文献出版社 1989 年版。

14. 曾繁仁：《建设性后现代思想与生态美学》，山东大学出版社 2013

年版。

15. 訾非：《感受的分析：完美主义与强迫性人格的心理咨询与治疗》，中央编译出版社2019年版。

16. 周冠生：《审美心理学》，上海文艺出版社2005年版。

17. 朱建军：《我是谁：意象对话解读自我》，安徽人民出版社2009年版。

18. 朱光潜：《文艺心理学》，复旦大学出版社2009年版。

19. [奥地利] 西格蒙德·弗洛伊德：《弗洛伊德后期著作选》，上海译文出版社2005年版。

20. [德] 阿恩海姆：《艺术心理学新论》，郭小平、翟灿译，商务印书馆1996年版。

21. [德] 阿恩海姆：《艺术与视知觉》，滕守尧译，四川人民出版社2006年版。

22. [德] 鲍姆嘉通：《诗的哲学默想录》，王旭晓译，中国社会科学出版社2014年版。

23. [德] 康德：《论优美感和崇高感》，何兆武译，商务印书馆2009年版。

24. [德] 尼采：《悲剧的诞生》，孙周兴译，商务印书馆2012年版。

25. [德] 沃尔夫冈·韦尔施：《重构美学》，陆扬、张岩冰译，上海世纪出版集团2006年版。

26. [德] 弗洛伊德：《弗洛伊德后期著作选》，林尘、张唤民、陈伟奇译，上海译文出版社1986年版。

27. [德] 黑格尔：《美学》，朱光潜译，重庆出版社2018年版。

28. [德] 沃林格：《抽象与移情》，王才勇译，金城出版社2019年版。

29. [俄] 列夫·托尔斯泰：《艺术论》，见伍蠡甫、胡经之主编：《西方文艺理论名著选编（中卷）》，北京大学出版社2003年版。

30. [美] 埃伦·迪萨纳亚克：《审美的人》，户晓辉译，商务印书馆2004年版。

31. [美] 阿瑟·丹托：《艺术的终结》，欧阳英译，江苏人民出版社2001年版。

32. ［美］巴斯：《进化心理学》，熊哲宏译，华东师范大学出版社 2007 年版。

33. ［美］霍桑：《红字》，胡允桓译，人民文学出版社 1991 年版。

34. ［美］罗尔斯：《正义论》，何怀宏、何包钢、廖申白译，中国社会科学出版社 2009 年版。

35. ［美］威尔逊：《论人性》，方展画、周丹译，浙江教育出版社 1998 年版。

36. ［日］忽滑谷快天：《中国禅学思想史》，朱谦之译，上海古籍出版社，2002 年版。

37. ［瑞士］荣格：《心理学与文学》，冯川、苏克译，生活·读书·新知三联书店 1987 年版。

38. ［瑞士］荣格：《寻求灵魂的现代人》，王义国译，光明日报出版社 2007 年版。

39. ［瑞士］海因里希·沃尔夫林：《艺术风格学》，潘耀昌译，中国人民大学出版社 2004 年版。

40. ［英］贡布里希：《秩序感：装饰艺术的心理学研究》，范景中、杨思梁、徐一维译，湖南科学技术出版社 2006 年版。

41. ［英］克里夫·贝尔：《艺术》，马钟元、周金环译，江苏教育出版社 2005 年版。

42. ［英］维多利亚·亚历山大：《艺术社会学》，章浩、沈杨译，江苏凤凰美术出版社 2017 年版。

43. ［意大利］贝奈戴托·克罗齐：《美学原理》，朱光潜译，上海人民出版社 2007 年版。

44. 邓程：《拒绝隐喻：新时期以来中国的后现代主义诗论》，载《星星月刊》，2015 年第 3 期，第 6—19 页。

45. 丰昀：《前后期象征主义诗歌的演变》，载《福建师范大学学报（哲学社会科学版）》1985 年第 3 期，第 88—93 页。

46. 何泺生：《香港快乐指数调查》，岭南大学公共政策研究中心 2011 年版。

47. 江晓原：《为何好莱坞影片中的科学技术绝大部分是负面的》，载《科学与社会》，2018 年第 2 期，第 116—124 页。

48. 梁恒豪：《浅谈荣格的基督教心理观》，载《世界宗教文化》2011 年第 1 期，第 24—30 页。

49. 刘伟冬：《意大利文艺复兴时期艺术家的社会状况》，载《艺苑（美术版）》，1994 年第 1 期，第 29—31 页。

50. 孟令新、靳瑞华：《华兹华斯的儿童观及其影响》，载《聊城大学学报（社会科学版）》，2010 年第 2 期，第 94—96 页。

51. 缪羽龙：《"最现代的人"：尼采眼中的哈姆莱特》，载《齐齐哈尔大学学报（哲学社会科学版）》，2016 年第 12 期，第 106—108，114 页。

52. 王洋：《建设性后现代主义思潮研究》，河北工业大学 2014 硕士论文。

53. 徐丽云：《浪漫、理想、精神——浅析堂吉诃德式的爱情》，载《现代语文（学术综合版）》，2009 年第 6 期，第 121—123 页。

54. 于坚：《从隐喻后退——一种作为方法的诗歌》，载《作家》，1997 年第 3 期，第 68—73 页。

55. 袁霜霜：《论华兹华斯的"童心"思想》，上海师范大学 2015 硕士学位论文。

56. 訾非：《走向生态主义的心理学》，载《北京林业大学学报（社会科学版）》，2014 年第 2 期，第 1—8 页。

二、外文参考文献

1. A. L. Non, A. M. Binder, L. D. Kubzansky, et al. "Genome-wide DNA methylation in neonates exposed to maternal depression, anxiety, or SSRI medication during pregnancy," *Epigenetics*, 2014, Vol. 9, No. 7, 2014, pp. 964 – 972.

2. A. Abraham, S. Windmann, R. Siefen, I. Daum, O. Güntürkün, "Creative thinking in adolescents with Attention Deficit Hyperactivity Disorder（ADHD）", *Child Neuropsychology*, No. 12, 2006, pp. 111 – 123.

3. A. Cardenas, S. Faleschini, H. Cortes et al. "Prenatal maternal antidepres-

sants, anxiety, and depression and offspring DNA methylation: epigenome-wide associations at birth and persistence into early childhood," *Clinical Epigenetics*, Vol. 11, No. 1, 2019.

4. A. Juda. "The relationship between highest mental capacity and psychic abnomalities," *The American Journal of Psychiatry*, Vol. 106, No. 4, 1949, pp. 296 – 307.

5. A. Morales, P. W. Jeremy, H. Carson, C. C. Carson, "Andropause: a misnomer for a true clinical entity," *The Journal of Urology*, Vol. 16, No. 3, 2000, pp. 705 – 712.

6. A. Reinhardt, *Art-as-art: The Selected Writings of Ad Reinhardt*, New York: Viking Press, 1975.

7. B. Cramond, "Attention-Deficit Hyperactivity Disorder and creativity — what is the connection?" *Journal of Creative Behavior*, Vol. 28, No. 3, 1994, pp. 193 – 210.

8. B. Ruso, L. Renninger, K. Atzwanger, "Human habitat preference: A generative territory for evolutionary aesthetics research," In E. Voland & Grammer (Eds.), *Evolutionary Aesthetics*. Berlin: Springer Verlag, 2003, pp. 279 – 294.

9. C. Jung, "Aion: Researches into the phenomenology of the self," in C. Jung. *Collected Works of C. G. Jung*, Vol. 9 Part 2. New York: Princeton University Press, 1959.

10. C. Peterson, M. E. P. Seligman. *Character Strengths and Virtues*, New York: Oxford University Press, 2004.

11. C. Dowling. *The Cinderella Complex: Women's Hidden Fear of Independence*. New York: Pocket Books, 1981.

12. D. E. Eyer, *Mother-Infant Bonding: A Scientific Fiction*. Yale University Press, 1993.

13. D. Mumford, "From fasting saints to anorexic girls", *European Eating Disorders Review*, 1995, Vol. 3, No. 2, 1995, pp. 123 – 124.

14. D. P. McAdams, *The Redemptive Self: Stories Americans Lived by*, Oxford

University Press, 2006.

15. D. P. McAdams, *The Stories We Lived by: Personal Myths and the Making of the Self*, New York: Gilford Press, 1993.

16. D. Symons, "The psychology of human mate preferences", *Behavioral and Brain Sciences*, No. 12, 1989, pp. 34 – 35.

17. D. K. Simonton, "Age and creative productivity: nonlinear estimation of an information-processing model," *The International Journal of Aging and Hum Development*, Vol. 29, No. 1, 1989, pp. 23 – 37.

18. E. Andersen, S. Raffin-Bouchal, D. Marcy-Edwards, "Reasons to accumulate excess: Older adults who hoard possessions", *Home Health Care Services Quarterly*, Vol. 27, No. 3, 2008, pp. 187 – 216.

19. E. B. Vangeel, E. Pishva, T. Hompes, et al. "Newborn genome-wide DNA methylation in association with pregnancy anxiety reveals a potential role for GABBR1," *Clinical Epigenetics*, Vol. 9, No. 1, 2017, p. 107.

20. E. Bullough, "'Psychical Distance' as a factor in art and as an aesthetic principle," *British Journal of Psychology*, 1912, No. 5, pp. 87 – 117.

21. E. H. Erikson, J. M. Erikson, *The Life Cycle Completed (Extended version)*. New York: W. W. Norton & Company, 1998.

22. E. Hoekzema, E. Barba-Müller, C. Pozzobon, M. Picado, F. Lucco, D. García-García, et al. "Pregnancy leads to long-lasting changes in human brain structure," *Nature Neuroscience*, No. 20, 2016, pp. 287 – 296.

23. E. Jones, *The Life and Work of Sigmund Freud*, New York: Basic Books, 1953.

24. E. Rosalind, R. E. Krauss, *The Originality of the Avant Garde and Other Modernist Myths*. The MIT Press, 1986, pp. 196 – 291.

25. F. Hartt, *A History of Art: Painting, Sculpture, Architecture*, Prentice Hall, 1985, p. 601.

26. F. Nietzsche, *Nachgelassene Fragmente* 1884 – 1885. Berlin: Walter de Gruyter, 1980.

27. F. Orton, G. Pollock, *Avant-Gardes and Partisans Reviewed*, Manchester University Press, 1996.

28. G. F. Miller, "How mate choice shaped human nature: a review of sexual selection and human evolution," In C. Crawford, D. Krebs, *Handbook of Evolutionary Psychology*. Mahwah, NJ: Erlbaum, 1998.

29. G. F. Miller, "How mate choice shaped human nature: a review of sexual selection and human evolution," In C Crawford, D. Krebs, *Handbook of Evolutionary Psychology*, Mahwah, NJ: Erlbaum, 1998.

30. G. Gonzalez-Carpio, J. Serrano, M. Nieto, "Creativity in children with Attention Deficit Hyperactivity Disorder (ADHD)," *Psychology*, No. 8, 2017, pp. 319 – 334.

31. G. H. Orians, J. H. Heerwagen, "Evolved responses to landscapes," In J. Barkow, L. Cosmides, & J. Tooby (Eds.), *The Adapted Mind*, New York: Oxford University Press, 1992, pp. 555 – 579.

32. G. Lee-Harris, R. Timmers, N. Humberstone, D. Blackburn, "Music for relaxation: a comparison across two age groups," *Journal of Music Therapy*, Vol. 55, No. 4, 2018, pp. 439 – 462.

33. H. J. Kim, G. Steketee, R. O. Frost, "Hoarding by elderly people", *Health & Social Work*, Vol. 26, No. 3, 2001, pp. 176 – 184.

34. H. Kohut, *Analysis of the Self: Systematic Approach to Treatment of Narcissistic Personality Disorders*, Madison, Connecticut: International Universities Press, 2000.

35. H. L. Bartoe, *Art Therapy and Children with ADHD: A Survey of Art Therapists*, Dissertations & Theses-Gradworks, 2014.

36. H. S. Becker, "Art as collective action," *American Sociological Review*, Vol. 39, No. 6, 1974, pp. 767 – 777.

37. H. Bloom, *A Map of Misreading*, New York: Oxford University Press, 1975.

38. H. Bloom, *The Anxiety of Influence: A Theory of Poetry*. New York: Oxford

University Press, 1973.

39. H. S. Becker, *Art Worlds*, Los Angeles, CA: University of California Press, 1982.

40. I. Kant, *The Critique of Practical Reason*. Translated by Werner S. Pluhar. Indianapolis: Stephen Engstrom Hackett Publishing Company, Inc. , 2002.

41. J. Diamond, *Male Menopause*. Naperville, IL: Sourcebooks Inc. , 1997.

42. J. S. Schneider, "Impact of undergraduates' stereotypes of scientists on their intentions to pursue a career in science," In: PhD thesis, North Carolina State University, Raleigh, 2010.

43. J. Schinske, M. Cardenas, J. Kaliangara, "Uncovering scientist stereotypes and their relationships with student race and student success in a diverse, community college setting", *CBE Life Sciences Education*, Vol. 14, No. 3, 2015, pp. 1 – 16.

44. J. Ruskin, *Lectures on Art*, New York: Allworth Press, 1996, p. 129.

45. K. D. Finson, "Drawing a scientist: what we do and do not know after fifty years of drawings", *School Sci Math*, No. 102, 2002, pp. 335 – 345.

46. K. R. Jamison, *Touched with Fire: Manic-depressive Illness and the Artistic Tempeprament*, New York: Free Press, 1996.

47. L. Kapitan, "Does art therapy work? Identifying the active ingredients of art therapy efficacy," *Art Therapy*, 2012, Vol. 29, No. 2, pp. 48 – 49.

48. L. Kohlberg, *The Philosophy of Moral Development*, San Francisco, CA: Harper and Row, 1981.

49. M. Houellebecq, *The Elementary Particles*. Vancouver, WA: Vintage Books, 2001.

50. M. Klein, *Envy and Gratitude: And Other Works*, 1946 – 1963. Random House, 1997.

51. M. P. Carrieri, D. Serraino, "Longevity of popes and artists between the 13th and the 19th century," *International Journal of Epidemiology*, Vol. 34, No. 6, 2005, pp. 1435 – 1436.

52. N. L. Galambos, E. T. Barker, H. J. Krahn, "Depression, self-esteem,

and anger in emerging adulthood: Seven-year trajectories", *Developmental Psychology*, 2006, Vol. 42, No. 2, pp. 350 – 365.

53. P. J. Brunton, J. A. Russell, "The expectant brain: adapting for motherhood," *Nature Reviews Neuroscience*, Vol. 9, No. 1, 2008, pp. 11 – 25.

54. P. Poindron, A. Terrazas, H. Hernandez, "Exclusive mother-young bonding in sheep and goats: physiological determinants and consequences", *Revista Mexicana de Psicologia*, Vol. 20, No. 2, 2003, pp. 265 – 281.

55. P. W. Sherman, G. A. Hash, "Why vegetable recipes are not very spicy," *Evolution and Human Behavior*, 22, 2001, pp. 147 – 164.

56. P. W. Sherman, S. M. Flaxman, "Protecting ourselves from food," *American Scientist*, No. 89, 2001, pp. 142 – 151.

57. R. G. T. Fechner, *Vorschule der Aesthetik*, Hildesheim, New York: G. Olms, 1978.

58. R. H. Hagen, "The development and evolution of butterfly wing patterns", *Annals of the Entomological Society of America*, Vol. 85, No. 6, 1992, pp. 808 – 809.

59. R. M. Martin, *Scientific Thinking*, Peterborough, ON: Broadview Press, 1997.

60. S. Freud, "Creative writers and day-dreaming," in *The Standard Edition of the Complete Psychological Works of Sigmund Freud*, Volume IX, Hogart Press, 1953.

61. S. Freud, "On narcissism: an introduction", in *The Standard Edition of the Complete Psychological Works of Sigmund Freud*, Hogart Press, 1953.

62. S. Freud, "The ego and the Id", in *The Standard Edition of the Complete Psychological Works of Sigmund Freud*, Volume XIX, Hogart Press, 1953, pp. 1 – 66.

63. S. Freud, "Obsessive actions and religious practices," in *The Standard Edition of the Complete Psychological Works of Sigmund Freud*, Volume XIX, Hogart Press, 1953.

64. S. Kaplan, "Environmental preference in a knowledge-seeking, knowledge-using organism", In J. Barkow, L. Cosmides, J. Tooby (Eds), *The Aadapted Mind*. New York: Oxford University Press, 1992, pp. 581 – 598.

65. S. Pinker, *How the Mind Works*, New York: Norton, 1997, pp. 523 – 523.

66. Sophocles. *Oedipus the King*, New York: Washington Square Press, Inc., 1958.

67. Sophocles. *Antigone*. Tanslated by Ruby Blondell. Hackett Publishing Company, Inc., 2012.

68. T. Roszak, *The Voice of the Earth: An Exploration of Ecopsychology*. Grand Rapids, Michigan: Phanes Press, INC, 2001.

69. V. E. Frankl, *Man's Search for Meaning*, New York: Washington Square Press, 1963.

70. V. S. Ramachandran, *The Tell-tale Brain: Unlocking the Mystery of Human Nature*, London: Windmill books, 2012.

71. W. Griswold, *Cultures and Societies in a Changing World*, California: Pine Forge Press, 1994.

72. W. Vandereycken, R. Vandeth, "The anorectic empress-elisabeth-of-austria," *History Today*, Vol. 46, No. 4, 1996, pp. 12 – 19.

73. W. Vandereycken, T., "Abatzi The anorectic life of Empress Elisabeth of Austria (1837 – 1898): slenderness cult of the Habsburg family," *Der Nervenarzt*, Vol. 67, No. 7, 1996, p. 608.

74. Z. Kocur, S. Leung, *Theory in Contemporary Art since 1985*, Blackwell Publishing, 2005, pp. 2 – 3.

词汇表

巴洛克 Baroque

半压抑 semi-repression

变化感 sense of change

表达性艺术治疗 expressive art therapy

表现性 expression

抽象 abstraction

俄狄浦斯情结 Oedipus complex

共同进化 coevolution

后现代主义 postmodernism

灰姑娘情结 Cinderella complex

灰小子情结 Depressed-man complex

简化 simplification

建构主义 constructivism

节制 abstinence

结构主义 structuralism

解构主义 deconstructivism

进化美学 evolutionary aesthetics

进化审美心理学 evolutionary aesthetic psychology

精神分析 psychoanalysis

酒神精神 Dionysian spirit

客体关系 object relations

夸张 hyperbole

浪漫主义 romanticism

批判现实主义 critical realism

平衡感 balance

启蒙主义 Enlightenment

情绪化维度 dimension of the emotion

人生故事 life story

日神精神 Apollonian spirit

审美感受 aesthetic feelings

石的风格 the style of stone

水的风格 the style of water

文化演化 evolution of culture

文艺复兴 Renaissance

现实感维度 dimension of the sense of reality

现实主义 realism

演化—生态主义 evolutionary-ecologist

演化与生态审美心理学 evolutionary-ecologistic aesthetic psychology

艺术界 the art world

艺术审美感受 artistic aesthetic feelings

有意味的形式 significant form

原型 archetype

张力 dynamics

照相写实主义 photorealism

秩序感 sense of order

致　谢

笔者要感谢使本书成为可能的人物。

首先感谢朱建军先生。林大心理系本科审美心理学课程乃是由他设立并开始执教的，后因他工作繁忙而移交于笔者。若无先生的信托，也许就不会有此书的诞生。

笔者要郑重感谢王娟硕士，她在攻读学位期间，把笔者审美心理学的教学录音转化为文字，凡十万字，成为本书的基本骨架。没有她的辛苦工作，这本书就不可能于今年面世。

笔者也要感谢妻子王小英女士，她把笔者的一部分教学录音转化成文字，并输入了一部分手稿。感谢訾慧默，她帮助笔者搜索校对书中的绘画作品，付出了大量时间。

也感谢武晋安、莫隐、胡涌、张黎黎、冯海飞、邢全超等好友同意笔者使用他们的绘画或摄影作品。他们的大作使得本书蓬荜增辉，让读者在被书中的观点理论困扰之余，还可以把注意力转移到这些赏心悦目的视觉盛宴之上。

本书有少量图像来自网络，但已无法找到主人，笔者一并表示感谢，并希望他们能联系笔者。

本书也感谢肖鹰先生，笔者于2011年在他门下做访问学者，深受先生启发，对先生严谨的学术态度和丰富的创造性感佩至深。

也感谢审美心理学研究的各位同行们。周冠生先生、赵伶俐女士、金元浦先生、冯川先生、应浩江先生等人的著作给予笔者很多启发。除了应浩江先生，笔者与他们中的大部分人都未曾谋面，希望本书可以成为交流上的一个媒介。在进化心理学方面，还要感谢吴宝沛老师带来的诸多启发，也感谢他在2013年笔者出国访学期间代为执教审美心理学课程。

感谢北京林业大学人文学院的同事和同学们，本书的很多灵感，来自和他们在学术上面多年来的交流和沟通。有许多个下午，大家一壶清茶，侃侃而谈，体验着学问的亲切与美好，希望这样的生活既长且久。

非常感谢在完成此书期间人文学院的领导们，尤其是严耕先生、刘翔辉女士、田浩先生，他们容忍我卸下心理学系的管理之责，专心于著述。我在愧疚之余希望本书的诞生能够成为一个交代。笔者也想通过这个机会感谢心理系的领导，雷秀雅老师、王明怡老师、杨智辉老师、金灿灿老师、丁新华老师、项锦晶老师以及心理系的同事们，你们所创造的祥和、宁静、包容的学术氛围，是学术产出最好的保障。

笔者感谢选修审美心理学课的同学们，是你们对这门课的兴趣，让笔者最终有了出版这本拙作的动力。感谢张运玥和刘腾同学在文字校对和出版事务上的帮助。

多谢中央编译出版社王丽芳女士，在她的一再鼓励和容忍下，这本书才在历经了多年的写作和修改后得以完成，并及时得到出版的机会。

最后但绝不是最不重要的，必须感谢北京林业大学提供的学术专著出版基金的支持。北京林业大学科技处在当年基金告罄之后，第二年及时提供了出版资助，感谢科技处廖爱军先生及时的联系和接洽。